Dr. Hermann Koebe   Feuerwehrtechnik – damals

FEUERWEHRTECHNIK – DAMALS

DIE STORY EINER GROSSEN MARKE
DAS UNVERGESSENE WERK
VON KOEBE-LUCKENWALDE BIS 1945

ISBN 3-88293-027-6
2. Auflage 1990
Wenzel-Verlag · Am Krekel 47 · 3550 Marburg
Telefon 0 64 21/2 33 53

INHALTSVERZEICHNIS

Vorwort

Prof. Dipl.-Ing. Ernst Achilles

Rückblickend muß gesagt werden, daß viele Neuentwicklungen der letzten Jahrzehnte eine logische und konsequente Weiterentwicklung bereits bekannten Grundwissens darstellen. So oder ähnlich könnten zusammenfassende Beurteilungen neuer Problemlösungen heute kommentiert werden.
Das gilt auch oder sogar besonders für den Bereich der Feuerwehrtechnik.

Lösen von traditionsbehafteten Vorstellungen, ohne den Blick auf die Vergangenheit zu richten und die vorhandenen Techniken auf ihre Weiterentwicklungsmöglichkeiten zu untersuchen, hieße, einen unnötigen Forschungsaufwand zu betreiben.
In den vergangenen Jahrhunderten sind viele genial einfache Entwicklungen entstanden, deren Wert nicht immer richtig eingeschätzt wurde.
Viele dieser Dinge gerieten einfach wieder in Vergessenheit oder wurden in ihrer Bedeutung nicht richtig erkannt.
Allerdings kann ein Beharren auf veralteten Technologien, ohne die veränderten Anforderungsprofile zu berücksichtigen, verhängnisvolle Fehlentscheidungen mit sich bringen.
So muß für manchen einsatzerfahrenen Feuerwehrmann die selbstsichere Behauptung älterer Kollegen „wir brauchen bei der Feuerwehr keine Kranwagen, unser Arbeitsgerät ist die Axt und das Brecheisen" als ein Ausdruck mißverstandener Beurteilungsmöglichkeiten angesehen werden.
Ebenso ungläubig reagierte manch einer, als nach Indienststellung von Großraumflugzeugen die Auffassung vertreten wurde, man könne auch derartige Großbrände bei taktisch klugem Einsatz von herkömmlichen Tanklöschfahrzeugen TLF 16 mit Aussicht auf Erfolg bekämpfen.
Neuentwickelte Großtanklöschfahrzeuge wurden in den Bereich der Gigantonomie verwiesen, ohne zu bedenken, daß bei einem Brand eines Großraumflugzeuges mit einem Tankinhalt von 240.000 l Kerosin das herkömmliche Tanklöschfahrzeug nur 2.400 l Wasser, also ein Verhältnis von 100 : 1 gegen die Feuerwehr zu bieten hatte.
Entwicklungsarbeiten zum Einsatz von Feuerlöschraketen und unbemannten Löschflugkörpern wurden hämisch in den Bereich der Phantasie eingeordnet.

Ähnliche Vorbehalte gegen neue Technologien mußten sich auch fortschrittliche Branddirektoren bei der Umstellung von hand- oder pferdegezogenen Motor- und Handdruckspritzen auf Motorfahrzeuge gefallen lassen.
Ihnen wurde ironisch vorgeworfen, die Grundregeln der Brandbekämpfung zu mißachten, weil sie mit Benzin zum Feuer fahren wollten.
In einer Großstadt wurden neben den neuen Motorfahrzeugen auch gleichzeitig Pferdegespanne mitgeführt, um bei Versagen der Motoren die Fahrzeuge in althergebrachter Tradition weiterzutransportieren.
Mangel an Fortschrittsgläubigkeit oder einfach Unvermögen zur Beurteilung der sich stetig weiterentwickelnden technischen Möglichkeiten?

In den letzten Jahrzehnten hat sich ein tiefgreifender Wandel in allen Bereichen der Technik ergeben. Dabei wurden die Entwicklungszeiträume immer kürzer.
Galt über Jahrtausende das Pferd, der Esel oder das Kamel noch als die bedeutendste Transportmöglichkeit, so benötigte die Entwicklung der Eisenbahn nur noch 100 Jahre bis zu ihrer Perfektion, die Entwicklung des Automobils 50 Jahre, die Entwicklung der Raketentechnik etwa 25 Jahre und für die Entwicklung neuer Generationen von Computern werden heute nur noch 5 Jahre benötigt.
Wir sind in einen Strudel der sich schnell entwickelnden neuen Technologien gezogen worden und müssen uns hüten, nicht darin zu versinken oder fortgespült zu werden. Man kann heute zukunftsbezogene Projekte nicht mehr mit den Mitteln der Vergangenheit schützen.
Dabei darf aber ein blinder Fortschrittsglaube ohne solide Grundlagenforschung nicht zu krassen Fehleinschätzungen führen.
Heute sind unsere Feuerwehren, trotz steigender Einsatzzahlen, durchschnittlich nur noch zu 30% in der reinen Brandbekämpfung eingesetzt,

während fast 70% aller Einsätze in den Bereich der technischen Unfallhilfe und des großen Aufgabenbereiches des Umweltschutzes fallen.
Neue Risiken erfordern wohlüberlegte Konzeptionen zur Gefahrenabwehr.
Unsere Vorgänger haben durch bemerkenswerte Entwicklungen in ihrer Zeit versucht, angepaßte Möglichkeiten zu erarbeiten. Den heute im Bereich der Sicherheit tätigen Organisationen und Personen bleibt es vorbehalten, durch ihren eigenen Beitrag hierzu neue Maßstäbe zu setzen.
Dabei darf der Kontakt zur Praxis und das Wissen aus früheren Entwicklungen und Erfahrungen nicht unberücksichtigt bleiben.
So gesehen zeigt auch die Feuerwehrtechnik ein Janusgesicht: mit neuen Technologien vorausschauend in die Zukunft, dabei aber rückblickend die Erfahrungen und Entwicklungen der vorhergehenden Zeiten mit zu berücksichtigen.

Der Neuauflage des Buches wünsche ich daher eine gute Verbreitung und unseren heute für den Brandschutz Zuständigen nützliche Anregungen oder besinnliche Überlegungen beim Studium.

Frankfurt/M., im September 1990

Prof. Dipl.-Ing. Ernst Achilles
Landesbranddirektor a.D.

ERINNERUNGEN ...

Dipl.-Ing. Hans Brunswig

Im Spätsommer 1934 – auf der 27. Wissenschaftlichen Tagung des Reichsvereins Deutscher Feuerwehringenieure in Erfurt – begegnete ich zum ersten Male HERMANN KOEBE II. Er war für mich als jungem Ingenieur der in Feuerwehrkreisen hoch angesehene Chef eines Unternehmens, das Pionierleistungen besonders bei Entwicklung und Bau von Tragkraftspritzen vollbracht hatte.

Zehn Jahre später – im Frühsommer 1944 – saß ich zum letzten Male mit HERMANN KOEBE zusammen im Werk LUCKENWALDE, um die Möglichkeiten der Fertigung von „Feuersturmpanzern" zu besprechen. Niemand von uns ahnte damals, daß kaum ein Jahr später das Lebenswerk einer Gründerfamilie des Feuerwehrgerätebaus zerstört war!

KOEBE-LUCKENWALDE war weit über Deutschlands Grenzen hinaus ein Begriff für durchdachte, in enger Verbindung mit der Praxis erprobte Feuerwehrgerätetechnik, geschaffen in zuverlässiger, guter Handwerksarbeit, um den Feuerwehren in aller Welt das Bestgeeignete für ihren Einsatz zu liefern.

Das nun vorliegende Buch zeigt den anwendungsnahen Einfallsreichtum und das konstruktive Können einer ganzen Generationenfolge.

So steht das Werk auch in meiner Erinnerung und ich möchte wünschen, daß der Bericht über die Geschichte von KOEBE-LUCKENWALDE gleichfalls bei so manchem anderen Älteren aus der großen Feuerwehrfamilie Gedanken an eine vergangene Zeit weckt.

Der jüngeren Generation aber sei es ein Beispiel für den Pioniergeist und den Mut, mit dem einst Neues für die deutsche Feuerwehrgerätetechnik geschaffen wurde.

Hamburg, im September 1990

Dipl.-Ing. Hans Brunswig
Oberbranddirektor a. D.

Der Feuerwehrmann mit dem Rettungssack
(Illustrierte Zeitung 1857)

Kleine geschichtliche Einführung in das Brandschutzwesen vergangener Zeiten

1.

Am Anfang dieser Dokumentation über die Feuerwehrgerätefabrik Koebe, soll zunächst eine kleine zeitgenössische Darstellung aus der Zeit kurz vor der Jahrhundertwende stehen, um den damaligen Zeitgeist ein wenig lebendig werden zu lassen und gleichzeitig die Entwicklung des Feuerwehrwesens aufzuzeigen.

Ein Auszug aus der Schrift "Für Feuerwehren", Jahrgang 1888, schildert hierzu die Situation in anschaulicher Weise.

"... Einen sichtbaren Fortschritt im Löschwesen führte die Einführung der Feuerspritze herbei, deren erste in Deutschland bekanntlich im Jahre 1518 zu Augsburg gebaut wurde. Das Auftreten dieser Hauptwaffe im Feuerkampfe ist ein so wichtiges Ereignis, daß man den Beginn einer neuen Periode in der Geschichte des Feuerlöschwesens davon datieren muß. ..."

Die erste Spritze, erbaut von Anton Platner in Augsburg, war sicher ein größeres, fahrbares Druckwerk, doch die Überzeugung von der Nützlichkeit dieser neuen Erfindung brach sich sehr langsam Bahn.

Hundert Jahre danach, im Anfange des 17. Jahrhunderts, gab sich beispielsweise ein Spritzen-Verfertiger in Nürnberg noch unsterbliche Mühe, den Magistrat einer Stadt im Elsaß zu überzeugen, daß durch die Erfindung der Spritzen die hergebrachte Weise, zum Löschen Feuerleitern anzulehnen und mit dem Eimer das Feuer auszugießen, überflüssig geworden und man im Stande sei, mit Hilfe dieser Maschinen von ebener Erde das Wasser haushoch zu treiben.

Mehrfach werden im Anfange des siebzehnten Jahrhunderts die Feuerspritzen immer noch als eine 'neue schöne Erfindung' bezeichnet und dies ist als erwiesen anzusehen, daß die Einführung der Spritzen in den deutschen Städten nicht bloß ein, sondern mehrere Jahrhunderte dauerte, indem es im achtzehnten Jahrhundert noch genug Stadtgemeinden gab, welche keine Feuerspritze besaßen.

Ebenso langsam aber, als dieses wichtige Gerät sich einführte, ebenso schleppend war der Fortschritt des Feuerlöschwesens in Deutschland im Allgemeinen. Ja, man kann bestimmt behaupten, daß bereits vorhandengewesene bessere Einrichtungen gänzlich wieder in Vergessenheit gerieten, und daß man nach Jahrhunderten von denselben Zuständen wieder ausging, die ehemals schon überwunden waren.

Die jede Kulturentwicklung hindernden Kriege, insbesondere der 30jährige Krieg, ließen das Feuerlöschwesen fast in Vergessenheit kommen, die errichteten Feuerordnungen und die Geräte waren verloren gegangen und es verging eine lange Zeit, ehe man es nur wieder bis dahin brachte, wo man hundert Jahre vorher schon einmal sich befunden hatte.

Um das Versäumte nachzuholen, bot man in den neu errichteten Feuerordnungen des 17. und 18. Jahrhunderts alles, was da lebte, in den Städten zum Feuerdienste auf: Männer, Weiber, Kinder, Knechte und Mägde. Alles mußte löschen helfen und höchstens die Kranken und Schwachen blieben vom Dienste verschont, wenn die heulende Sturmglocke den Ausbruch eines Feuers der erschreckten Einwohnerschaft verkündete.

Und so blieb es wiederum eine lange, lange Reihe von Jahren. Trotz der umfangreichen Feuerordnungen, trotz der Menschenmassen, die man aufbot, ging das Feuerlöschwesen doch nicht vorwärts, weil man immer noch nicht die richtigen Mittel gefunden hatte. Unordnung und grauser Wirrwarr, planloses Durcheinander der Befehlenden und Befohlenen und Machtlosigkeit der Löschanstalten sind die Kennzeichen jener Zeit.

Den äußeren Anstoß zu einer wesentlichen Reform des Feuerlöschwesens gab die Erfindung der Schläuche und die hiermit in Zusammenhang stehende Einführung der Zubringer (Wasserzufuhr für die Spritzen). Man verwendete die Schläuche sofort zu den beiden Verrichtungen, zu welchen man sie heute noch gebraucht, nämlich zur Leitung des Wassers nach der Spritze, d. h. zum Zubringen und zur Leitung des Strahls von der Spritze bis auf den brennenden Gegenstand, somit zur direkten Bekämpfung des Feuers.

Es waren dies Vorteile, welche nahezu eben so hoch zu schätzen waren wie die Erfindung der Feuerspritzen selbst und das heutige vervollkommnete Löschwesen beruht in der Hauptsache auf der Ausnutzung des Vorteils, das Feuer aus möglichster Nähe mit dem geschlossenen Strahl bekämpfen zu können.

Die Erfindung der Schläuche hatte aber mehrere andere Erfindungen im unmittelbaren Gefolge. Während die ursprünglichen Zubringer nur in einer sackähnlichen Erweiterung der ledernen Schläuche bestanden, die man an einem höher gelegenen Ort anbrachte, lernte man später die Saugwerke benutzen, um mittels ihrer das Wasser in die Schläuche zu drücken.

Um die Schläuche bis zum Feuerherde zu legen, brauchte man Steiggeräte, deren Vervollkommnung man ja heute noch anstrebt. Dazu kam, daß im Anfange des 18. Jahrhunderts der Windkessel durch den Mechanikus Leupold aus Planitz eingeführt und dadurch ein Übelstand beseitigt wurde, welchen die bisherigen Stoßspritzen besaßen, indem nunmehr ein ununterbrochener Wasserstrahl erzeugt werden konnte.

. . .

Der Fortschritt auf dem Gebiet des Brandschutzes verlief aber dennoch schleppend, bis wiederum ein Ereignis den Anstoß zu einem weiteren wesentlichen Fortschritte des Feuerlöschwesens gab. Es war dies die Bildung der ersten militärisch organisierten Feuerwehren. Bekanntlich wurde im Jahr 1846 in Durlach die erste Freiwillige Feuerwehr und im Jahr 1851 in Berlin die erste Berufsfeuerwehr gegründet.

Jene wie diese fanden alsbald Nachfolger und sie wurden die Träger des Fortschrittes auf dem Gebiete des Feuerlöschwesens. Die Aneignung strenger Disziplin und größerer Fertigkeit in der Bedienung der Geräte durch fleißiges Üben ersetzten alsbald durch die Qualität reichlich die Quantität, in welcher man bisher allein die Stärke der Löschanstalten gesucht hatte. Die größere Ordnung, welche hierdurch auf dem Brandplatze geschaffen wurde, ermöglichte ein präziseres Zusammengreifen, zumal wenn man sich entschloß, den Befehl auf der Brandstelle in die Hand eines einzigen zu legen. Vor allem aber war es das Prinzip der Ständigkeit der Feuerwehr, welche allenthalben da, wo es durchgeführt wurde, den Sieg des Menschen über das Feuer sicherte.

Hatte man auch schon im 17. Jahrhundert in einzelnen Orten ständige Feuerwachen, so haftete doch denselben ein wesentlicher Mangel an, da den Leuten, von welchen diese Wachen besetzt waren, jedwede technische Ausbildung als Feuerwehrmann abging. Nächstdem fehlte es an Einrichtungen, mittels deren diese Wachen von einem ausbrechenden Feuer schnell unterrichtet werden konnte, während die ständigen Wachen der Neuzeit durch den elektrischen Telegraphen mit blitzesschneller Kunde vom entstandenen Brande Nachricht erhalten.

Die überraschenden Erfolge der Berufsfeuerwehren, welche ganz und gar auf dem Prinzip der Ständigkeit organisierte wurden, gaben zur Nachahmung Veranlassung, indem man, wo irgend tunlich, wenigstens einen Teil der Feuerwehr ständig zu machen suchte.

Neue Feuerwehren sehen wir tagtäglich entstehen, allenthalben regt sich das Streben nach Verbesserung der Geräte, der Alarmvorrichtungen sowie der Oberleitung und nach Verallgemeinerung des als gut erkannten, so daß wir mit Recht sagen können, daß wir in einer Periode der Entwicklung leben, wie sie die Geschichte des Feuerlöschwesens von ihrem Beginne an durch Jahrhunderte hindurch noch nicht aufzuweisen hatte."

Entwicklungsgeschichte zur Feuerwehrgerätefabrik Hermann Koebe

2.

Feuerwehrgeschichte ist die Geschichte der Menschen, die mit Feuer, Wasser und Gerätschaften umgingen. Einige von ihnen ragten besonders heraus, waren Pioniere.

Sie besaßen besondere Tatkraft, besonderen Einfallsreichtum. Sie haben etwas bewegt in ihrem Leben, was lange nachwirkt, was einfach Geschichte ist.

Sie wurden von ihrer Umwelt und den geistigen Strömungen ihrer Zeit geprägt und umgekehrt. Sie hatten Ideale und Grundsätze. Sie waren gesellschaftspolitische Pfeiler in ihrer Zeit.

Viele von ihnen hatten in Kriegen und politischen Wirren immer wieder zu bestehen. Das, was sie leisteten, war der Sinn ihres Lebens. Pioniere im Feuerwehrwesen sahen in ihrer Arbeit immer einen besonderen Sinn. Sie lebten nach dem Wahlspruch:
„Gott zur Ehr,
dem Nächsten zur Wehr"
Darauf aufbauend hat im Feuerwehrwesen die Tradition herausragenden Stellenwert. Hier besonders gilt es, Solidarität, Vertrauen und Zusammengehörigkeitsgefühl nicht nur in der gemeinsamen Einsatzarbeit, sondern auch im partnerschaftlichen Verhältnis zwischen Geräteherstellern und Feuerwehren zu entwickeln.

In Deutschland waren bis vor wenigen Jahren die Feuerwehrgerätehersteller überwiegend mittelständisch strukturiert und über Generationen hinweg bestimmend für den hohen Standard unserer heutigen Feuerwehrtechnik. Unauslöschlich in die Feuerwehrgeschichte sind die Namen Magirus, Metz und Koebe eingegangen.

„Was Du ererbt hast von Deinen Vätern, erwirb es, um es zu besitzen". Dieser Spruch steht am Anfang der Festschrift zum 50jährigen Jubiläum der Feuerwehrgerätefabrik Hermann Koebe, Luckenwalde bei Berlin, 1928.

In Luckenwalde, einem Städtchen, das etwa 50 km südlich von Berlin liegt, war die Feuerwehrgerätefabrik Hermann Koebe beheimatet. Theodor Fontane schildert diese Stadt u. a. so: "... das 'Luch im Wald', das vielleicht vor 800 Jahren noch ein wirkliches 'Luch', eine erlenumstandene Sumpfwiese war, hat nichts gemein mit dem überschwemmten Wiesenland von einst: eine Stadt steigt vor uns auf, eine Fabrikstadt – Luckenwalde, 1862 mit 10000 Einwohnern und etwa 50 Fabrikschornsteinen. Dort wo 'guter Väter Sitte' Jahrhunderte lang geherrscht hat, da herrscht auch ein ungeschriebenes Sittengesetz, gegen das die Gesamtheit nicht leicht verstößt. Auch nicht die Gesamtheit einer Fabrikbevölkerung. Der Väter Guttat blieb lang in Kraft. Solche Traditionen leben in Luckenwalde fort. Wie alt die Traditionen sind, wer sagt es?"

So war es nicht verwunderlich, daß auch, und gerade deshalb in den "Gründerjahren" des vorigen Jahrhunderts sich viele Handwerksmeister selbständig machten und den Grundstein legten für verschiedenste Industriezweige in dieser Stadt – so auch der Gelbgießermeister Hermann Koebe, der am 11.6.1878 eine kleine Metallgießerei und Kupferschmiede begann.

Die ersten 50 Jahre des Hauses Koebe, Feuerwehrgeräte

3.

1928 konnte man in der Festschrift zum 50jährigen Jubiläum der Firma Hermann Koebe, Feuerwehrgerätefabrik – Luckenwalde, folgendes lesen:

„Genau vor 50 Jahren richtete der Gelbgießermeister Hermann Koebe in dem damals noch recht kleinen Städtchen Luckenwalde in der Mark Brandenburg eine kleine Metallgießerei mit Kupferschmiede ein, in der er neben anderem auch einfache Pumpen herstellte.

Dieser bescheidene Anfang bildete den Grundstein zu der heute weltberühmt gewordenen Feuerwehrgerätefabrik Hermann Koebe in Luckenwalde, die zu den wenigen Firmen gehört, die aus eigener Kraft ihre Selbständigkeit erhalten haben.

Als Hermann Koebe drei Jahre nach Eröffnung seines Geschäftes in die Reihen der Pflichtfeuerwehr Luckenwalde als Spritzenmeister eintrat und bald darauf zur Freiwilligen Feuerwehr überging, reifte in ihm der Entschluß, neben seinen einfachen Pumpen auch Spritzen größeren Kalibers für Freiwillige Feuerwehren herzustellen.

Die erste Saug- und Druckspritze entstand, und dieser folgten bald andere, die den guten Ruf des neuen Fabrikates zunächst allerdings nur in der Provinz Brandenburg rasch verbreiteten.

Mit den zunehmenden Aufträgen mußten die Fabrikationsräume erweitert werden, und es wurde schließlich zum Kraftbetrieb übergegangen. Hermann

Hermann Koebe I.
Gründer des Unternehmens
geb. 24. 6. 1852, gest. 11. 4. 1932

Handwerk um 1900
links im Vordergrund
der Gründer und sein Sohn Hermann II.

Werk I, Wilhelmstraße 9/10
(Schmiede, Tischlerei, Stellmacherei, Gießerei, Sattlerei,
Lagerräume für alle feuerwehrtechnischen Ausrüstungen,
kaufm. u. techn. Büros, Expedition)

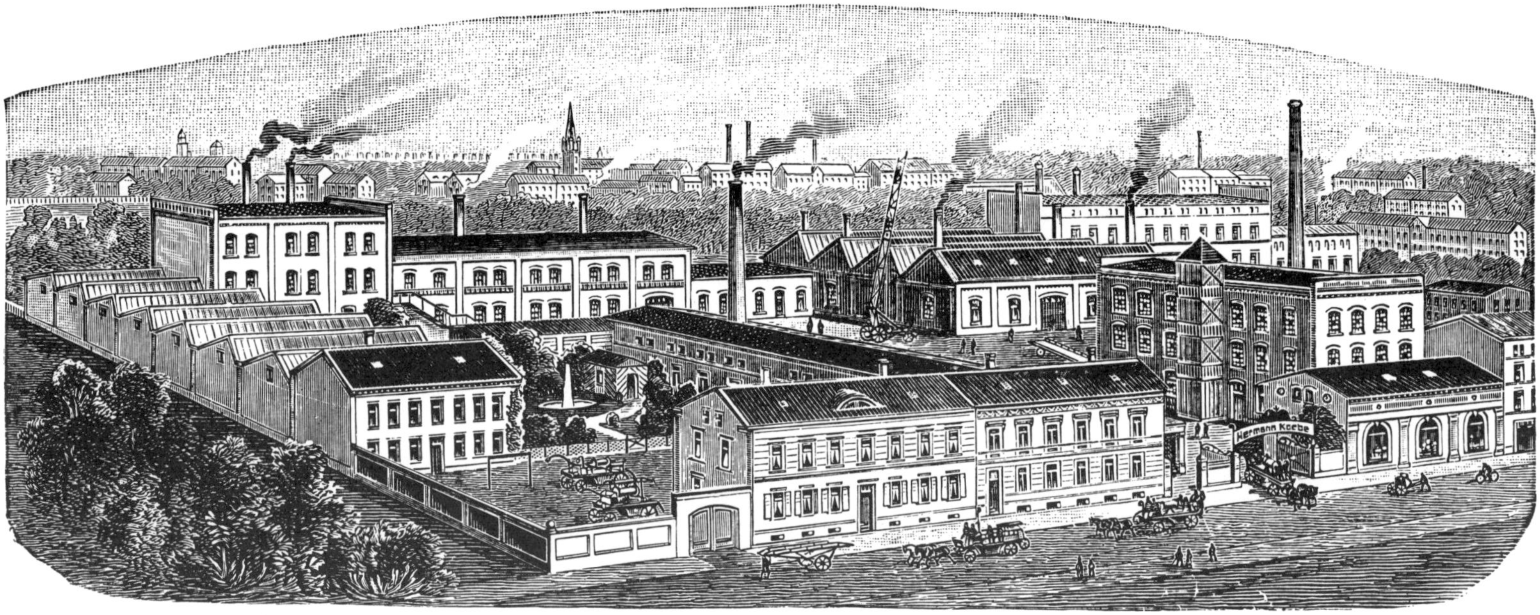

Koebe war inzwischen zum stellvertretenden Oberführer (Brandmeister) der Freiwilligen Feuerwehr gewählt worden, in welcher Eigenschaft er mehr und mehr mit führenden Persönlichkeiten, in erster Linie von preußischen und sodann auch von außerpreußischen Feuerwehren, in enge Fühlung trat.

Wer kannte damals und wer kennt heute nicht den allverehrten "Vater Koebe", der den schlichten ehrlichen Handwerksmeister und reellen Geschäftsmann in einer Person verkörpert?

Die harten Konkurrenzkämpfe, die er im Laufe der Jahrzehnte oftmals zu bestehen hatte, wollen wir übergehen und uns zu seinem Goldenen Geschäfts-Jubiläum mit der Entwicklung seines Betriebes und der Vervollkommnung seiner Fabrikate befassen.

Nachdem die streng nach norddeutschem Muster hergestellten "Luckenwalder Fahrspritzenzüge", bestehend aus bespannbarer Saug- und Druckspritze, Gerätewagen und Wasserwagen, sowie die bestbewährte "Triumph-Abprotzspritze", bei vielen Freiwilligen Feuerwehren Eingang gefunden hatten, nahm Hermann Koebe auch den Bau von Dampfspritzen auf, die er in Größen bis zu 2 000 Liter/Min. baute, dann, dem Zug der Zeit folgend, auch den Bau von Elektro-Motorspritzen nach eigenen Konstruktionen. Doch dabei blieb es nicht!

Ab 1910 lieferte er die feuerwehrtechnischen Aufbauten für Automobil-Fahrzeuge und außerdem zwei und vierrädrige Motorfeuerspritzen nach eigener Konstruktion mit Spezial-Ansaugvorrichtung. Die Entwicklung des Ansaugsystems erfolgte, von der Handkolbenpumpe ausgehend, in vier Etappen. Die Koebe'schen Motor- und Automobilspritzen, die nunmehr auf der Stufe höchster Vollendung stehen, werden in Größen von 400 bis 2 000 Liter Minutenleistung gebaut und die kleine Motorfeuerspritze "Triumph" mit ihrem praktischen Abprotzsystem.

Bei diesen, wie überhaupt bei allen Koebe'schen Erzeugnissen wirkt besonders wohltuend auf das Kennerauge des Praktikers die solide und gediegene Bauart sowie die Einfachheit der Konstruktion. Die Fabrikate fanden daher auch Eingang bei den Berufsfeuerwehren des In- und Auslandes.

Die Koebe'schen Pumpen wurden u. a. vom Reichsverein Deutscher Feuerwehringenieure geprüft und glänzend begutachtet.

Als Spezialität baut die Firma automobile Löschzüge jeder Art, daneben auch Leitern – von der einfachen tragbaren Schiebeleiter bis zur Drehleiter – sowie Schlauch – und Gerätewagen, die sämtlich in eigenen Werkstätten hergestellt werden.

Die Erzeugnisse der Firma sind außer der preußischen und anderen Staatsmedaillen auf allen Ausstellungen des In- und Auslands mit höchsten Auszeichnungen bedacht worden.

Trotz seines hohen Alters verfolgt der Senior der Firma mit regem Interesse jeden Fortschritt seines Werkes, dessen Leitung er im Jahre 1921 in die Hände seiner Söhne Hermann und Willy gelegt hat.

So kann "Vater Koebe", der jetzt im 76sten Lebensjahre steht, mit seiner Gattin, die noch heute eine treue Stütze ist, und seinen fünf Söhnen mit Stolz und Genugtuung auf sein Lebenswerk zurückblicken."

KOEBE-Dampfspritze 1910

Staatliche Auszeichnungen.

1926

Staatsmed. der Republik Oesterreich

1913

Preußische Staatsmedaille

1913

Russische Staatsmedaille

1924

Staatsmedaille d. Freistaats Thüringen

1901

Braunschw. Lüneburg. Staatsmedaille

1914

Königl. Medaille v. Schweden

1927

Polnische Medaille

1926

Staatspreis des preuß. Ministerium

1924

Gold. Medaille d. Republ. Litauen

Sonstige Auszeichnungen.

Berlin 1896

Lübeck 1895

Belzig 1891

Belzig 1904

Hoyerswerda 1905

Tilsit 1905

DAS LIEFERPROGRAMM BIS 1920

4.

Handdruckspritzen.

Zweirädrige Karrenspritze, auf Wagen verschiebbar und abnehmbar.

Modell „**Rönnebeck**“ No. 713—716.

Fahrstellung. Modell „**Canton**“. No. 713a—713e. Arbeitsstellung.

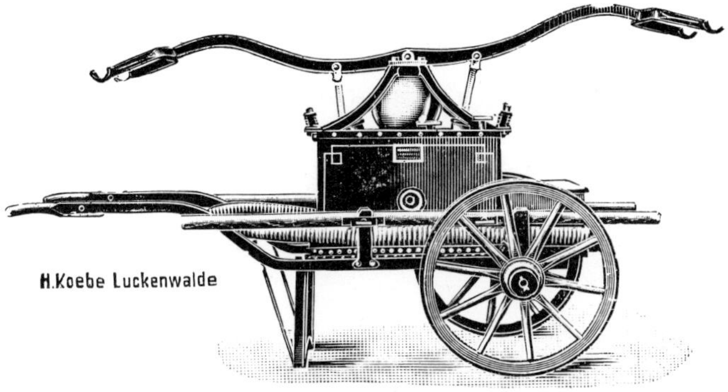

Modell **„Belgrad“** No. 123—125.

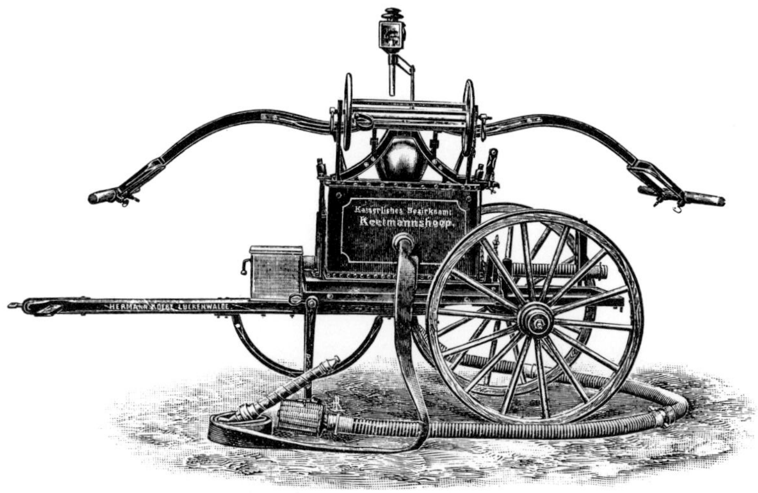

Modell **„Südwest“**. No. 1060—1063. Arbeitsstellung

Modell **„Danzig“**. No. 120—122.

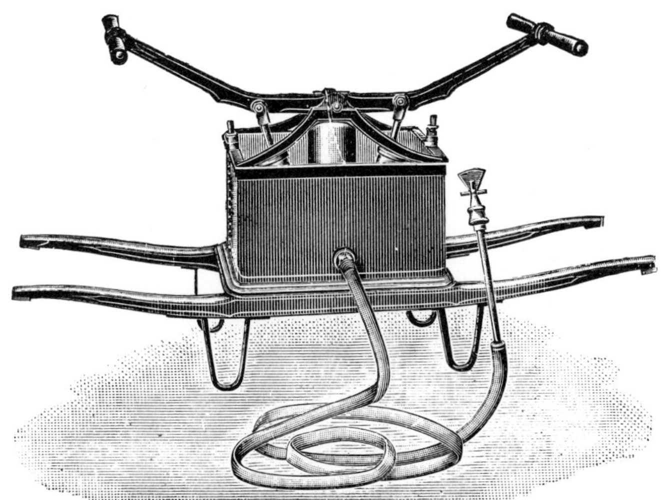

Modell **„Moskau“**. No. 133—136.

Koebe's Wasserzubringer „Triumph“.

Deutsches R.-Patent. Belgisches Patent. K. K. Oesterr. Patent.

Grosse Leistungsfähigkeit!

Unerreicht leichte Handhabung!

No. 78a—81c Modell „Misdroy“.

(Zubringer abgeprotzt)

Oben abgebildeter Wasserzubringer besitzt einen hölzernen Schlitten, auf dem das Pumpwerk fest montiert ist. An dem Schlitten befinden sich Handgriffe zum Tragen des Zubringers. Der Wagen ist in gleicher Ausführung gehalten wie bei meiner Abprotzspritze „Triumph“.

Koebe's Normalpumpwerk für Handdruckfeuerspritzen

(gesetzlich geschützt).

Bestbewährtestes Pumpwerk.

Unübertroffen grosse Leistungsfähigkeit.

Druckwindkessel in der Mitte, daher übersichtlichste Gesamtanordnung und unübertroffene leichte Zugänglichkeit zu den Ventilen von beiden Seiten der Spritze.

Ventilverschluss besonders praktisch mit selbsttätig wirkender Abdichtung.

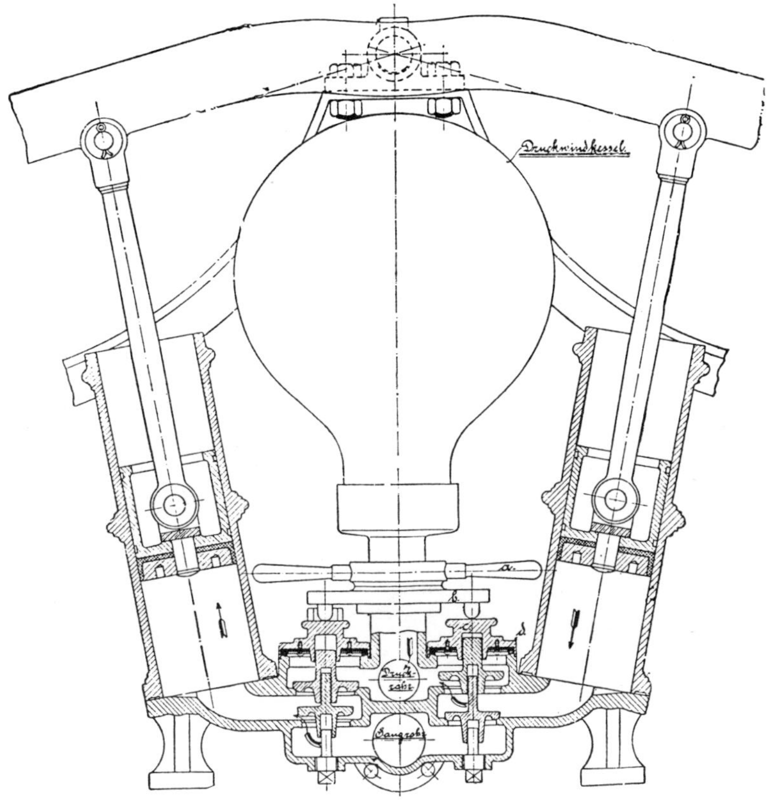

Die Zeichnung ist ein Schnitt durch das Normalpumpwerk, das bei sämtlichen von Koebe gebauten Handdruckfeuerspritzen Anwendung fand. Es erzielte über Jahrzehnte wiederholt bei öffentlichen Prüfungen allerbeste Resultate.

Die Ventile wurden aus Phosphorbronze hergestellt und das Ventilgehäuse war in einem Stück aus Messing gegossen. Die Mitte des Ventilgehäuses bildete ein Stutzen für den Druckwindkessel, an dessen beiden Seiten sich die Ventilkammern befanden. Die Ventile lagen in 2 Kammern, wodurch kleine Dichtungsflächen erzielt wurden. Es fanden halbkugelförmige Ventile Anwendung, die bei Verschmutzung ohne Schlüssel herausgenommen und schnell gereinigt werden konnten.

Die um den Windkesselstutzen angeordnete Traverse "b" wurde durch Drehen am Handgriff "a" gehoben oder gesenkt. Drehte man nach links, so wurde der Ventildeckel "c" entlastet und die Traverse "b" stellte sich selbstätig quer zu den Ventilkammern. Die Deckel "c" wurden somit abgenommen und die Ventile und ihre Sitzflächen konnten einzeln kontrolliert werden.

Vorteile bot Koebe durch die Anordnung des Druckwindkessels in der Mitte direkt über den Ventilen, was Vorteile gegenüber einer Ventilkonstruktion mit seitlich im Druckkanal eingeschalteten Windkesseln bot. Die Ventile waren bequem von beiden Seiten zugänglich. Je größer der Windkessel und je näher dieser an den Ventilen lag, desto schneller wurde der Wasserdruck von diesen aufgenommen und reguliert und desto elastischer arbeiteten die Ventile.

Die schräg stehenden Messingzylinder waren am Pumpwerk angeflanscht und die bronzenen Kolben luftdicht in die Zylinder eingeschliffen und besaßen kurze Ledermanschetten. Nach Herausnahme der Ventile entleerte sich das Wasser aus dem Pumpwerk selbsttätig.

Wasser-Zubringer für Handzug.

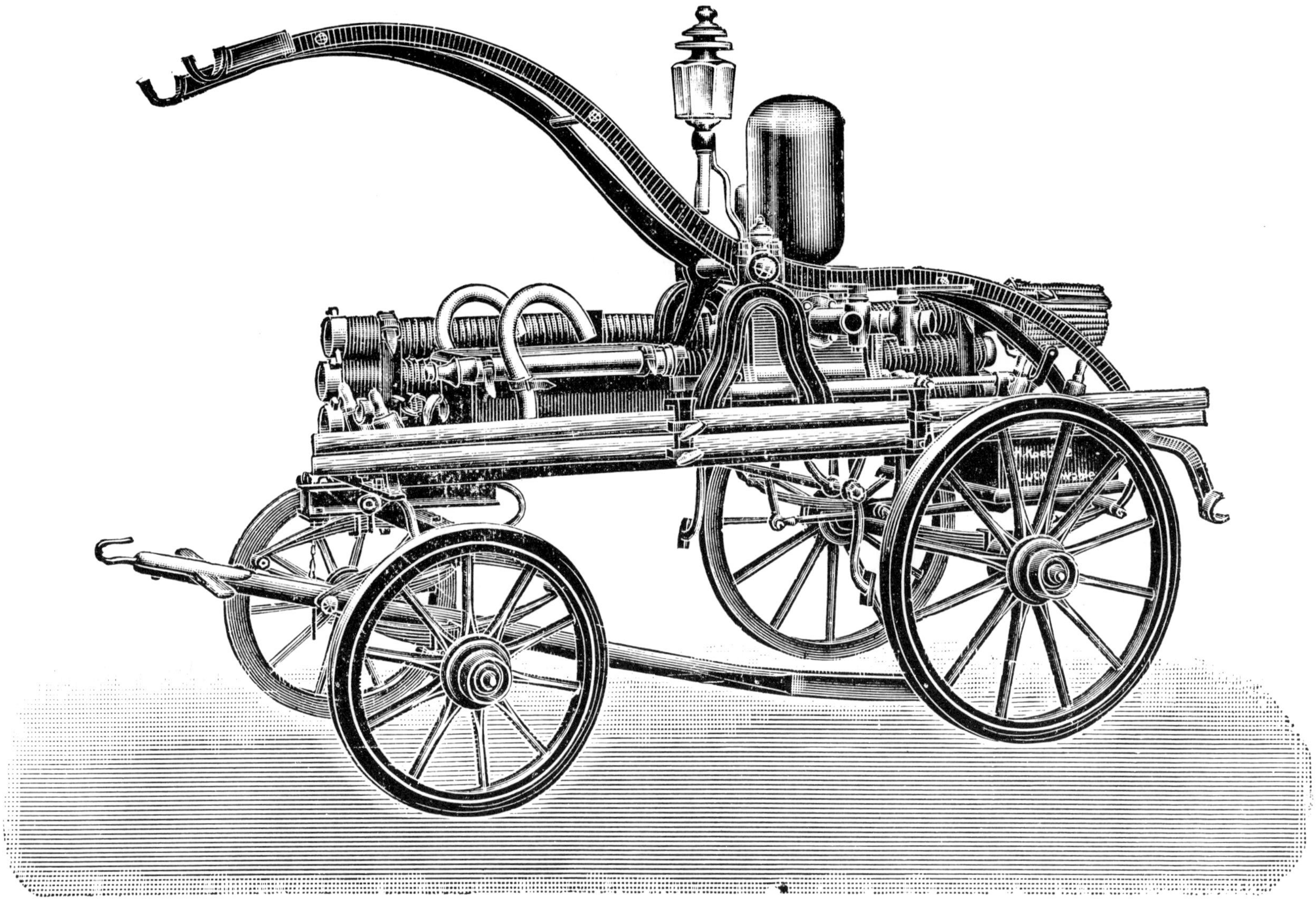

Der Wagen dieses Zubringers ist aus Schmiedeeisen schmalspurig gebaut, hat 3 Utensilienkästen und 1 Bremse. Dieser Zubringer hat den Zweck, Spritzen auf weite Entfernungen mit Wasser zu versorgen oder Wasserwagen zu füllen, auch kann derselbe direkt als Spritze benutzt werden. Das Pumpwerk hat 1 liegenden Cylinder, ganz aus Messing hergestellt, die Ventile aus Bronze sind leicht zugänglich, der Kolben ist ebenfalls aus Bronze und luftdicht eingeschliffen. Die Kolbenführungsstange nebst Lager sind aus bestem Rotguss.

Zubehör: 6 Meter Saugeschlauch in drei Längen mit Verschraubungen und kupfernem Sauger nebst Korkschwimmer, 1—3 Füllrohre, 20 Meter Hanfschlauch mit Verschraubung, 1 Strahlrohr, 1 Mundstück, einen Zwei- oder Dreiwegehahn, 1 Laterne, 1 Büchse Cylinderfett, 1 Oelkanne, 1 Hammer, 1 gedruckte Behandlung und die dazu gehörigen Schraubenschlüssel.

Nummer des Zubringers	**60**	**61**	**62**
Durchmesser der Cylinder in mm . .	140	160	180
Druckmannschaft	8	10	12
Wasserlieferung bei 50—55 Doppelhuben in Litern ca.	350—400	550—600	700—800
Passende Druckschläuche Seite 56 No.	4—7	6—8	8—10
Preis in Mark	**1375**	**1550**	**1675**
Derselbe ohne Federn.			
Nummer des Zubringers	**63**	**64**	**65**
Preis in Mark	**1200**	**1350**	**1475**

Als Spritze benutzt oder bei Wasserlieferung auf weite und steigende Entfernungen muss die Mannschaft verstärkt werden.

Tragbarer Wasserzubringer.

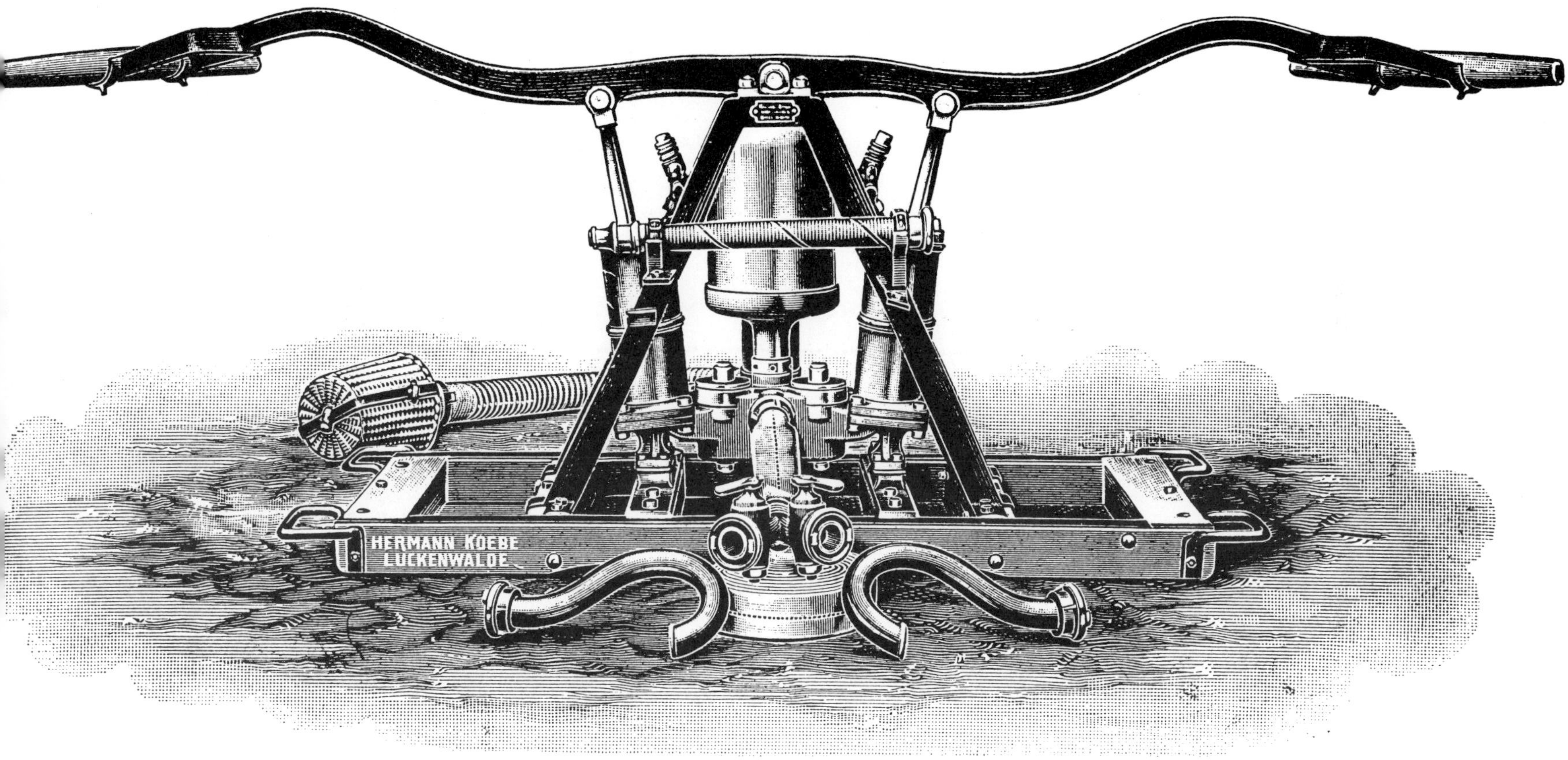

No. 70—75. Modell „Danzig".

Dieser tragbare Wasserzubringer ist auf einem kräftigen hölzernen Schlitten gebaut, der Handgriffe zum Tragen besitzt. Der Druckhebel schlägt auf elastische Puffer, dieser wird auch auf Wunsch gegen entsprechende Preiserhöhung umlegbar eingerichtet.

Das „Abprotzen" diente zur Trennung von Feuerspritze (Pumpwerk und Behälter) und Fahrwerk. Wie schnell das geschehen konnte und wieviel Personen dafür notwendig waren, bestimmte die Wirksamkeit des Einsatzes. Nach Erteilung des Patentes – zur wesentlichen Verbesserung solcher Systeme an Hermann Koebe II. am 3. März 1905 – setzte sich eine neue Bauart zunehmend durch, die

KOEBE-Abprotzspritze „Triumph"
(DRP).

Viele Feuerwehren ließen sich ihre alten Systeme auf das Koebe-System umbauen, bei dem sich der Wasserkasten nicht auf einer Plattform über der Wagenachse befand, sondern in einem hinten offenen U-förmigen Rahmen. Die eigentliche Spritze hing hinten in Gabeln des um den Spritzenkasten gabelartig herumgreifenden Fahrgestells und wurde vorn durch leicht auslösbare Haken gehalten. An dem Spritzenkasten befand sich eine Führung, die das Fahrgestell beim Aufprotzen so führte, daß die Gabeln des Gestells die Lagerzapfen der Spritze ergreifen mußten. Es war damit ein sehr sicheres System – auch z. B. für den Einsatz bei Dunkelheit.

Nur ein Mann war zur Bedienung notwendig.

Durch Senken und Heben der Deichsel setzte erst das vordere, dann das hintere Ende des Spritzenschlittens auf den Erdboden auf. In hoher Endstellung der Deichsel gaben die Gabeln

HERMANN KOEBE, Fabrik für Feuerlöschgeräte, Luckenwalde.

Koebe's Abprotzspritze „Triumph"

— D. R. G. M. No. 155549 —

mit umstellbarer Saugvorrichtung und Wasserkasten.

Neuheit ersten Ranges!

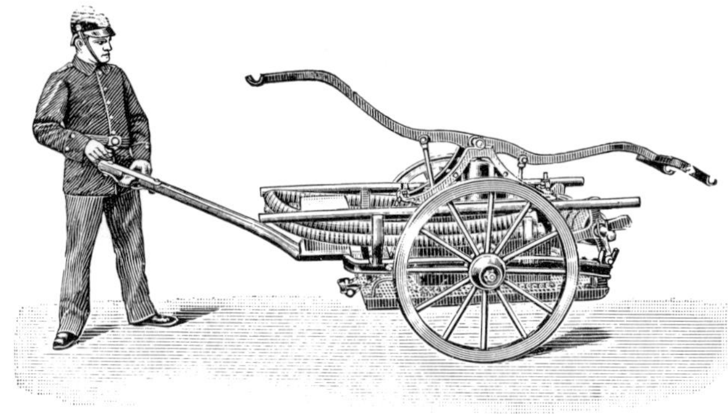

Fig. 1. Stellung der Spritze zum Fahren.

Fig. 2. Spritze abgeprotzt.

Neuheit ersten Ranges!

Fig. 3. Spritze zum Gebrauch fertig. Fig. 4.

Anerkannt bestes System!

das Gerät frei. Das Fahrwerk konnte weggefahren werden. Umgekehrt erfolgte das Aufprotzen – ebenfalls mit wenig Körperkraft – durch nur einen Mann.

Koebe hatte damit einen großen Vorsprung im Markt. Bisherige Gleit- oder Kipp-Abprotzspritzen benötigten 4 bis 5 Personen zur Bedienung.

Anl. 1

PATENT-URKUNDE

№ 164765.

AUF GRUND DER ANGEHEFTETEN PATENTSCHRIFT IST DURCH BESCHLUSZ DES KAISERLICHEN PATENTAMTES

an Hermann Koebe jr. in Neustrelitz und Luckenwalde

EIN PATENT ERTEILT WORDEN.

GEGENSTAND DES PATENTES IST:

Abprotzspritze mit hinten in Gabeln des um den Spritzenkasten greifenden Fahrgestelles hängender Spritze.

GESETZ v. 7. APRIL 1891

ANFANG DES PATENTES: 3. März 1905.

DIE RECHTE UND PFLICHTEN DES PATENTINHABERS SIND DURCH DAS PATENTGESETZ VOM 7. APRIL 1891 (REICHS-GESETZBLATT FÜR 1891 SEITE 79) BESTIMMT.

ZU URKUND DER ERTEILUNG DES PATENTES IST DIESE AUSFERTIGUNG ERFOLGT.

KAISERLICHES PATENTAMT.

KAISERLICHES PATENTAMT.

PATENTSCHRIFT

— № 164765 — KLASSE 61a.

AUSGEGEBEN DEN 10. NOVEMBER 1905.

HERMANN KOEBE JR. IN NEUSTRELITZ UND LUCKENWALDE.

Abprotzspritze mit hinten in Gabeln des um den Spritzenkasten greifenden Fahrgestelles hängender Spritze.

Patentiert im Deutschen Reiche vom 3. März 1905 ab.

Vorliegende Erfindung betrifft eine Abprotzspritze, bei welcher die eigentliche Spritze hinten in Gabeln des um den Spritzenkasten gabelartig herumgreifenden Fahrgestelles hängt und vorn durch leicht auslösbare Haken gehalten wird.

Bei solchen Spritzen, bei welchen zum Aufprotzen die Gabel des Fahrgestelles von vorn über den auf dem Boden stehenden Spritzenkasten geschoben wird, ist es, besonders im Dunkeln, mit Schwierigkeiten verbunden, schnell mit den Gabeln des Fahrgestelles die Lagerzapfen der Spritze zu ergreifen. Es kann beim Vorschieben des Fahrgestelles gegen den Spritzenkasten leicht vorkommen, daß die Gabeln des Fahrgestelles zu weit vorgeschoben werden und daher hinter die Lagerzapfen der Spritze greifen, oder auch, daß die Gabeln beim Vorschieben sich nicht in der richtigen Höhenlage befinden und daher gegen die Lagerzapfen des Spritzenkastens anstoßen, ohne sie zu ergreifen.

Diesem Übelstande soll mit der vorliegenden Erfindung dadurch abgeholfen werden, daß an dem Spritzenkasten eine Führung angeordnet ist, die das Fahrgestell beim Aufprotzen so führt, daß die Gabeln des Gestelles unbedingt die Lagerzapfen der Spritze ergreifen müssen. Ein weiterer Vorteil besteht bei dieser Führung darin, daß die Führung beim Auf- und Abprotzen das Gewicht des nach unten drückenden vorderen Teiles des Fahrgestelles aufnimmt, so daß, solange das Fahrgestell mit der Führung in Eingriff steht, der die Spritze bedienende Mann nur das Fahrgestell vorzuschieben oder zurückzuziehen braucht.

Auf der Zeichnung ist die neue Einrichtung dargestellt, und zwar zeigen die Fig. 1 und 2 die abgeprotzte Spritze in der Seitenansicht und in der Oberansicht, Fig. 3 und 4 das Fahrgestell allein in denselben Ansichten; Fig. 5 zeigt das Aufprotzen der Spritze, wobei die Gabeln des Fahrgestelles durch die Führung am Spritzenkasten gerade zum Eingriff mit den Lagerzapfen der Spritze gebracht sind.

An dem Spritzenkasten *a*, der in bekannter Weise mit seinen Lagerzapfen *b* in die Gabeln *c* des Fahrgestelles *d* eingehängt wird, ist auf jeder Seite eine Führungsschiene *f*, zweckmäßig aus Winkeleisen, vorgesehen. Unter diese Führungsschienen greifen Rollen *g*, die innen an den Gabelarmen *h* des Fahrgestelles vorgesehen sind. Diese Rollen *g* haben zweckmäßig konische Flansche *i*, um das Einführen der Rollen *g* unter die Führungen *f* zu erleichtern. Die Führungen *f* sind so gebogen, daß sie durch Vermittelung der Rollen *g* beim Vorschieben des Fahrgestelles gegen die Spritze die Gabeln *c* des Fahrgestelles niederdrücken und sicher zum Eingriff mit den Lagerzapfen *b* der Spritze bringen. Die Enden der Gabeln beschreiben hierbei im letzten Teil ihrer Bewegung die in Fig. 5 mit *k* bezeichnete Kurve. Da die Rollen *g* sich gegen die Führungen *f* stützen, braucht der die Spritze beim Auf- und Abprotzen bedienende Mann das Gewicht des vorderen Teiles des Fahrgestelles und der Deichsel nicht zu halten, sondern dieses Gewicht wird von den Führungen *f* aufgenommen. Durch das Ansteigen der Führungen wird beim Abprotzen, d. h. beim Zurückziehen des Fahrgestelles von der Spritze auch noch die Vorwärtsbewegung des Fahrgestelles erleichtert, da, wenn die Rollen *g* an dem ansteigenden Teile der Führungen anliegen, das gegen die Führungen drückende Gewicht des Fahrgestelles bestrebt ist, das Gestell von der Spritze zurückzuschieben.

In aufgeprotztem Zustande wird der vordere Teil der Spritze in bekannter Weise durch in Bügel *l* greifende Haken *m* gehalten.

Patent-Anspruch:

Abprotzspritze mit hinten in Gabeln des um den Spritzenkasten greifenden Fahrgestelles hängender Spritze, gekennzeichnet durch eine an dem Spritzenkasten *(a)* angeordnete Führung *(f)*, die beim Auf- und Abprotzen das Gewicht des vorderen Teiles des Fahrgestelles aufnimmt und das Fahrgestell *(d)* beim Aufprotzen so führt, daß die Gabeln *(h)* des Gestelles die Lagerzapfen *(b)* der Spritze ergreifen müssen.

Fig. 1.

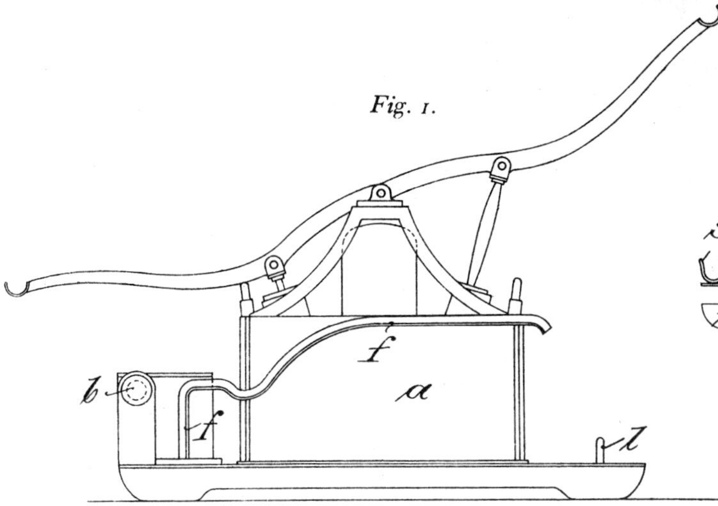

Fig. 3.

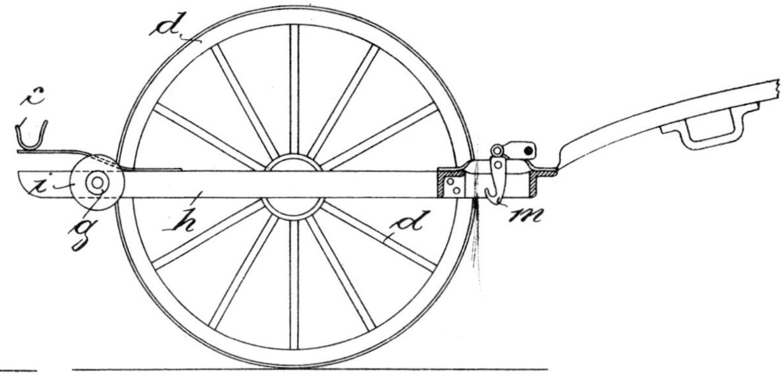

Fig. 2.

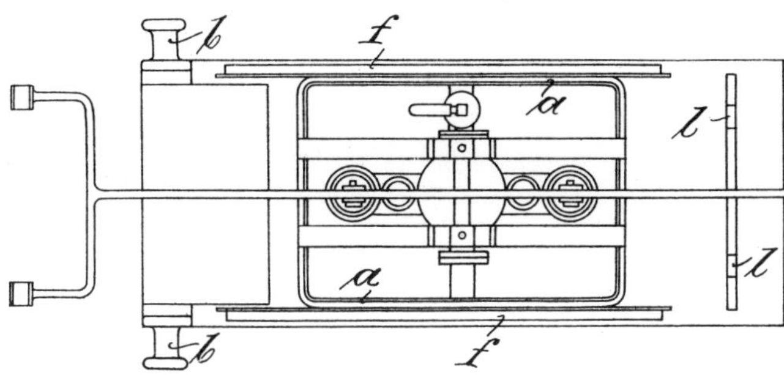

Fig. 4.

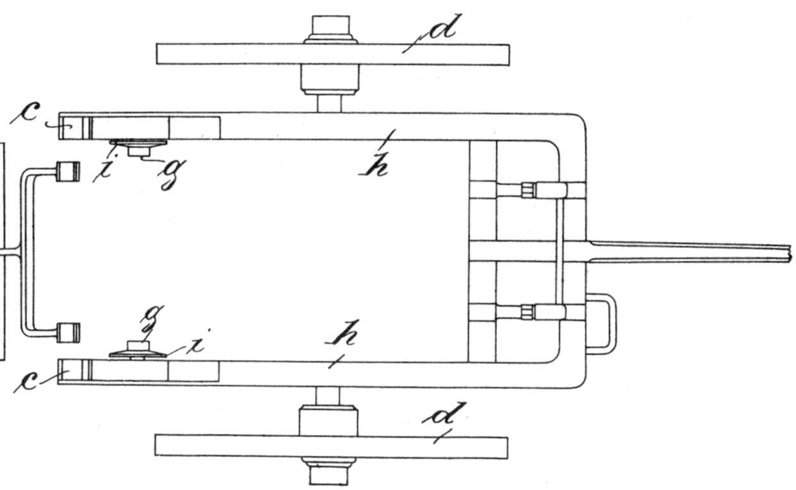

PHOTOGR. DRUCK DER REICHSDRUCKEREI

Fig. 5.

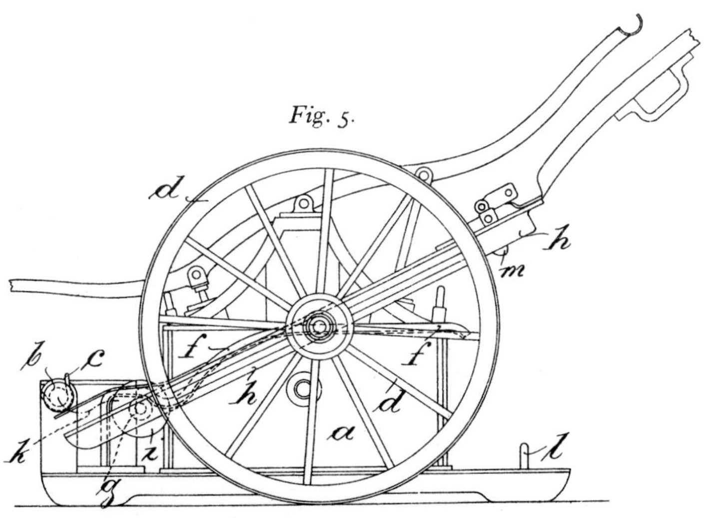

Zu der Patentschrift

№ 164765.

Koebe s Abprotzspritze „Triumph“ für Pferdebespannung

mit 2 Sitzplätzen, Scheere oder Deichsel für 2 Pferde.

Ausserordentlich leichtes Fahren   Für Landgemeinden besonders gut geeignet.

Modell **„Triumph=Überland“** No. 82b—87b.

Als Handzugspritze auf der Brandstelle.

Spritze abgeprotzt.

Abprotzspritze

für Pferdebespannung mit Vorderwagen.

Diese Spritze wird mit senkrecht oder schrägstehenden Cylindern gebaut. Der Vorderwagen und der Transportwagen zur Spritze sind ganz aus Schmiedeeisen auf Federn normalspurig gebaut. Die Spritze ist leicht abnehmbar und kann auch nur als Handzugsspritze verwendet werden. Der Vorderwagen hat 6 Sitzplätze und ist mit einer Hebelbremse, 2 Laternen, 1 Glocke versehen. Die Wellenzapfen des Hebels laufen in Rotgusslagern.

Zubehör: 6 Meter Saugeschlauch in 2 oder 4 Längen mit Saugekorb und Korkschwimmer, 5 Meter gummierten Druckschlauch mit Verschraubung, 1 abnehmbare Schlauchwelle, 1 Strahlrohr, 2 Mundstücke, 1 Oelkanne, 1 Hammer, 1 gedruckte Behandlung, 1 Räumnadel und sämtliche Schraubenschlüssel. Zu 2 Ausgängen mehr: 1 Strahlrohr und 2 Mundstücke.

Nummer der Spritze	**97**	**98**	**99**	**100**
Durchmesser der Cylinder in mm	100	110	120	130
Druckmannschaft	8	10	12	14
Weite der Normalmundstücke in mm	12	14	15	16
Wasserlieferung bei 50 bis 55 Doppelhuben in Litern ca.	180—200	230—240	260 285	300—350
Horizontale Wurfweite in Metern	28—30	29—31	30—32	31—34
Passende Druckschläuche Seite 56 No.	4—6	4—6	4—6	4—6
Preis in Mark	**1250**	**1350**	**1475**	**1650**

Zweistrahlig mit 1 Verschlusskapsel eingerichtet mehr 45 Mark.
„ „ Abstellhähnen „ „ 75 „
Druckmannschaft im Notfall 2—6 Mann.

Koebe's Abprotzspritze „Triumph“

D. R. Patent.

Schlauchwagen wird auch mit 4—6 gefederten Sitzplätzen geliefert

Vorteilhaftes Löschgerät.

Spritze für Pferdebespannung mit angeprotztem Schlauchwagen.

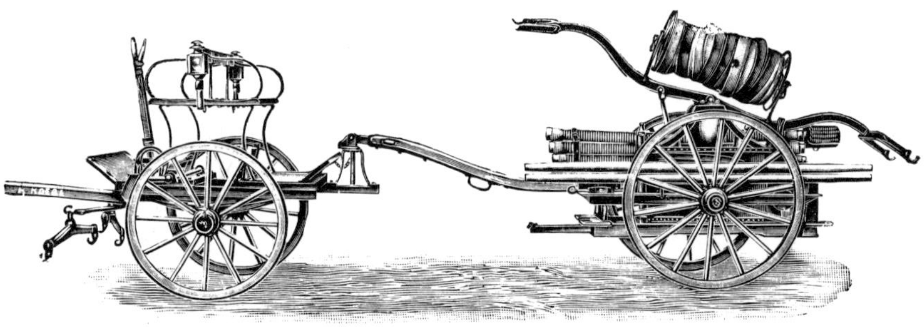

Koebe's Abprotzspritze „Triumph“ mit zweirädrigem Vorderwagen
für 6 Sitzplätze.
Modell „Linz“

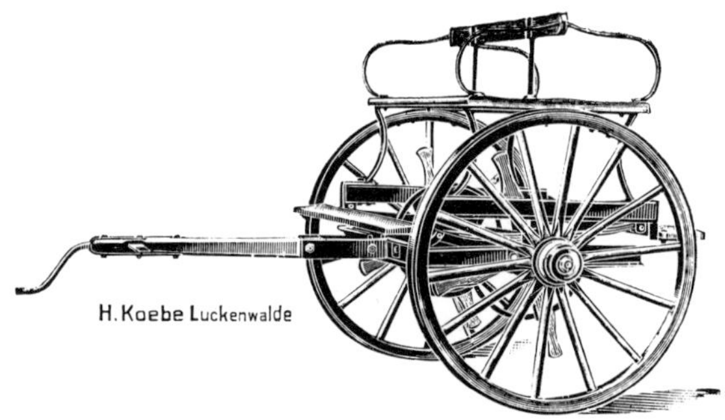

Anhängewagen für zweirädrige und auch vierrädrige Spritzen mit 6 Sitzplätzen auf Federn, gleichzeitig Schlauchwagen für 200—300 Meter Schläuche.

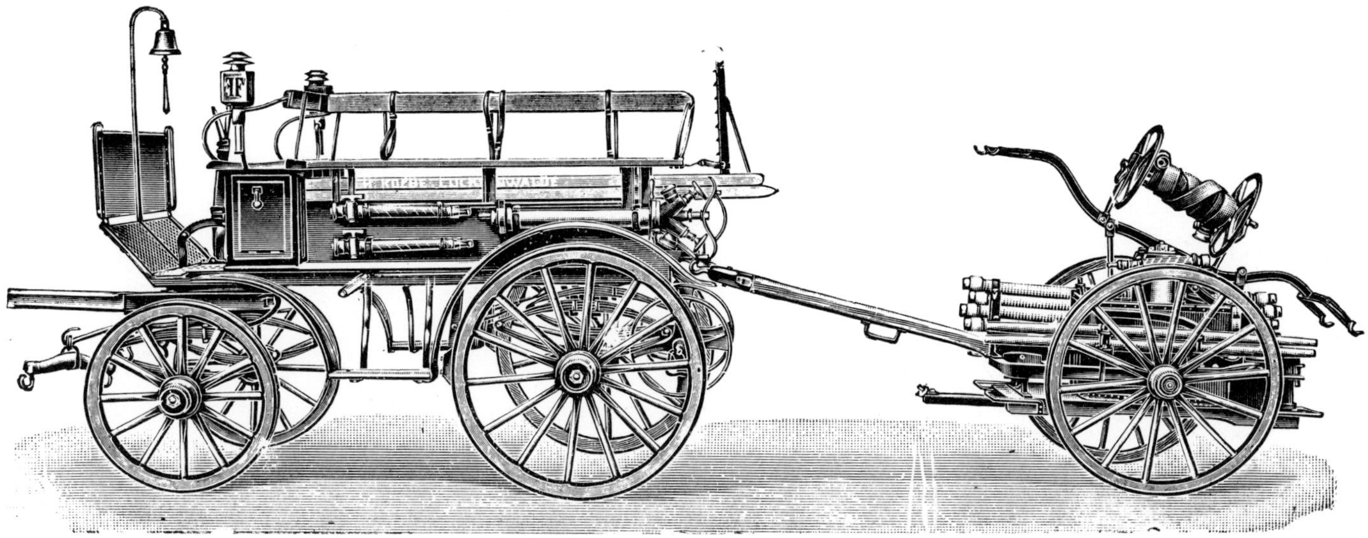

Koebe's Abprotzspritzen-Löschzug „Triumph".
Modell „Landeshut"

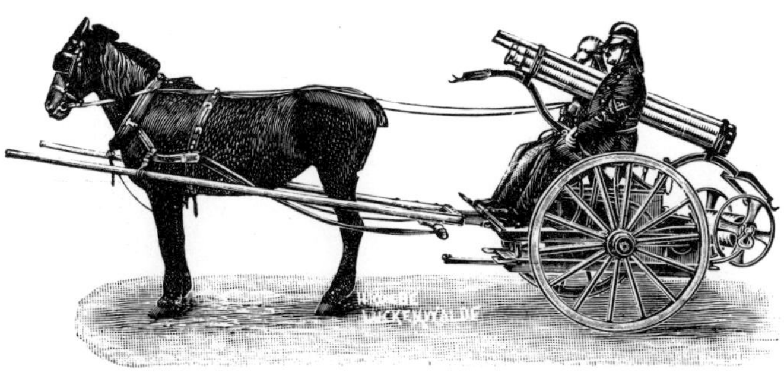

Gebirgs-Abprotzspritze „Triumph".

Triumphspritze für Pferdebespannung
mit abnehmbaren Schlittenkuffen. System „Troje"

Zwei Koebe Abprotzspritzen „Triumph"
bei der Feuerwehr der russischen Stadt Telschi.

Koebe Abprotzspritze „Triumph" bei der spanischen Feuerwehr Linares.
Sämtliche Geräte und Ausrüstungen von H. Koebe, Luckenwalde.

Abteilung für Umbauten alter Abprotzspritzen nach System „Triumph".

Jugendwehr bei einer Instruktion an einer Koebe Abprotzspritze „Triumph".

Koebe's Abprotzspritze „Triumph“ mit erhöhtem Schlitten.

Modell „Döbern“ No. 82a–87a.

Umgebaute Abprotzspritzen nach System „Triumph“.

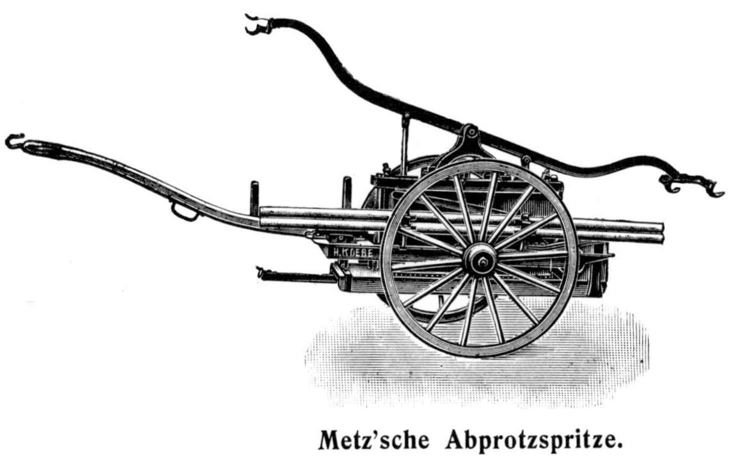

Metz'sche Abprotzspritze.

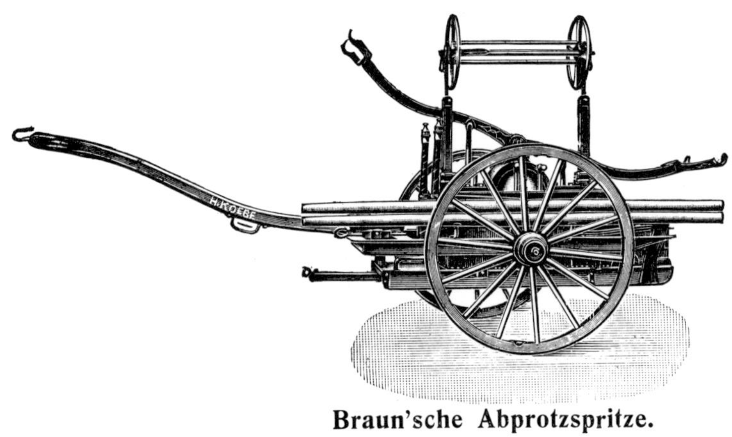

Braun'sche Abprotzspritze.

Wasserzubringer, Leistungen 200—800 Liter pro Minute.

Modell „Treptow". No. 54–56. Mit 10 Sitzplätzen.

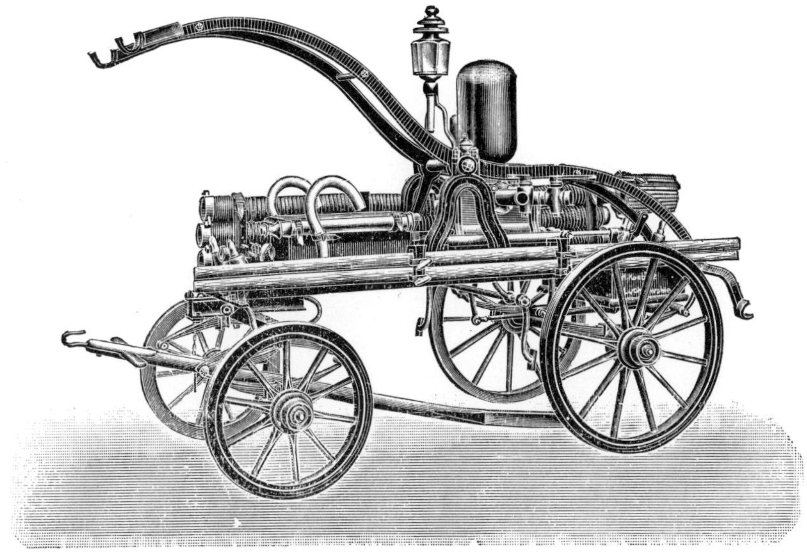

Modell „Herzogenaurach". No. 60–65. Für Handzug.

Koebe's zweirädriger abprotzbarer Wasserzubringer „Triumph" D. R. Patent.

Modell „Misdroy". No. 78a–81c. Für Handzug.

35jähriges Jubiläum 1913
ca. 100 Beschäftigte

Koebe's leicht fahrbare Landfeuerspritze

mit Wasserkasten und umschraubbarer Saugvorrichtung.

Gesetzlich geschützt.

Einfachste Handhabung. Billigster Preis.

Modell Grabau in Fahrstellung.

Sitzplätze für 6 Personen.

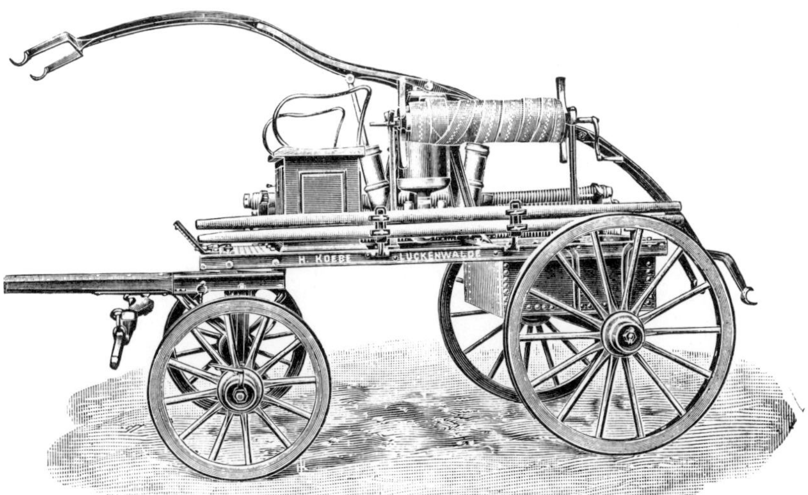

Modell „Allenstein". No. 821—826.
Sitzplätze für 2—4 Personen.

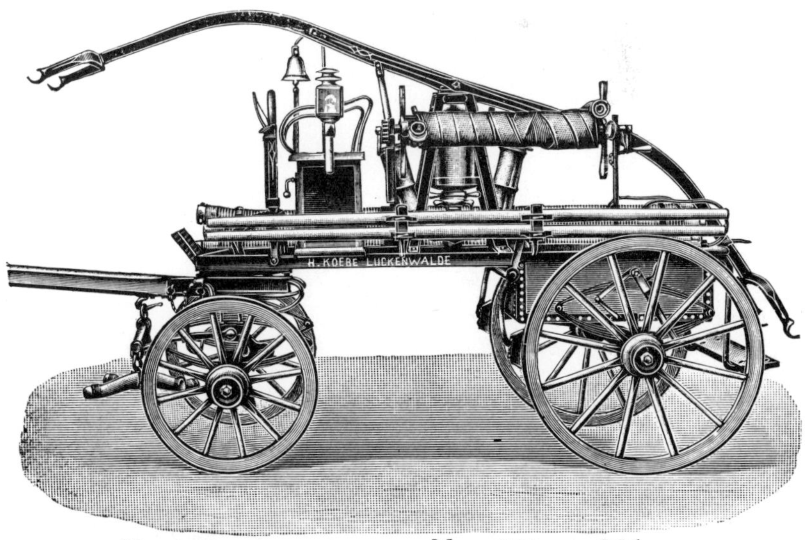

Modell „Grabau". No. 821a—826a.
Sitzplätze für 4—6 Personen.

Leichte Landspritze

mit umstellbarer Saugvorrichtung.

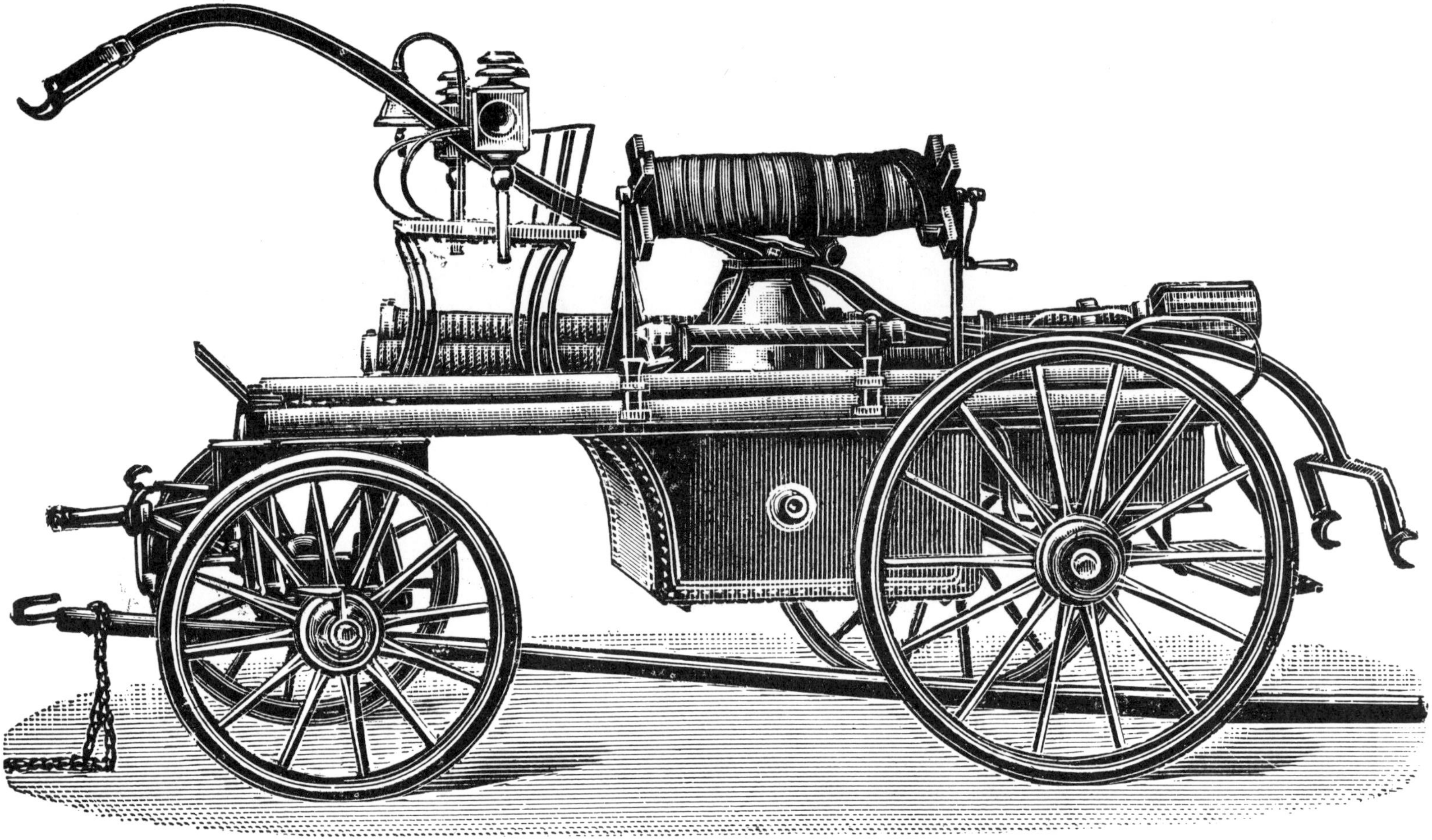

Der Wagen dieser Spritze ist ganz aus Schmiedeeisen **ohne Federn** gebaut; derselbe hat Sitzplätze für 4—6 Personen und 1 Utensilienkasten. Die Wellenzapfen des Hebels laufen in Rotgusslagern.

Zubehör: 6 Meter Saugeschlauch in drei Längen mit Verschraubungen und kupfernem Sauger nebst Korkschwimmer, 5 Meter gummierten Druckschlauch mit Verschraubung, 1 Strahlrohr, 2 Mundstücke, 1 Glocke, 2 Laternen, 1 Oelkanne 1 Büchse Cylinderfett, Hammer, gedruckte Behandlung, Räumnadel und die zugehörigen Schraubenschlüssel.

(Zu zwei Ausgängen mehr: 1 Strahlrohr, 2 Mundstücke.)

Zweistrahlig mit 1 Verschlusskapsel eingerichtet mehr 45 Mark.
„ „ Abstellhähnen „ „ 75 „

Diese Spritzen eignen sich auch als Handzugspritzen. Auf Wunsch wird eine Handzug-Deichsel mitgeliefert.

Druckmannschaft im Notfall 4—6 Mann

Nummer der Spritze	**38**	**39**	**40**	**41**	**42**	**43**
Durchmesser der Cylinder in mm	100	110	120	125	130	140
Druckmannschaft	8	10	12	12	14	16
Weite der Normalmundstücke in mm	12	14	15	15½	16	18
Wasserlieferung bei 50—55 Doppelhuben in Litern ca.	180—200	220—240	250—270	280—300	300—350	380—400
Horizontale Wurfweite in Metern	27—29	28—31	29—32	30—32	30—33	31—34
Passende Druckschläuche S. 56 No.	4—6	4—6	4—6	4—6	4—6	4—7
Preis in Mark	**1050**	**1150**	**1250**	**1350**	**1400**	**1500**

Handdruckspritzen.

Modell **„Glogau"**. No. 692—694.
Sitzplätze für 6 Personen, sowie 2—4 Stehplätze.

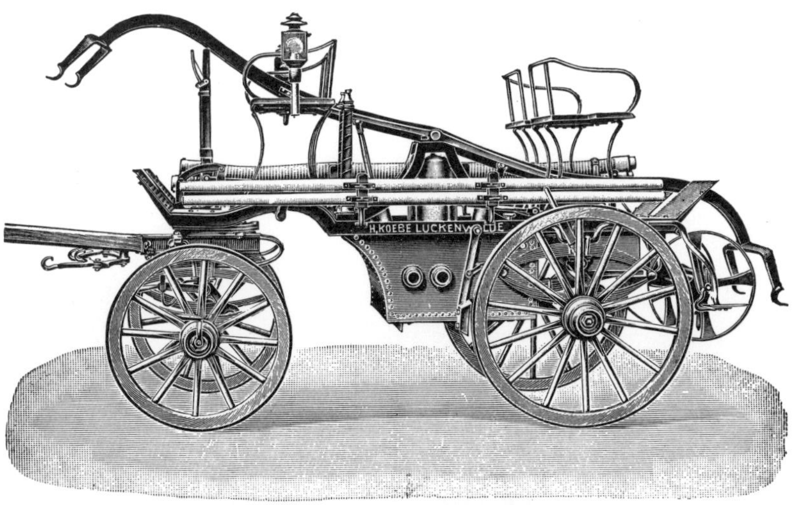

Modell „Bayern". No 26a—31a.
Sitzplätze für 4 Personen.

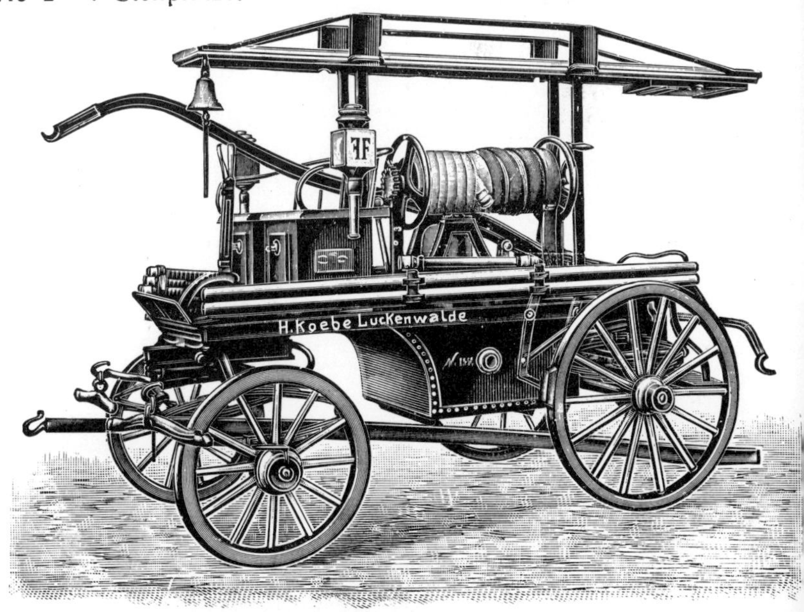

Modell **„Rhein"**. No. 4—8.
Sitzplätze für 6 Personen, sowie 2 Stehplätze.

Handdruckspritzen.

Sämtliche Handdruckspritzen erhalten Koebe's Normalpumpwerk. D. R. G. M.

Modell „Tegel“. No. 1—3.
Sitzplätze für 10 Personen, sowie 2 Stehplätze.

Modell „Zehlendorf“. No. 692 a—694 a.
Sitzplätze für 10 Personen, sowie 4 Stehplätze.

Leistungen des Koebe Normalpumpwerkes.

Durchmesser der Cylinder in mm	70	80	85	90	100	105	110	115	120	125	130
Druckmannschaft	2-4	4-6	6	6-8	8	8	10	10	12	12	14
Weite der Normalmundstücke in mm	9	10	$10^1/_2$	$11^1/_2$	$12^1/_2$	13	14	$14^1/_2$	15	$15^1/_2$	16
Wasserlieferung bei 55 Doppelhuben in Litern	90	120	140	160	200	220	240	265	285	300	350
Horizontale Wurfweite in Metern	22-24	24-27	25-27	26-28	27-30	28-30	28-31	29-32	29-32	30-32	30-33

Stadt- und Land-Omnibusspritze

mit umstellbarer Saugvorrichtung und Leitertransport-Gerüst.

Der Wagen dieser Spritze ist ganz aus Schmiedeeisen auf **Eliptikfedern** gebaut, die Federn werden beim Gebrauch der Spritze durch Umlegen nur eines Hebels abgestellt (D. R. G. M. 127236). Die Wellenzapfen des Hebels laufen in Rotgusslagern, welche mit Selbstölern versehen sind. Die Ventilkonstruktion ist als ganz vorzüglich anerkannt. Die Druckstangenbefestigung ist sehr einfach und gesetzlich geschützt unter No. 152923.

Es befinden sich auf der Spritze 10 Sitzplätze, 2 Stehplätze und 3 Utensilienkästen. Ausserdem ist die Spritze mit einer Hebelbremse versehen.

Zubehör: 7½ Meter Saugeschlauch in drei Längen mit Verschraubungen und kupfernem Sauger nebst Korkschwimmer, 5 Meter gummierten Druckschlauch mit Verschraubung, 1 Strahlrohr, 2 Mundstücke, 1 Glocke, 2 Laternen, Oelkanne, Hammer, Räumnadel, 1 Büchse Cylinderfett, gedruckte Behandlung und die zugehörigen Schraubenschlüssel. (Zu 2 Ausgängen mehr: 1 Strahlrohr, 2 Mundstücke.)

Nummer der Spritze	**1**	**2**	**3**
Durchmesser der Cylinder mm	120	130	140
Druckmannschaft	12	14	16
Weite der Normalmundstücke mm	15	16	17,5
Wasserlieferung bei 50—55 Doppelhuben in Litern ca.	250—270	300—350	380—400
Horizontale Wurfweite in Metern	29—32	30—33	31—34
Passende Druckschläuche Seite 56 · · No.	4—6	4—6	4—7
Preis in Mark	**1600**	**1700**	**1800**

Die Spritzen mit Patentachsen versehen kosten 40 Mark mehr.
Zweistrahlig mit 1 Verschlusskapsel eingerichtet mehr 45 Mark.
" " Abstellhähnen " 75 "
Leitern etc. werden extra berechnet.
Druckmannschaft im Notfall 4—6 Mann.

Vielfach geliefert.

Moderne Angriffsfahrzeuge

Beste Referenzen.

in vorzüglich bewährten Konstruktionen und moderner Ausstattung.

Original-Modell „Zehlendorf".
No. 1065.

Bereits 18 Fahrzeuge nach diesem Modell geliefert.

Sitzplätze für 10 u. 12 Personen sowie 1 Fahrersitz.

In der „Feuerwehrtechnischen Zeitschrift" ist im Juli 1917 zu lesen:

„... Neuerdings haben die Fabriken dieser Spritzenart (Omnibus-Spritze) große Aufmerksamkeit geschenkt und dieselben sehr vervollkommnet. Die KOEBEsche Omnibus-Spritze bietet Sitzgelegenheit für zehn Personen und außerdem noch vier Stehplätze, hat Leitergerüst, abnehmbare Schlauchhaspel, Protznagel zum Anhängen eines zweirädrigen Schlauchwagens und Vorrichtungen zum Befestigen aller erforderlichen Geräte. Die hier gewählte Anordnung der Sitzplätze hat den Vorteil, daß die Zugänglichkeit des Werkes in keiner Weise behindert wird ..."

In den Jahren bis ca. 1918 brachte Koebe viele Modelle sogenannter „Angriffswagen", die für Städte mit Hochdruckwasserleitungen konstruiert waren. Diese Fahrzeuge hatten sehr viel Laderaum über dem Wagenrahmen. Gerätekästen dienten gleichzeitig als Sitze für 9 Personen, weitere 4 Personen fuhren stehend mit.

Modell

„Groß-Lichterfelde".

No. 1066.

Sitzplätze für 12 Personen und
1 Fahrersitz.

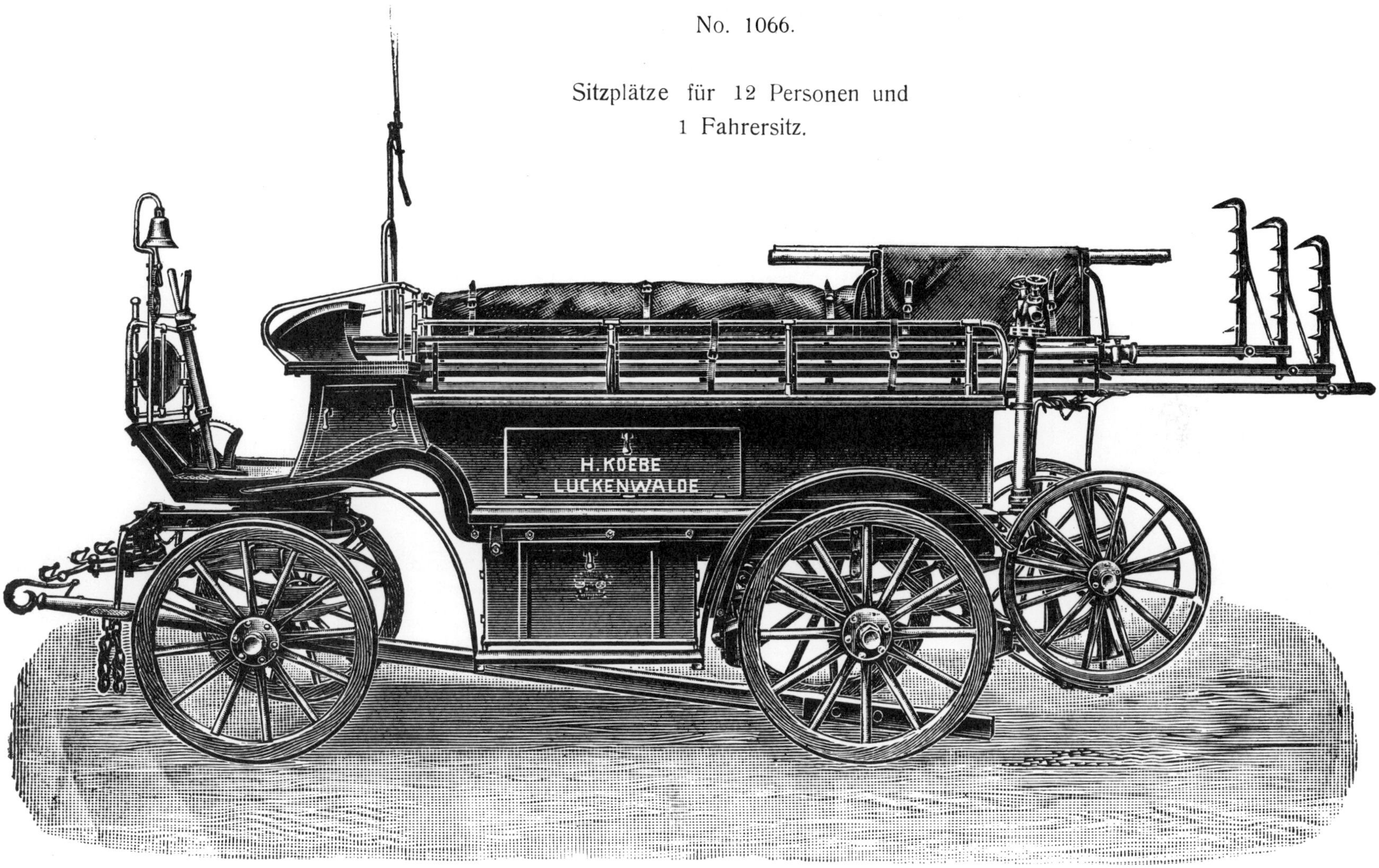

Drei Hakenleitern, eine mehrteilige Steckleiter, Rettungsschlauch und Sprungtuch gehörten zur Ausrüstung. Ein hinten aufgeprotzter zweirädriger Schlauchkarren und zwei seitliche Haspeln nahmen die Schläuche auf. Neben dem Angriffsgerät nahm das Fahrzeug auch viele Aufräumgeräte mit, wie Besen, Schaufeln etc.

Und weiter heißt es an anderer Stelle:
„. . . Eine besondere Aufmerksamkeit wenden die Feuerwehren mittelgroßer Städte den Angriffsfahrzeugen zu, namentlich dann, wenn eine Weckerlinie oder eine kleine, ständige Wache vorhanden ist.
Lange Zeit bis zum Beginn des Siegeslaufs der Automobilspritze war das Hauptangriffsgerät solcher Wehren und auch das der großstädtischen Berufsfeuerwehren die Gasspritze. Wir finden dieselben noch jetzt in fast allen nicht automobilen Löschzügen der Berufsfeuerwehren."

Gasspritzen.

Modell „Lichtenberg". No. 1068

Wasserbehälter 400 Liter.

Gasspritze

Modell „Schöneberg". No. 1070
Wasserbehälter 400 Liter.

Rückansicht

Zweirädrige Gasspritze.

Modell „Luckenwalde"
für Handzug,
als kompletter Löschzug ausgestattet.
Wasserbehälter 250 Liter.

Wasserwagen.

Modell „**Mariendorf**". No. 690—691. Inhalt 500—800 Liter

Wasser- und Mannschaftswagen
Modell „**Liebenwalde**". No. 176.
Inhalt des Wasserkastens 600 Liter. Sitzplätze für 12 Personen.

Wasserwagen

mit tiefhängendem Wasserbehälter.

Das Wagengestell ist ganz aus Schmiedeeisen auf Doppelfedern und hohen Rädern gebaut. Der Wasserbehälter ist hängend zwischen den Wagenrahmen angebracht und kann infolgedessen an jeder beliebigen Strassenpumpe, welche ein hohes Ausgussrohr hat, gefüllt werden. Auf dem Wagen befindet sich ein Werkzeugkasten mit 6 Sitzplätzen, 2 Laternen und 1 Glocke.

No. **172.**	Wasserbehälter-Inhalt	600 Liter	. . . .	**675** Mark.
„ **173.**	do.	800 „	. . . .	**750** „
„ **174.**	do.	1000 „	. . . .	**800** „
„ **175.**	do.	1200 „	. . . .	**850** „

Mit Hebelbremse versehen 40 Mark mehr.

Mannschafts- und Gerätewagen

Modell

„Oberschöneweide“

No. 178–181.

Sitzplätze für
10—20 Personen.

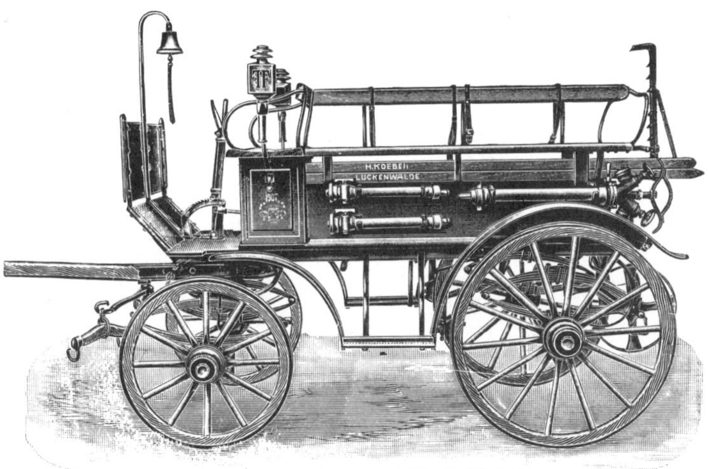

Modell **„Linz“.** No. 827. Sitzplätze für 12 Personen.

Modell

„Schöneberg“.

No. 183a.

Sitzplätze für 20 Personen.

Modell

„Steglitz“.

No. 182.

Sitzplätze für
11 Personen.

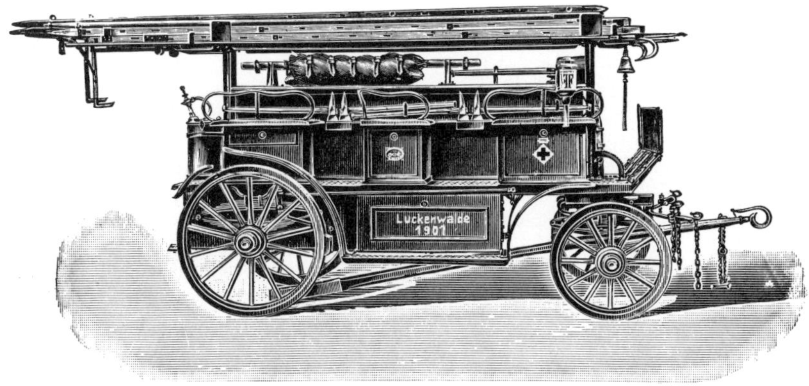

Modell

„Luckenwalde“.

No. 183.

Sitzplätze für
10 Personen.

Mannschaftswagen.

Modell „Wilhelmsruh“
No. 1067.

Sitzplätze für 17 Personen
und 1 Fahrersitz.

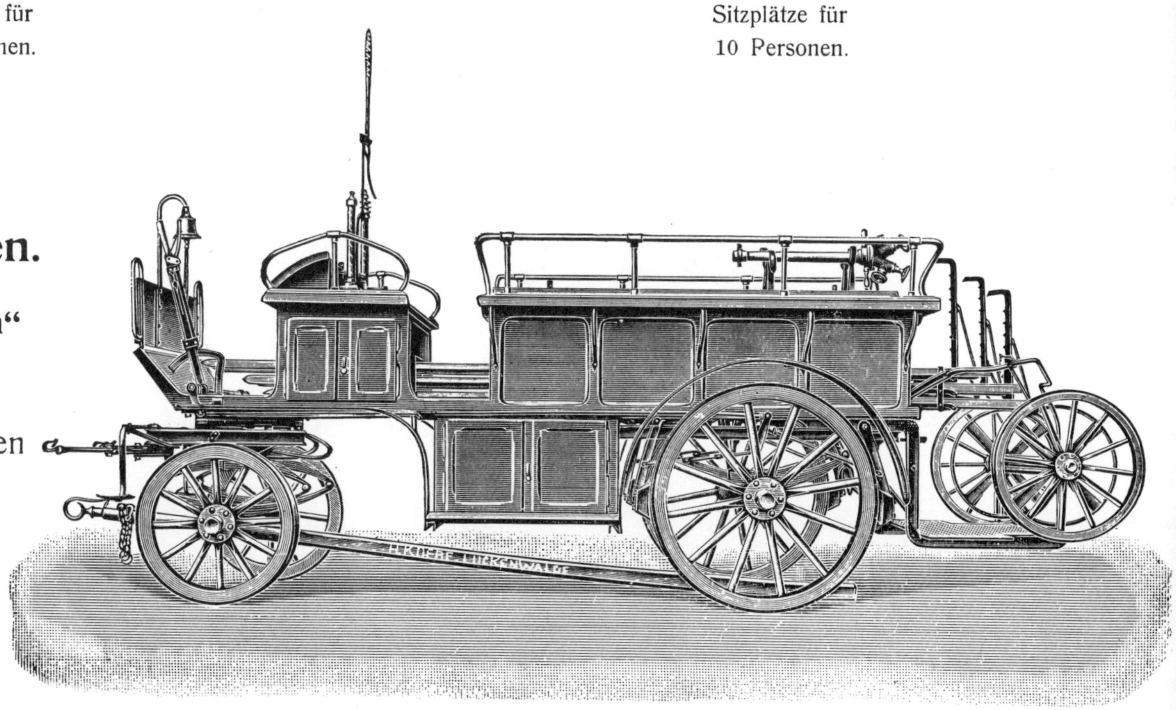

Mannschafts- und Gerätewagen

mit Leitertransportgerüst und II Sitzplätzen.

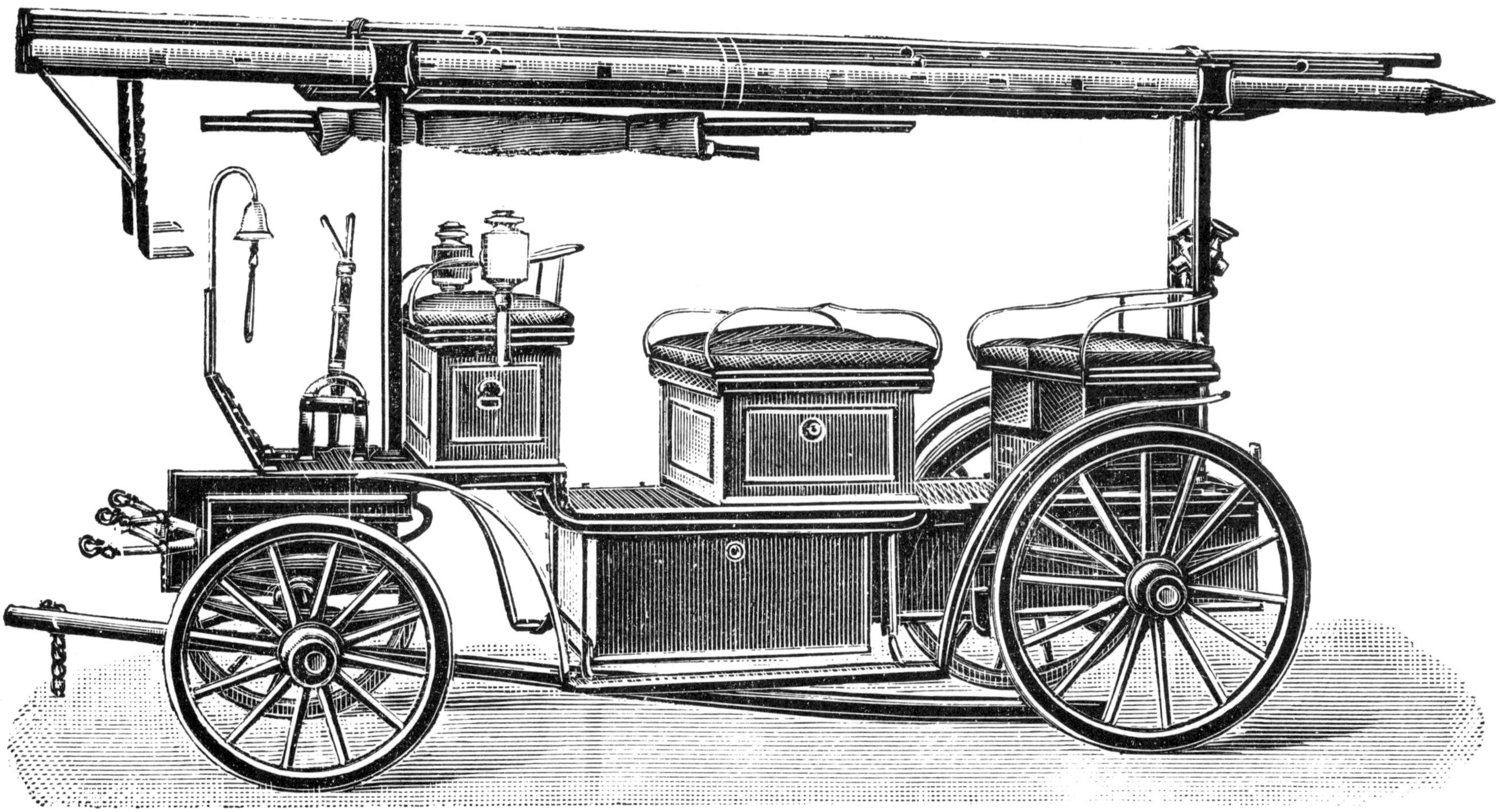

Dieser Wagen ist ganz auf schmiedeeisernem Untergestell mit Doppelfedern gebaut, hat eine Hebelbremse, sehr geräumige Utensilienkästen, 2 Laternen, 1 Glocke und ist mit Sitzplätzen für 11-Personen und Leitertransportgerüst eingerichtet. Derselbe eignet sich bei Mitführung eines Schlauchwagens ganz besonders als erstes Angriffsgerät in Ortschaften, wo Wasserleitung vorhanden ist, da sowohl sämtliche Löschgerätschaften (Leitern, Strahlrohre usw.), wie auch alle Rettungsutensilien mitgeführt werden können.

Preis **950** Mk.

Löschgerätschaften und Rettungsutensilien sind in diesem Preise nicht mit eingeschlossen.

Dieser Wagen mit Patentachsen versehen erhöht den Preis um 50 Mark.

Schlauch- und Hydrantenwagen.

Modell **„Altona"**, ohne Federn. No. 1071.
Für 300 und 400 Meter Schlauch.

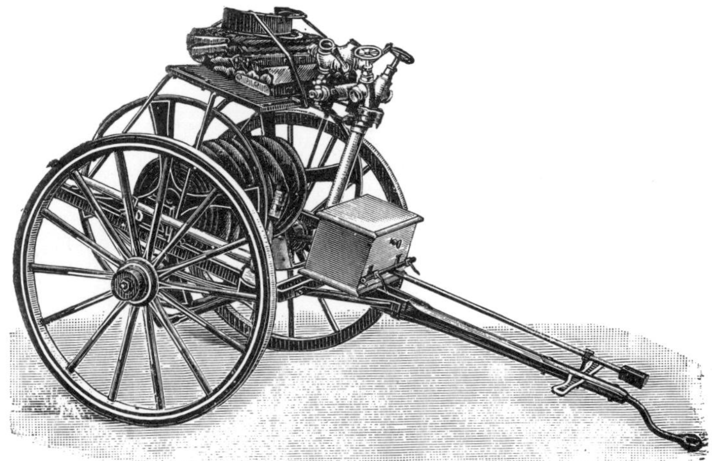

Modell **„Wannsee"**, auf Federn. No 190—190a.
Für 200, 300 und 400 Meter Schlauch.

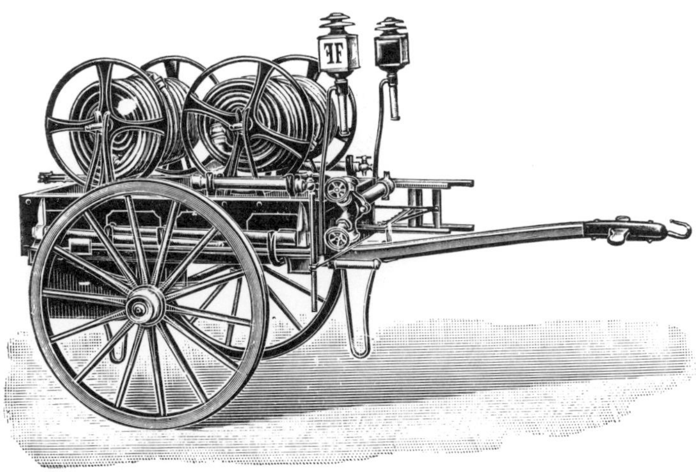

Modell **„Adlershof"**, auf Federn. No. 720—720a.
2 abnehmbare Haspeln für je 100 Meter Schlauch.

Modell **„Lichtenberg"**, auf Federn. No. 719—719a.
2 abprotzbare Schlauchwagen für je 125 Meter Schlauch.

Schlauch=, Hydranten= und Gerätewagen.

Modell „**Nowaves**“, auf Federn. No 191.
Schlauchwelle für 300 Meter Schlauch.

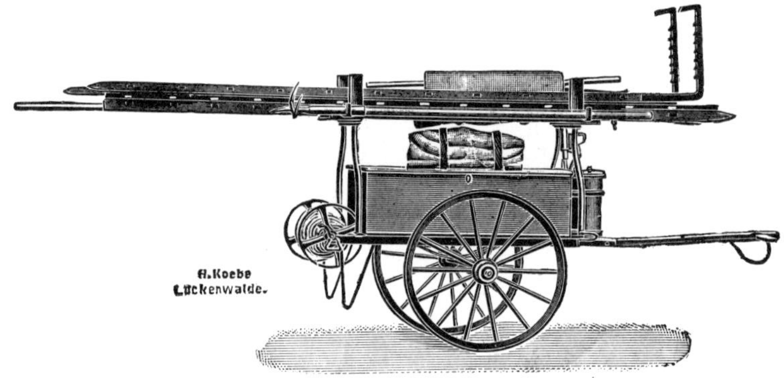

Gerätewagen Modell „**Linares**“, auf Federn. No. 191a.

Gerätewagen
Modell „**Friesack**“. No. 326—326 a

Löschzug für Handzug Modell „**Trebbin**“. No. 721.

Koebe's Motorfeuerspritze

Zwei- und vierrädrig in allen Grössen Deutsches Reichspatent.

Schnelles Ansaugen, einfachste Bedienung.

Leistungen von 350—2000 Liter pro Minute.

Benzin-Motorfeuerspritze.

Leistung 450 Liter pro Minute.

D. R. Patent.

Modell „Tönning".

Spritzen mit geringeren Leistungen speziell für Landgemeinden geeignet. (Überlandzentralen) Offerten kostenlos.

Elektro-Motorfeuerspritze

Leistung 600 Liter pro Minute.

D. R. Patent.

Modell „Kiel".

In der „Feuerwehrtechnischen Zeitschrift" von 1919 schreibt Ing. Merz über Koebe-Motorspritzen für Hand- und Pferdezug:
„Die Firma Hermann Koebe, Luckenwalde, baut seit mehreren Jahren sowohl Benzin als auch Elektromotorspritzen, wobei sie zwar fremde Motoren, aber eigene Zentrifugalpumpen verwendet.
Als Ansaugpumpe verwendet Koebe eine einfache zweizylindrige Handdruckpumpe".

Weiter heißt es:
„Augenblicklich sind die hauptsächlichsten Typen der Firma Koebe eine Spritze von 800 – 1.200 Ltr./Min. mit Leiterngerüst usw. sowie eine Spritze von 350 – 600 Ltr./Min. mit einem Aufbau, der das Fahrzeug als Überlandspritze erscheinen läßt.

Der Wagenrahmen der erstgenannten Spritze (z. B. Modell „Stockholm") ist aus U-Eisen gefertigt und ruht auf einer starken Federung und kräftigen Rädern mit Automobil-Stahlnaben. Die Räder laufen auf Kugellagern. Am hinteren Ende des Wagens ist der Antriebsmotor untergebracht. Derselbe ist ein vierzylindriger Benzinmotor, der mit Boschzündung, Vergaser und den sonst üblichen Armaturen nach der Art der Automobilmotoren ausgestattet ist. Die Kühlung des Motors (D.R.G.M.) erfolgt direkt von der Pumpe aus und kann je nach der momentan herrschenden Außentemperatur einreguliert werden. Pumpe und Motor sind direkt miteinander gekoppelt. Um ein Einfrieren der Pumpe während der kalten Jahreszeit zu verhindern, ist die

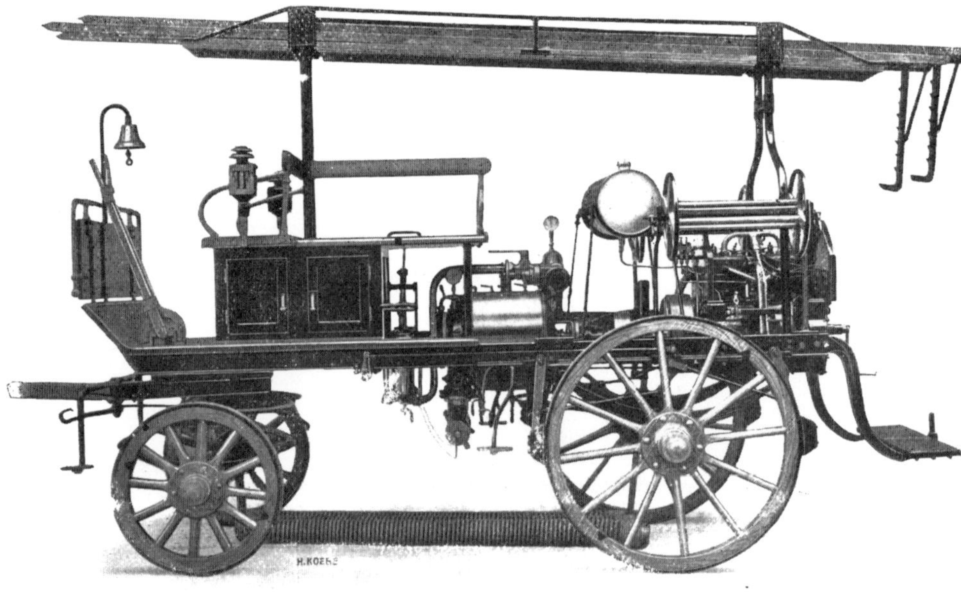

Benzin-Motor-Feuerspritze Leistung 800 Liter pro Minute. D. R. Patent.

Modell „Stockholm"

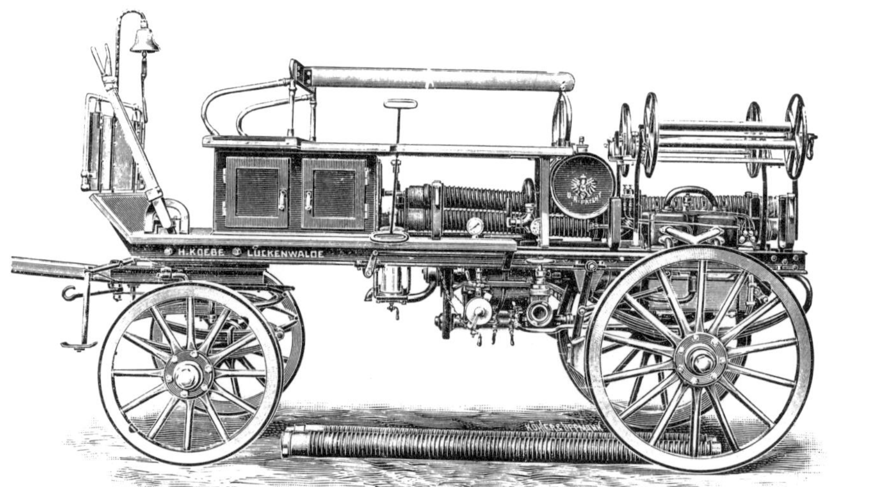

Benzin-Motor-Feuerspritze Leistung 600 Liter pro Minute. D. R Patent.

Modell „Langenbielau".

Pumpe mit einem Wärmemantel umgeben, welcher von den Auspuffgasen durchströmt wird und gleichzeitig als Auspufftopf dient.

Die Pumpe ist eine Hochdruckzentrifugalpumpe, welche von Koebe selbst nach eigener Konstruktion gebaut wird. Es sind je zwei Saug- und Druckstutzen vorhanden, von denen letztere mit Bronzeschiebern versehen sind . . ."

„Die zweite Spritzentype der Firma Koebe (z. B. Modell „Langenbielau") ist ein ausgesprochenes Überlandfahrzeug. Die maschinelle Ausrüstung weicht von der soeben beschriebenen Spritze nicht ab, doch ist das gesamte Aggregat hier etwas tiefer in den Wagenrahmen hineingesetzt als bei jener Spritze.
Dadurch, daß die Pumpe nicht soweit über den Rahmen hinausragt wie bei der vorbeschriebenen Spritze, welche übrigens für eine schwedische Feuerwehr geliefert wurde, ist die Möglichkeit gegeben, den Raum unter den Längssitzen noch weiterhin als Gerätekasten auszubauen."

Im April 1919 schreibt der Brandmeister Langenbielau an die Fa. Koebe u. a.:
„Die 1914 bezogene Motorspritze bewährte sich ausgezeichnet und es ist eine Freude, zu sehen, mit welcher Begeisterung die Kameraden mit derselben arbeiten. Nachdem uns das Friedensbenzin ausgegangen war, machten wir einen Versuch mit Kriegsbenzin und auch da funktionierte die Spritze glänzend . . ."

KOEBE-Motorspritze für Pferdezug 1913

Kleinmotorspritze „Triumph" herausgezog :n.

Länge ohne Deichsel	:	3,15 m
Breite	:	1,80 m
Höhe	:	2,10 m
Gewicht des Wagens	:	800 kg
Seemäßige Verpackung ca:		7,8 cbm

Preis des Wagens RM. 1500.—

Mehrpreis für elektrische Beheizungsvorrichtung einschließlich 10 m Anschlußkabel **RM. 75.—**
(bei allen Ausführungen)

Auf Federn gebaut, mit Sitzplätzen für 6 Personen, 2 abnehmbaren Schlauchhaspeln mit drehbaren Handgriffen und Feststellvorrichtung, geräumigen Gerätekästen unter den Sitzen von beiden Seiten, zugänglich Lagervorrichtung für die Saugeschläuche. Außerdem sind vorgesehen: Starke Hebelbremse, Glocke, 2 Laternen. Der Vorderwagen ist ganz durchlenkbar, die Räder besitzen Schmierachsen. Hinten im Wagen befindet sich ein vollständig abgeschlossener Raum zur Unterbringung der Kleinmotorspritze „Triumph".

Vierstrahlige Probe
mit der Spritze Modell „Tönning".
Spritze saugt aus einem Graben.

Vierstrahlige Probe der
Elektromotorspritze Modell „Trebnitz"

Kombinierte „Elektro-Motorfeuerspritze D. R. Patent.
Modell „Blankenburg".
Rückansicht der Spritze. Darstellung der Pumpenanordnung.

4 Stück **Wassersammler und Verteiler**.
Vorzüglich bewährte Ausführung, leichtes Gewicht.

Benzinmotor-Feuerspritze

für Handzug.

Deutsches Reichspatent.

Leistung 450 Liter pro Minute.

Modell **„Elberfeld".**

Koebe's Elektromotor-Feuerspritzen.

Zwei- und vierrädrig in allen Grössen. Deutsches Reichspatent.
Schnelles Ansaugen, einfachste Bedienung. Einfache und mit Handdruckspritze kombinierte Ausführungen.

Koebe's kombinierte Elektromotor- und Handkraftspritzen

Deutsches Reichspatent.

Gleichzeitiges Arbeiten beider Pumpen möglich, daher doppelte Leistungen.

Mehrfach geliefert, auch für die Kaiserliche Marine.

Zentrifugalpumpe mit Elektromotor gekuppelt.

Leistung 800 Liter pro Minute.

Handdruckspritze 500 Liter pro Minute.

Modell **„Sonderburg"**
D. R. Patent

Koebe's Elektromotor- und Handkraftspritze.

D. R. Patent.

Modell **„Blankenburg"**

Vorzüglich geeignet als Landspritze.

Leistung der Zentrifugalpumpe 350 Liter pro Minute,
der Handdruckpumpe 200 Liter pro Minute.

Die elektrisch betriebenen KOEBE-Feuerspritzen waren eine Kombination von Handdruck-und Kraftspritze. Über dem Wagenrahmen war ein zweizylindriges Spritzenwerk angeordnet, ein Handdruckpumpenwerk, das auch als Ansaugpumpe diente. Die von einem starken Elektromotor angetriebene KOEBE-Zentrifugalpumpe mit einer Leistung von 350 l/min lag unter dem Rahmen. Bei fehlender Stromzuführung konnte mit dem oberen Pumpwerk gearbeitet werden. Wurde während der Löscharbeiten die Stromzuführung unterbrochen, konnte durch einfaches Umschalten auf Handbetrieb übergegangen werden. Auch gleichzeitiges Arbeiten beider Pumpen war möglich, mit einer maximalen Leistung von 550 l/min.

Diese Fahrzeuge wurden in Städte geliefert, die über Elektrizität verfügten oder an Landgemeinden, die an Überlandzentralen angeschlossen waren.

Modell **„Trebnitz“.** D. R. Patent.
Leistung der Zentrifugalpumpe 600 Liter pro Minute.
Leistung der Handdruckpumpe 400 Liter pro Minute.

Stationäre Feuerspritzen mit Zentrifugalpumpen direkt gekuppelt mit Elektromotor oder Benzinmotor bis 2000 Liter Leistung pro Minute.

Koebe's Dampf-Feuerspritze.

Einzylindrige Dampfspritze
Modell „Barcelona“

1910 SCHRIEB HERMANN KOEBE

Mit dem Aufblühen der Industrie ist auch die Feuersgefahr in gleichem Maße gesteigert worden.

Ich habe mir die Aufgabe gestellt, ein Löschgerät zu konstruieren, welches sich durch große Leistung ohne Menschenkraft und besonders durch Einfachheit auszeichnet.

Die auf dem Deutschen Feuerwehrtag in Nürnberg ausgestellte 1-zylindrige Dampffeuerspritze bestand vor der Prüfungskommission ohne geprüften Heizer mit großer Wurfweite glänzend.

1. Der Dampfkessel

Konstruktionsziel war, mit geringem Gewicht in kürzester Zeit Dampf zu erzeugen und eine mittlere Betriebsspannung von 8 – 10 Atm. konstant beizubehalten.

Es ist ein stehender, auf 12 Atm. geprüfter Schnellheizkessel aus Ia Siemens-Martin-Feuerblechen mit Siederohren aus Kupfer, bestehend aus Feuerbüchse, Mantel und Rauchrohr.

Das Feuerloch befindet sich am unteren Teile des Kessels und ist so gerichtet, daß das Anheizen des Kessels bequem von hinten erfolgen kann. Zur Regulierung des Zuges und zur Aufnahme der Asche dient eine mittels Handhebel leicht verstellbare Aschefallklappe.

Durch ein günstiges Verhältnis der

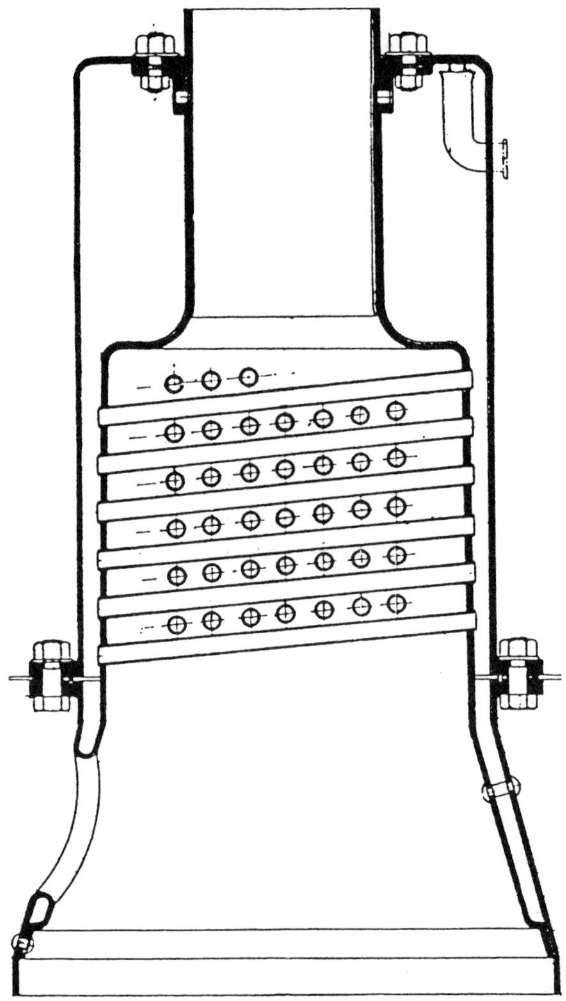

Systemskizze Kessel

Gesamtheizfläche zur Rostfläche werden kurze Anheizdauer und konstante Dampfspannung erreicht.

Die Armaturen sind auf zwei Zentralstutzen konzentriert (Injektor, Sicherheitsventil, Manometer, Abblaseventil, Schnelldämpfer).

Der Schnelldämpfer dient zur Erreichung eines künstlichen Zuges.

Injektor, Handspeisepumpe und Maschinenspeisepumpe dienen der Kesselspeisung.

Links vom Heizerpodest ist ein Wasserbehälter, der während des Betriebes vom Pumpwerk aus direkt gefüllt werden kann. Kessel und Kamin sind mit einer stahlummantelten Isolierschicht versehen, oben mit Kupferbekrönung.

2. Maschine und Pumpwerk

Das Dampfpumpwerk ist ein- oder mehrzylindrig mit Zylinder aus Grauguß, durch Säulen mit dem Pumpenkörper verbunden.

Der Pumpenkörper aus zähester Spezial-Phosphorbronze besitzt je 2 Saug-und Druckstutzen durch Kapseln bzw. Schnellschlußschieber verschließbar.

Die Saug- und Druckwindkessel sind aus Rotkupfer gefertigt, die Ventile aus englischem Dermantinematerial.

Durch ein Umlaufventil kann das Pumpwerk weiterarbeiten, wenn die Druckleitung abgeschlossen ist, was ein Einfrieren des Pumpwerks verhindert.

Pumpen- und Dampfzylinder sind dicht aneinander, wodurch eine gute Gewichtsverteilung erreicht wird.
Um die Kurbelwelle über die Totlage zu drehen, habe ich einen sehr praktischen Aufhelfhebel konstruiert.

Von ebenso wichtiger Bedeutung ist die Schmierung aller gleitenden Teile und in dieser Richtung ist die weitgehendste Sorgfalt angewendet. Der Dampfzylinder und der Schieber sind mit je einem besonderen Schmierapparat ausgerüstet, hingegen ist die Schmierung der Kurbelschleife einschließlich des Gleitsteins und der Zapfenlager durch einen leicht kontrollierbaren Zentralschmierapparat gewährleistet.

Der Gefahr des Einfrierens ist dadurch vorgebeugt, daß an sämtlichen tiefgelegenen Stellen wie am Wasserbehälter, Pumpwerk und an den verschiedenen Armaturen Ablasshähne vorgesehen sind.

3. Wagenbau

Das Fahrzeug ruht auf kräftigen Stahldruckfedern und besitzt hohe Räder, welche mit sog. Kanonennaben aus Stahl- bzw. Rotguß ausgestattet sind.

Der Vorderwagen ist vollständig durchlenkbar und hat zur Abstellung der Federn eine patentamtlich geschützte Abstellvorrichtung; außerdem ist er nach jeder Seite frei beweglich und am vorderen Teile zur Entlastung der Pferde mit Patentzugzeug System Hannemann ausgerüstet.

Bei der Anordnung des Kessels ist auf eine günstige Schwerpunktlage durch gute Verteilung der Massen Bedacht genommen. Der hintere Wagenteil ist als Standbrücke für den Heizer ausgebildet. So kann der Kessel auch während der Fahrt geheizt werden. Der Kohlenbehälter befindet sich günstig für die Bedienung rechts vom Podest.

Heizer und 4 Personen sind die Besatzung. Auf beiden Seiten befinden sich Utensilienkästen zur Aufnahme von Schläuchen und sonstigen Requisiten.

Die Lehnen der Sitzplätze sowie die Geländer am Heizerpodest sind aus poliertem Messingrohr.

Die Spritze besitzt eine kräftig wirkende, mehrfach übersetzte Hebelbremse, helltönende Glocke und 2 mit geschliffenen Gläsern versehene Laternen.

Koebe's Pumpwerke

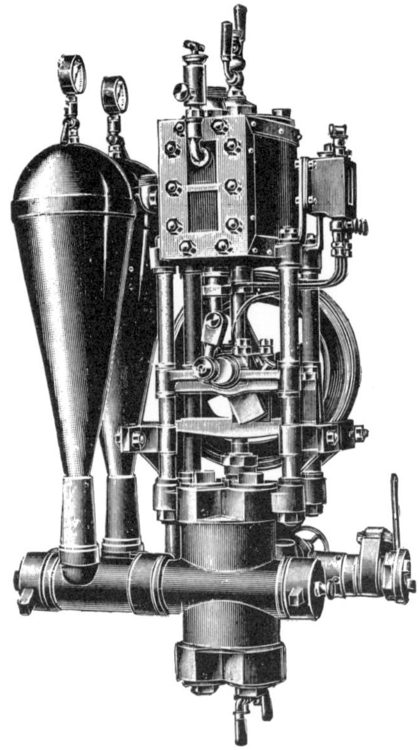

Einzylindriges Pumpwerk
400—450 Liter pro Minute

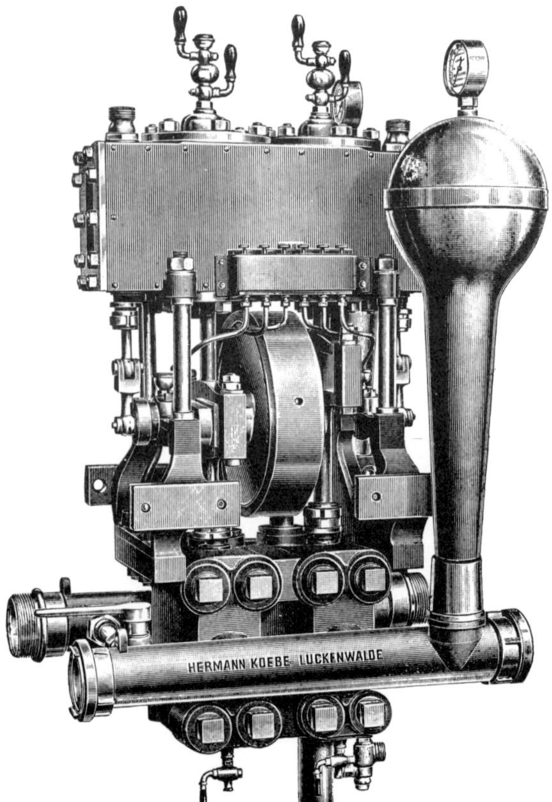

Zweizylindriges Pumpwerk
900 Liter pro Minute

Dreizylindriges Pumpwerk
1800—2000 Liter pro Minute

Zweizylindrige Dampfspritze
Modell „Bukarest“

Koebe's zweirädrige Dampfspritze. Modell „Tokio".

Leistung 450 Liter pro Minute.

Fahrstellung vollkommen ausbalanziert.

Hohe Räder, leichtes Fahren

Stellungen während des Betriebes.

Spritze abgeprotzt.

4 gleiche zweirädrige Dampffeuerspritzen für Handzug.
Lieferung für China.

Der Schritt zum Koebe-Feuerwehr-Automobil

– Elektromobiles Fahrzeug Modell Düsseldorf 1911 –

Richtungsweisend waren 1911 die Lieferungen einer elektromobilen KOEBE-Dampfspritze und einer KOEBE-Elektroturbinenspritze an die Feuerwehr Düsseldorf, Vorgänger der Automobilspritze mit Benzinmotor.

Diese Fahrzeuge – wie auch viele folgende zu dieser Zeit – wurden auf Fahrgestellen der Norddeutschen Automobil- und Motoren AG – später Hansa Lloyd, Bremen – aufgebaut.

In der Schrift „Die Entwicklung des Feuerlöschwesens der Stadt Düsseldorf" wird 1911 darauf hingewiesen, daß die KOEBE-Dampfspritze „in mehrfacher Hinsicht technische Neuerungen aufweist. So ist sie mit einem vierrädrigen Anhängewagen nach Art der kriegsbrauchbaren Anhänger versehen, damit sie zu weit entfernt liegenden Brandstellen mit besonders starker Ausrüstung abrücken kann.

Der Anhänger hat neben seiner Schleppvorrichtung eine vollständige Einrichtung für Pferdezug und besitzt hierdurch eine große Vielseitigkeit in der Art seiner Verwendung."

Es dürfte dies das erste elektromobile Lastfahrzeug mit einem vierrädrigen Anhängewagen gewesen sein.

„Der Kessel ist für Kohlen- und Ölfeuerung eingerichtet, und zwar stellt letztere ein neues System dar, das bei Dampfspritzen bis jetzt noch nicht zur Anwendung gekommen ist. Mittels eines Kompressors wird gleichzeitig in den Kessel und die Petroleumbehälter Luft hineingedrückt. Das Petroleum wird durch Düsen im Feuerraum zerstäubt und gelangt hier zur Verbrennung, indem zunächst die im Kessel komprimierte Luft und nach genügender Dampfentwicklung der Dampf die Zerstäubung des Petroleums bewirkt. Der Rost bleibt frei von Heizschlangen oder dergleichen, so daß jeden Augenblick von der Ölfeuerung zur Kohlefeuerung durch einfaches Aufwerfen von Holz und Kohle übergegangen werden kann.

Der Kompressor wird durch einen Elektromotor angetrieben, der von der Fahrbatterie gespeist wird. Um den Kompressor außerdem für Rettungszwecke ausnutzen zu können, ist an seiner Druckluftleitung ein Anschlußstutzen für Rauchhelme vorgesehen, die infolge des erzeugten starken Luftdrucks auf weite Entfernungen hin gespeist werden können.

Die Maschine wirft bei 8 Atm. Windkesseldruck und 229 Touren 1.710 l, bei 9 Atm. Windkesseldruck und 260 Umdrehungen 1.872 l und bei freiem Auslauf 2.117 l in der Minute, während 1.500, 1.800 und 2.000 l in der Minute gefordert waren.

Die größte Geschwindigkeit des vollausgerüsteten und besetzten Fahrzeuges beträgt ohne Anhängewagen 40,9 km/h und mit Anhängewagen 36,9 km/h. Das Fahrzeug wiegt voll ausgerüstet und besetzt ohne Anhänger 137 Zenter.

Bei einer stündlichen Geschwindigkeit von 40,9 km/h ohne Anhänger ergeben sich 53,53 Wattstunden für den Tonnenkilometer, bei einer stündlichen Geschwindigkeit von 36,9 km/h mit Anhänger 59,32 Wattstunden pro Tonnenkilometer.

Infolge des sehr geringen Stromverbrauchs und der auch im übrigen außerordentlich günstigen Fahrergebnisse, bei denen u. a. ein Aktionsradius von mehr als 100 km mit einer Batterieladung erzielt wurde, können auch die vorhandenen Fahrzeuge für Pferdebespannung anstelle des Anhängers ohne weiteres von der Autodampfspritze leicht geschleppt werden."

Die KOEBE-elektromobile Dampfspritze kostete damals 28.000,– Mark.

Elektromobile KOEBE-Dampfspritze
mit Anhänger 1911 auf dem Hof
der Düsseldorfer Feuerwehr

Feuerwehr-Automobile

Modell „Bremen"

Elektromobile zweizylindrige Dampfspritze Leistung 1200 Liter pro Minute.

Modell „Rostock"

Elektromobile dreizylindrige Dampffeuerspritze Leistung 1200 Liter pro Minute.

Der batterie-elektrische Antrieb

Es ist zweifellos das Verdienst von Branddirektor Reichel, Berlin, der Anfang des Jahrhunderts mit großer Initiative richtungsweisende Versuche mit den verschiedensten Antriebsmöglichkeiten für Feuerwehrfahrzeuge durchführte, daß der Elektromotor bis zum Beginn des 1. Weltkrieges bei den bedeutenden Feuerwehren Anwendung fand.

Vor allem bot der Frontantrieb beim Radnabenmotor Vorteile für den Feuerwehreinsatz, denn die Fahrgestellunterseite blieb weitgehend von Konstruktionsteilen frei und konnte zur Lagerung von Ausrüstungsgegenständen, wie Haken- und Steckleitern, genutzt werden. Außerdem hatten Feuerwehrfahrzeuge mit diesem Antrieb einen sehr niedrigen Schwerpunkt, was ihnen, verbunden mit dem überwiegend verwendeten Frontantrieb, gute Fahreigenschaften einbrachte.

Elektro-Lloyd-Chassis (Vorderansicht).

Sie waren für die Kommunen durch die Verwendung von Nachtstrom für die Batterieaufladung darüber hinaus sehr wirtschaftlich.

Man verwendete 80-zellige Batterien, die mit 220 V Gleichstrom geladen wurden.

Es konkurierten im wesentlichen zwei Systeme:
Einmal langsam laufende Radnabenmotore, System Lohner-Porsche, die als Hauptstrommotore mit achsial angeordneten Kollektoren geliefert wurden und im Dauerbetrieb 15 PS bei 225 Touren leisteten. Die damit zu erreichende Höchstgeschwindigkeit betrug 35 km/h. Der Stromverbrauch lag bei ca. 56 Wattstunden für den Tonnenkilometer. Je nach Fahrweise waren durchschnittlich bis zu 40 km Reichweite möglich.
Die Feuerwehrgerätefabrik Hermann Koebe verwendete dagegen überwiegend schnellaufende Motoren in den Lloyd-Fahrgestellen der Norddeutschen Automobil- und Motoren-Aktiengesellschaft, Bremen-Hastedt.

Lloyd-Motor, Ritzelseite mit Achsschenkel.

Diese Motoren drehten ca. 10 mal schneller als die Vorderräder, wodurch ein wesentlich verbesserter mechanischer Wirkungsgrad erreicht wurde als bei langsam laufenden Radnabenmotoren. Als Folge davon ergaben sich geringerer Stromverbrauch, Geschwindigkeiten bis zu 40 km/h und ein größerer Aktionsradius.

Die Motoren wirkten vermittels Zahnradübersetzung auf die Vorderräder, wobei die Vorderrad-Achsschenkel auf der Vorderachse so aufgehängt waren, daß der Achsschenkelbolzen senkrecht über dem Berührungspunkt zwischen Rad und Fahrbahn lag.

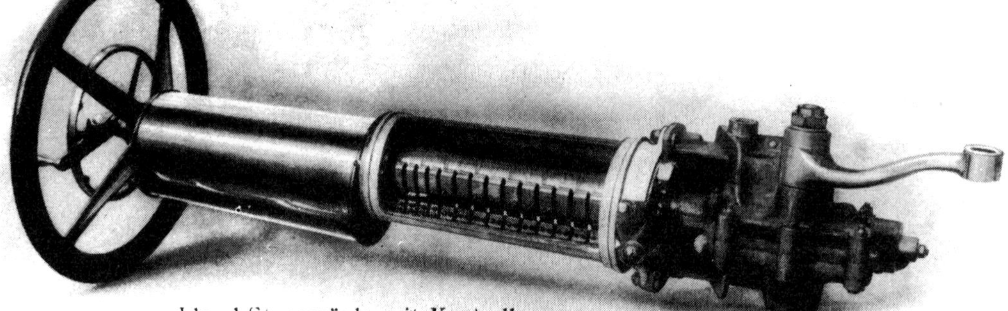

Lloyd-Steuersäule mit Kontroller.

Lloyd-Vorderrad
mit Kugellager und Innen-Verzahnung.

Der Vorteil dieser Konstruktion bestand nun darin, daß die auftretenden Kräfte, die auf das Rad wirkten, direkt vom Achsschenkelbolzen aufgenommen wurden. Dadurch wiederum wurden Stöße auf das Steuergestänge vermieden und das Fahrzeug ließ sich gemessen an den damaligen Möglichkeiten leicht und komfortabel lenken.

Im übrigen konnte bei dieser Bauweise der Wagen auch bei Ausfall eines Motors noch gut in der Spur gehalten werden.

Besonders für bergiges Gelände war wichtig, daß alle 4 Räder gebremst werden konnten. Während die Hinterräder mit auf den Naben verschraubten Bremstrommeln versehen waren, konnten die Vorderräder durch Kurzschließen der Anker elektrisch festgehalten werden.

Feuerwehrfahrzeuge mit Lloyd-Elektro-Antrieb waren sehr betriebssicher und wenig reparaturbedürftig.
Sie waren deshalb sehr verbreitet, wie beispielsweise in Aachen, Berlin, Bremen, Düsseldorf, Hagen/Westf., Hamburg, Kiel, München, Oldenburg, Potsdam, Rostock usw.

Mit der weiterentwickelten Technik des Verbrennungsantriebs hinsichtlich Betriebssicherheit, des geringeren Gewichtes und des größeren Aktionsradius verlor der Elektroantrieb an Bedeutung. Er war aber ein wichtiger und technisch interessanter Schritt zwischen Antrieb durch Dampfmaschine und Verbrennungsmotor.

Chassis-Type FDA, FGA

Verwendungszweck: Feuerwehr-Dampfspritze, -Gasspritze, -Turbinenspritze, Mannschaftswagen.

Motoren

Type .... FX 12/46
Anzahl 2
Leistung pro Stück .... 7,5 PS

Die Motoren können zeitweise um das Doppelte und mehr überlastet werden.

Bereifung

Art: vorne .... Vollgummi
hinten .... „
Dimensionen .... 970×140

Batterie

Type .... 3 A 70
Zellenzahl 80
Kapazität .... 126 Amp.-Std.
Unterbringung: unter der Haube
Erforderl. Ladestrom ..... 220Volt, 38-40Amp.
„ Ladeenergie ..... 8,5 KW

Auf Wunsch kann eine stärkere Batterie von 200 Amp.-Std. Kapazität Type 4 Ky E 85/4 eingebaut werden.

Gewichte

Chassis ohne Batterie ...... 1700 kg
Batterie mit Trog .... 1250 „
Kompl. Fahrzeug mit Batterie:
Dampfspritze .... ca. 5400 „
Gasspritze .... „ 4800 „
Mannschaftswagen .... „ 3750 „
Seemäßige Verpackung:
Chassis ohne Batterie ... 1200 „
Kompl. Wagen:
Dampfspritze .... 2300 „
Gasspritze .... 2300 „
Mannschaftswagen ...... 1900 „

Chassismaße

Spurweite .... 1600 mm
Radstand .... 3600 „
Rahmenbreite .... 1000 „
Rahmenhöhe .... 800 „

Maximale Maße

Chassis-Länge .... 5100 mm
„ Breite .... 1950 „
„ Höhe .... 1770 „
Kompl. Fahrzeuglänge mit Schlauchtrommel:
Dampfspritze .... 6230 mm
Gasspritze .... 6100 „
Mannschaftswagen .... 6230 „
Kompl. Fahrzeug-Breite .... 1950 „
„ Fahrzeug-Höhe:
Dampfspritze .... 2600 „
Gasspritze .... 2600 „
Mannschaftswagen .... 2000 „

Leistungsziffern

Geschwindigkeit .... 36—40 km-Std.
Stromverbrauch .... 80—100 Amp.
Betriebsspannung während d. Fahrt 156 Volt
Energieverbrauch per km ..... ca. 400 W-Std.

Obige Zahlen beziehen sich auf Meßfahrten in fliegender Fahrt auf ebener Straße.

Durchschnittliche Leistungen

Aktionsradius mit einer Ladung der
Batterie .... 40—50 km
Fahrleistung p. KW-Std. Ladestrom ca. 1,5 km

KOEBE – Elektroturbinenspritze Modell „Düsseldorf" auf Lloyd-Fahrgestell

In der Schrift „Die Entwicklung des Feuerlöschwesens der Stadt Düsseldorf" heißt es 1911:
„Das Fahrzeug dient als Mannschaftswagen und ist zugleich mit allen erforderlichen Rettungs- und Löschgeräten für den ersten Angriff ausgerüstet. Der Aktionsradius, d. h. der mit einer Batterieladung zurückzulegende Weg, beträgt in gleicher Weise wie bei den übrigen Alarmfahrzeugen rund 110 km.

Der geringe Stromverbrauch und der große Aktionsradius bestimmten die Branddirektion, die Fahrbatterie gleichzeitig zum Antrieb einer Zentrifugalpumpe zu benutzen. Die Pumpe ist auf dem Hinterwagen aufmontiert und mit einem Motor direkt gekoppelt. Sie ist tiefer als der 450 Liter fassende Kessel gelagert und ist somit dauernd mit Wasser gefüllt. Die Versuche haben ergeben, daß man nach Zurücklegung einer Wegstrecke von 40 km noch 1 Stunde und 20 Minuten mit der Turbine arbeiten kann.

Man ist also in der Lage, mit der Elektroturbinenspritze Kleinfeuer, Mittelfeuer und mittlere Großfeuer erfolgreich zu bekämpfen."

In der „Festschrift zum 75jährigen Bestehen der Berufsfeuerwehr Düsseldorf" heißt es 1947 zu diesem Fahrzeug ergänzend weiter:
„Mit der Beschaffung der Elektroturbinenspritze wurde erstmalig der bisher beschrittene Weg der Löschwasserförderung mit Kolbenpumpen verlassen. Die hier verwendete Zentrifugalpumpe war direkt mit einem Elektromotor gekoppelt, der von der Fahrzeugbatterie gespeist wurde.
Mit dem Inhalt des 450 Liter fassenden Wasserbehälters war es in vielen Fällen möglich, Brände im Entstehen zu löschen. Jedenfalls gelang es in dieser Zeit immer, die Löschwasserzuleitung herzustellen, so daß stets ohne Unterbrechung Wasser gegeben werden konnte."

Das Fahrzeug war an der Brandstelle sofort einsetzbar, ohne Kohlensäure als Druckmittel, was bis dahin üblich war.

Die Elektroturbinenspritze kostete 20.000,– Mark. Dazu gehörten noch Ladevorrichtungen, Umformer für Akkus im Wert von 4.900,– Mark.

Elektromobile Fahrzeuge

Modell „Düsseldorf"

mit elektrisch betriebener Zentrifugalpumpe Leistung 500 Liter pro Minute mit Wasserkessel 450 Liter Inhalt.

Modell „Bremen"

Elektromobile Gasspritze

Übung mit der KOEBE-Elektroturbinenspritze auf dem Hof der Düsseldorfer Feuerwehr 1911

Modell „Oldenburg“

Elektromobile Gasspritze

Modell „Brüssel“

Elektromobiles Fahrzeug
mit elektrisch betriebener Zentrifugalpumpe
Leistung 500 Liter pro Minute
mit 2 kupfernen Wasserbehältern,
Inhalt 4—500 Liter

Modell „Hannover“

Benzinautomobiler Gerätewagen.

Modell „Bremen“

Benzinautomobiler Mannschafts- und Gerätewagen. (Stabswagen)

Modell „Bremen"

Elektromobiler Geräte- und Schlauchwagen.

Elektromobile
Benzinmotorfeuerspritze

Modell „Schmargendorf".

Vorderradantrieb durch Elektromotor.
Antrieb der Pumpe durch Benzinmotor.

Diese 1914 an die Feuerwehr Berlin-Schmargendorf gelieferte Koebe-Automobilspritze hatte ein Fahrgestell von Daimler Berlin-Marienfelde, und war – abweichend von den sonst üblichen Benzin-Fahrzeugen – ein Beispiel für Koebe – Elektromobil-Feuerwehrfahrzeuge. Unter der Haube befand sich eine aus 80 Elementen bestehende Akkumulatorenbatterie, die eine Reichweite von 40 km garantierte. Eine Höchstgeschwindigkeit von 35 km/h brachte ein Vorderrad-Nabenmotor, der bei einer Spannung von 160 Volt 12 PS leistete. Die Pumpe trieb ein 45 PS-Motor an und leistete 1 500 l/min bei 8 Atm. Druck. Das Fahrzeug hatte einen 300 l Wassertank, sodaß die Spritze bei Einsatzbeginn sofort Wasser bringen konnte bis der Hydrantenanschluß hergestellt war.

KOEBE-Motorspritze Modell Zittau 1913
Fahrgestell Benz-Gaggenau, 3,5 t, Radstand 3.800 mm
Motor 48/58 PS, 4 Zylinder, n = 1000 U/min, Hub 150 mm, Bohrung 135 mm
Hubvolumen 8.586 cm^3, Vmax. 35/40 km/h
Pumpenleistung 1200 – 1500 l/min bei 90 m manometrischer Förderhöhe
KOEBE-Kommandanten-Mannschaftswagen, 750 kg Nutzlast, 10/20 PS

In einer Reportage der "Zeitschrift für modernen Brandschutz" hieß es am 8. November 1913 u. a.:

Am 2. September, morgens 6 Uhr, begann die 300 km lange Abnahmefahrt der Zittauer Automobil-Spritze über Löbau, Bautzen zum Dresdner Vorort Loschwitz, wo erste Rast gemacht wurde. Dann ging es durch Dresden, Moritzburg nach Königsburg zur Mittags-Rast. Hier versammelte sich eine große Menge Schaulustiger, um die beiden modernen Feuerwehr-Geräte zu besichtigen, denn auch der von derselben Firma gelieferte Mannschaftswagen nahm an der Fahrt teil. Nach der Mittags-Mahlzeit ging es weiter über Kloster-Marienstern nach Bautzen. Danach mußte ein schmaler enggewundener Dorfweg passiert werden, was jedoch dank der vorzüglichen Steuerfähigkeit des außerordentlich langen Fahrzeuges gut möglich war.

Die Fahrt wurde in Rengersdorf unterbrochen, weil ein Gewitter, wie solches in hiesiger Gegend äußerst selten vorkommt, die Weiterfahrt sehr unangenehm gemacht hätte. Diese unfreiwillige Pause wurde benutzt, um noch einen Nachmittags-Imbiß einzunehmen.
Sobald sich das Gewitter verzogen hatte, setzte man die Fahrt über Görlitz, Deutsch-Ossig und Ostritz nach Zittau zurück fort.
In der Nähe dieser letzten Ortschaften wurden nicht weniger als drei Feuer bemerkt, doch entschloß man sich, keines derselben aufzusuchen, da der mitgenommene Benzinvorrat nur eben zum Bestreiten der vorgenommenen 300 km langen Fahrtstrecke ausreichte.

Als einzige Störung ist das Schadhaftwerden eines der Gummireifen zu vermerken, welcher in den nächsten Tagen sofort seitens der Gummi-Fabrik durch einen anderen Reifen ersetzt wurde.
Auf der ganzen Fahrt war es nicht nötig, auch nur einen einzigen Mutterschlüssel anzurühren. Gewiß ein Zeichen für die außerordentliche Leistungsfähigkeit der Fahrzeuge.

Am 9. September fand die im Kaufvertrag vorgesehene 8-stündige Dauer-Probe der Spritzen-Anlage statt. Die 135 mm weite Saugleitung wurde in das reichlich schlammige Wasser verlegt und mit zwei 75er Druckleitungen mit 28 mm Mundstücken Wasser gegeben. Die Dauer-Probe begann morgens 8 Uhr bei einer Saughöhe von etwa 2,5 m und dementsprechend einem Vacuum von etwa 3,5 m Wassersäule.
Durch vorgelagerten Schlamm am Saugkorb stieg dasselbe während der Dauer der Spritzen-Probe bis zu etwa 8,5 m Wassersäule. Der Versuch wurde nicht unterbrochen und der Saugkorb nicht gereinigt, da es von besonderem Interesse war, zu konstatieren, daß auch unter diesen äußerst schwierigen Verhältnissen Motor sowie Pumpe dauernd einwandfrei arbeiteten.
Um 4 Uhr 15 Minuten endete die Probe.

Mit 8 Strahlrohren von 12 mm Weite brachte anschließend die Pumpe über 2000 l/min bei etwa 100 m Förderhöhe, ein anschauliches Bild der außerordentlichen Leistungsfähigkeit.

Zum Schluß wurde die Kaiser-Straße in Zittau mit einer Steigung von mehr als 20 % anstandslos befahren.
Der anwesende Branddirektor a. D. Weigand, bisher Anhänger des benzin-elektrischen Systems, erklärte, daß er durch die Leistungsfähigkeit des Benz-Gaggenau-Fahrzeuges seine Meinung zu Gunsten des Systems Rein-Benzin geändert habe.

Benzinautomobile Motorspritzen der Feuerwehr Cassel. (6 Aufbauten geliefert.)

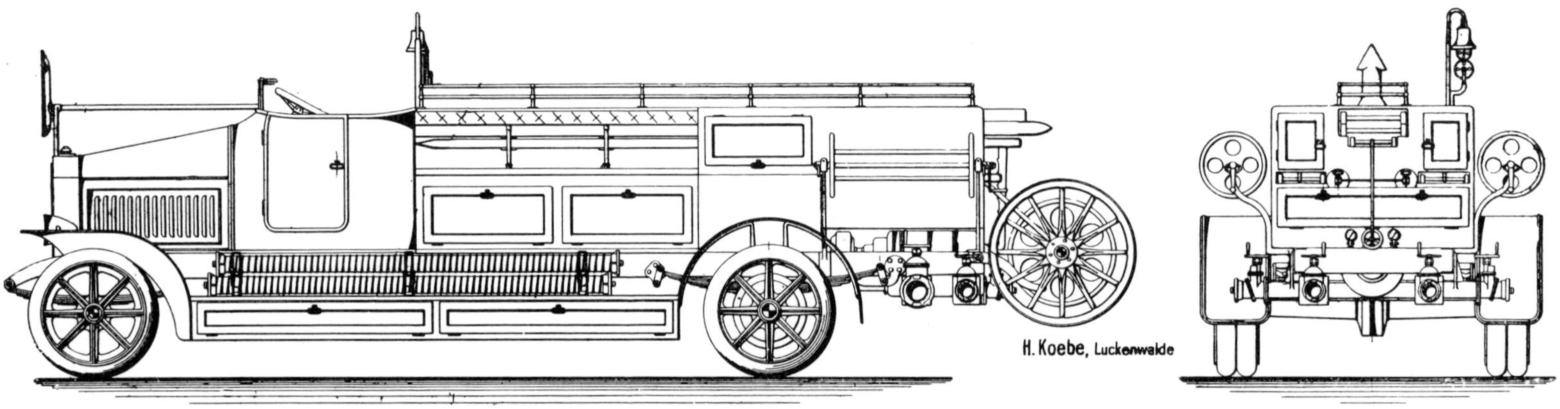

Entwurf zu einem modernen feuerwehrtechnischen Aufbau einer Automobil-Benzinmotorspritze.

Automobil-Motorspritze 1914 mit KOEBE-Aufbau
Fahrgestell Benz Gaggenau Typ 3 K, 3 – 3,5 to, 60/65 PS, 4 Zylinder, Bohrung 145 mm, Hub 160 mm, Hubvolumen 10570 cm³, Radstand 4160 mm, 4 Gänge vorwärts, 1 Rückwärtsgang, Kulissenschaltung, Nebenantrieb für Zentrifugal-Hochdruckpumpe, Bedienungshebel am Rahmenende, Geschwindigkeit max. 35/40 km/h, Steigvermögen 20%, elektrische Beleuchtungsanlage. KOEBE-Hochdruckkreiselpumpe 1800 – 2000 l/min bei 100 m manom. Förderhöhe.

UERWEHR
CASSEL

Offener Mannschaftswagen mit Fahrgestell Benz-Gaggenau, Typ DC 3dF, Motor 21/35 PS. KOEBE-Aufbau, geliefert 1914 an die Feuerwehr Düsseldorf.

Modell „Grunewald“

Automobilspritze mit Benzinmotor und Zentrifugalpumpe Leistung 1500 Liter pro Minute.

Modell „Liegnitz“

Automobilspritze mit Benzinmotor und Zentrifugalpumpe — Leistung 1200 Liter pro Minute

Modell „Marienfelde“

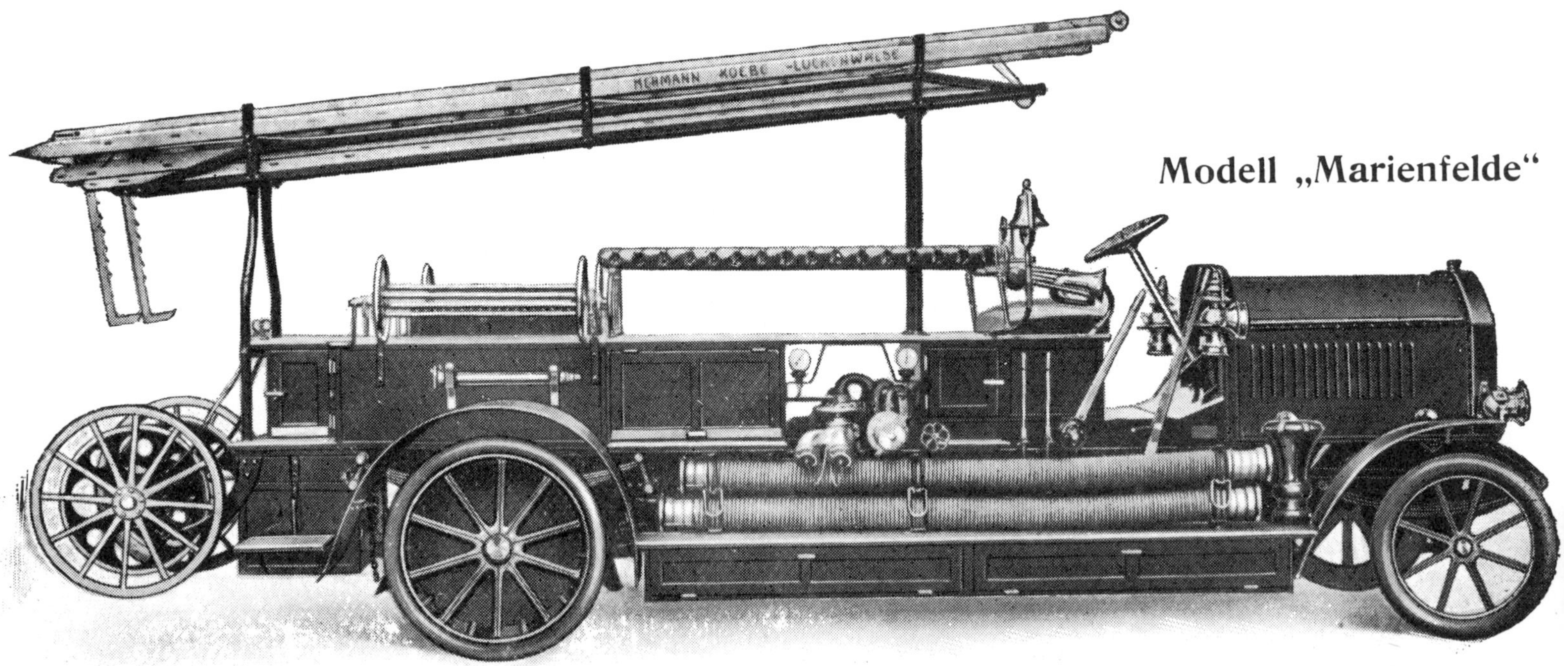

Automobilspritze mit Benzinmotor und Pittlerpumpe — Leistung 1500 Liter pro Minute.

Koebe's kleine
Automobil-Feuerspritze

D. R. Patent — D. R. G. M.

Diese Koebe-Automobil-Feuerspritze zeichnete sich durch getrennten Antrieb von Motorspritze und Fahrgestell aus. Eine solche Lösung war damals in Feuerwehrkreisen nicht unumstritten, brachte aber dennoch erhebliche Erfolge, weil als Kraftwagen ein beliebiges Personenwagenfahrgestell verwendet werden konnte.
Viele Landstraßen waren nur als Sommerwege befestigt, so daß die Brandstelle mit diesem leichten Fahrzeug sehr schnell erreicht werden konnte.

Spritze wird auch für grössere Leistungen gebaut.

Auf Wunsch wird Pumpe abprotzbar eingerichtet geliefert. D. R. G. M.

Für Landwege ausprobierte Automobil-Feuerspritze.

Von Fachautoritäten geprüft und aufs Beste bewertet. Mit Sitzplätzen für 3—5 Personen.

Einfache Bedienung.

Leistung der Spritze 450 Liter.
Strahlweite 40 bis 50 Meter.

Automobil 40—45 km pro Stunde. Gewicht ca. 1500 kg

Spritze saugt aus einem Graben,
Saugleitung 30 Meter.

Übung mit zwei 15 mm Rohren

Koebe's Aufhelfvorrichtung

für tragbare mechanische Leitern

D. R. G. M.

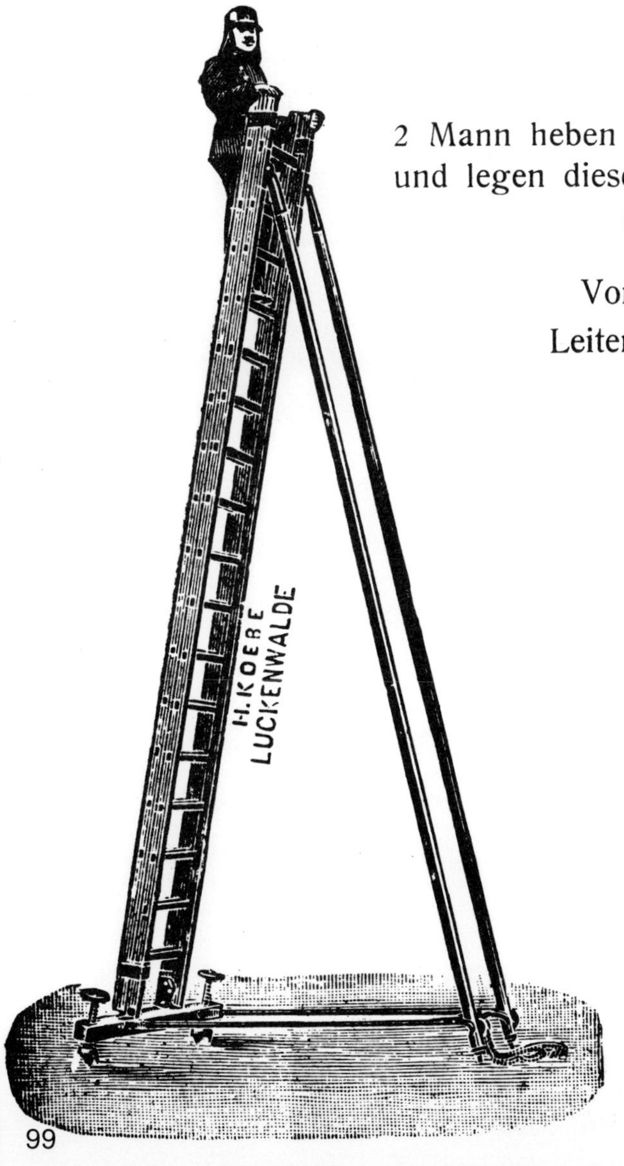

2 Mann heben Leitern bis 14 Meter Höhe leicht und sicher auf und legen dieselben wieder nieder. Vorrichtung lässt sich auch an vorhandene Leitern anbringen.

Von Fachautoritäten bestens empfohlen.
Leiter aufgerichtet freistehend zu besteigen.

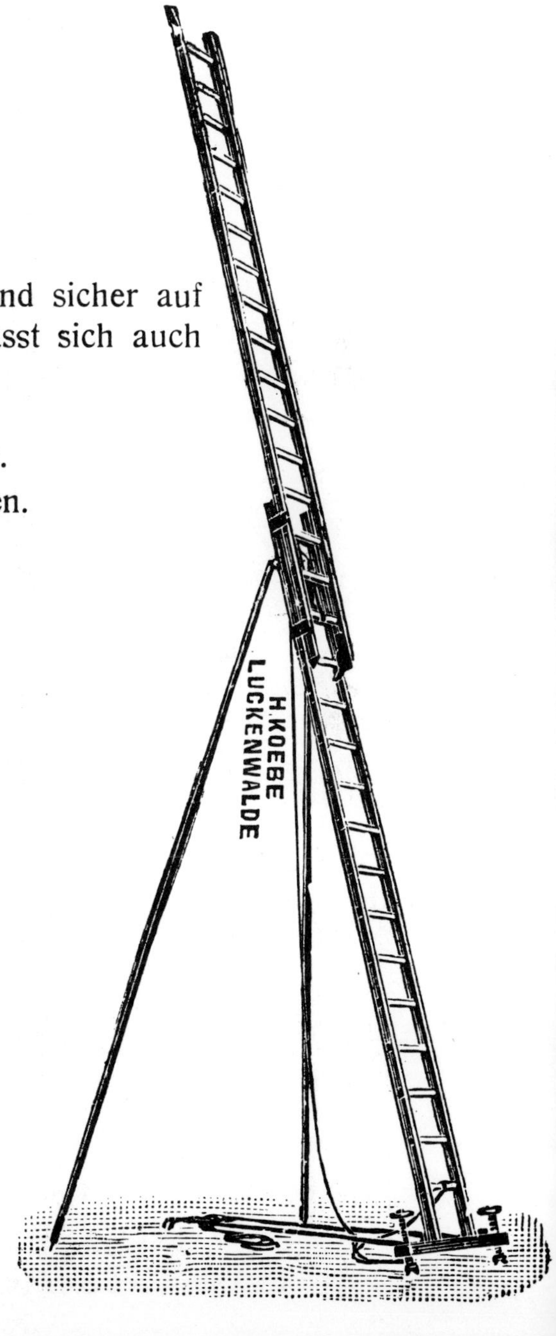

Koebe's Steckleiter

D. R. G. M.

Neue verbesserte Konstruktion für Berufs- und Freiwillige Feuerwehren
vorzüglich geeignet.

Prospekte kostenlos.

Ausführung zwei- bis fünfteilig. Einfache leichte Bedienung.

Koebe's Steckleiter als Bockleiter verwendet.

Während der Aufstellung.

Nicht nur im Fahrzeug- und Pumpenbau nahm Koebe eine führende Stellung ein, sondern auch auf dem Zubehörsektor.
So war der Leiterbau schon in frühen Anfängen eine Koebe-Spezialität.
Als Beispiel dieser Leistungsfähigkeit seien die Koebe-Steckleitern genannt, bei denen das Zusammenstecken der Einzelteile sehr einfach vorzunehmen war. Je zwei an jedem Leiterteilende befestigte Haken (Schuhe) griffen beim Zusammenstecken um die Sprossen und stellten – ohne weitere Elemente – eine feste Verbindung der Leiterteile her. Das Zusammenstecken konnte auf beliebige Länge erfolgen.
Das System war gesetzlich geschützt.

Dachleitern, Hakenleitern, Stockleitern, Anstellleitern, Schiebeleitern, Strickleiten.

No. 356a

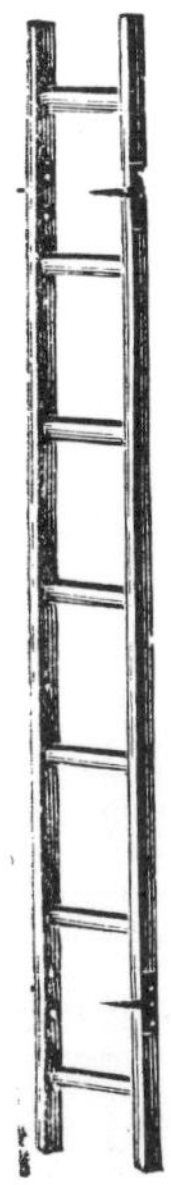
No. 356

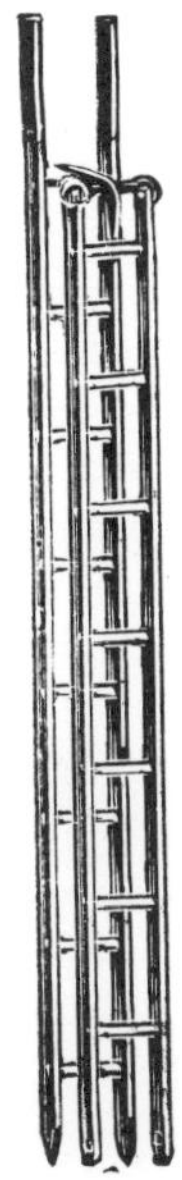
No. 356d—e

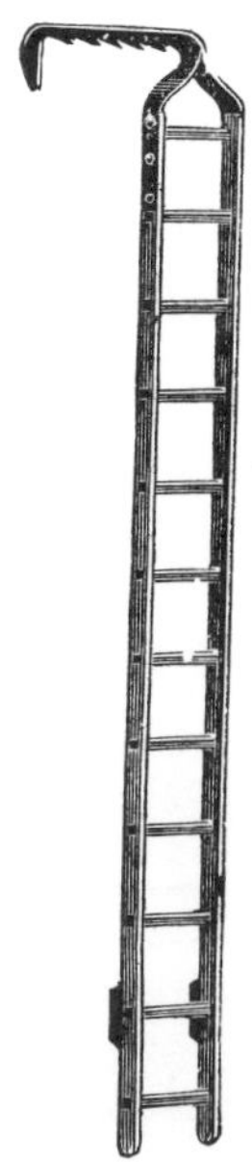
No. 356

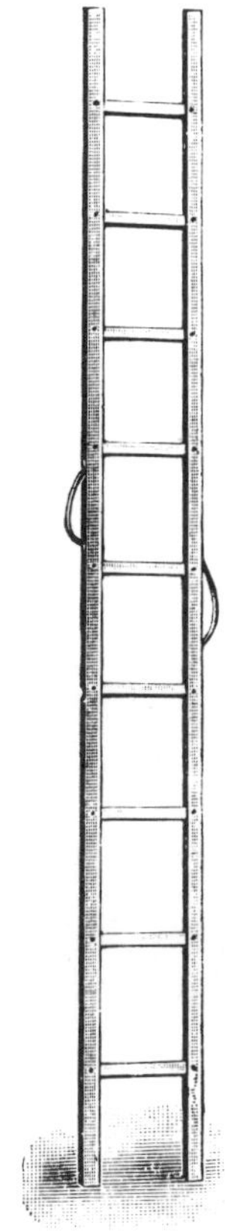
No. 747a

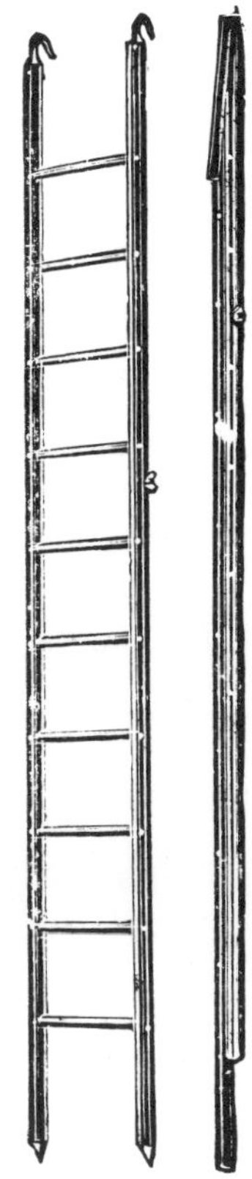
No. 747b

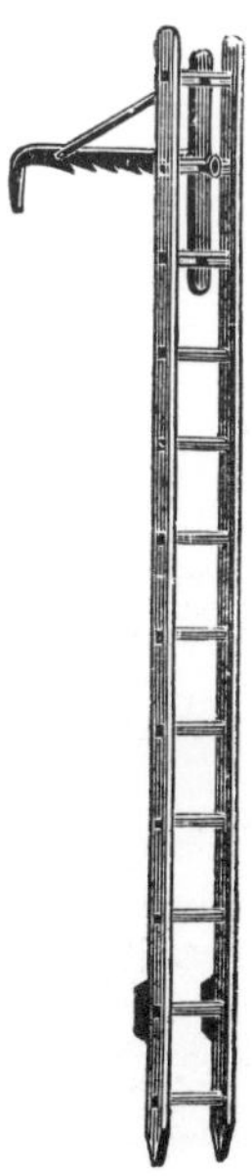
No. 357

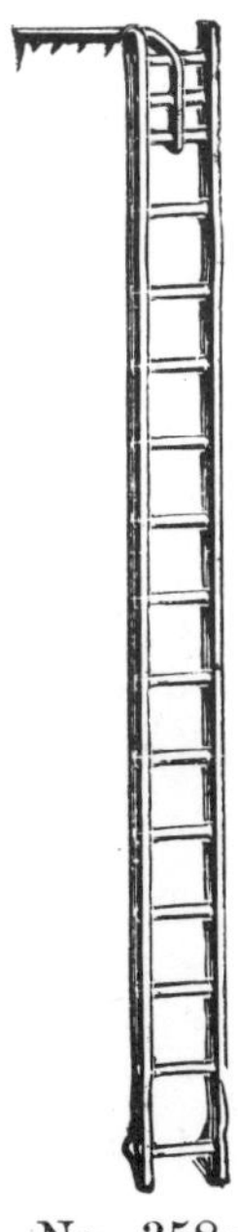
No. 358a

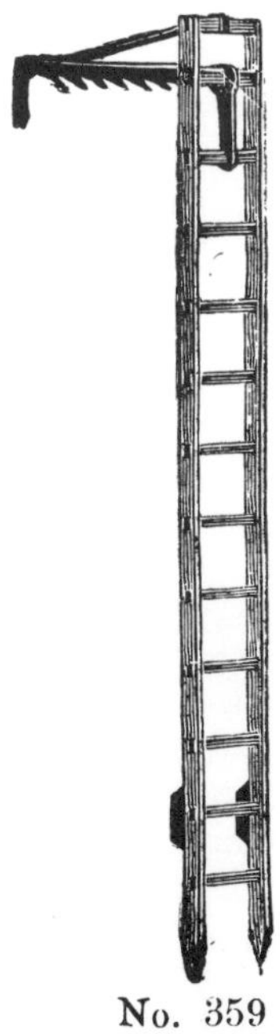
No. 359

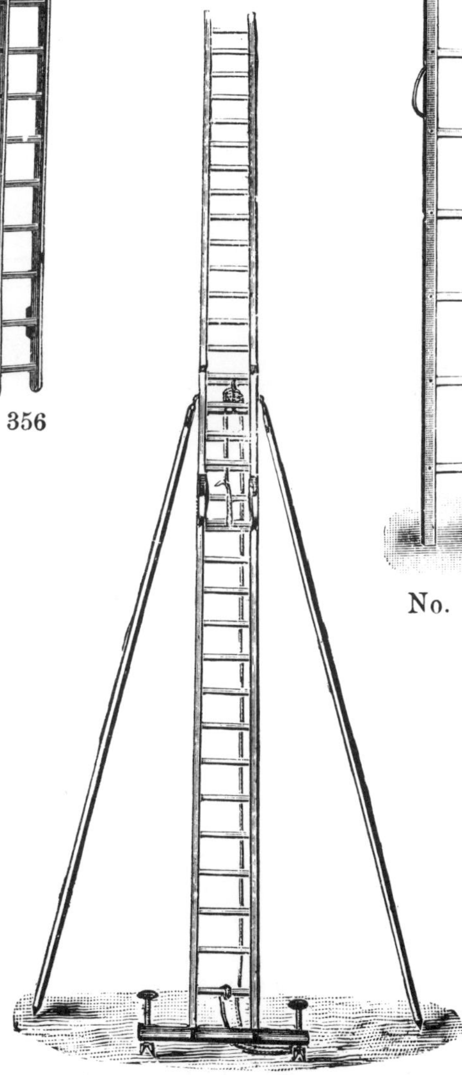
No. 371—375

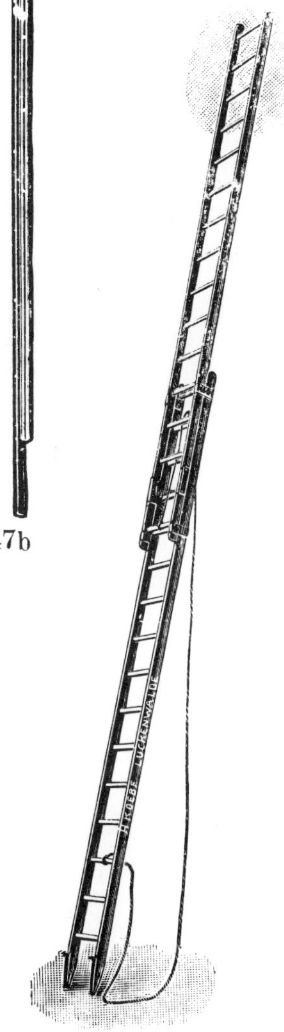
No. 370a—373a

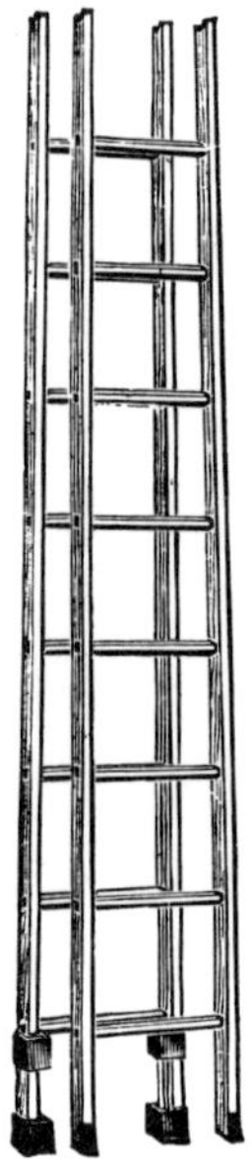

Englische Steckleiter. No. 361

Koebe's zusammenklappbare Hakenleiter D. R. G. M.

No. 746 b.

Einfachste Konstruktion **Koebe's Steckleiter** ausführbar bis 10 Meter Höhe 2 bis 5-teilig.

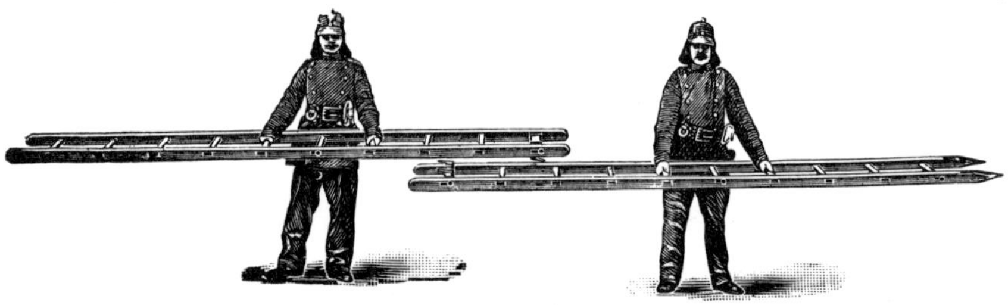

No. 1028—1031

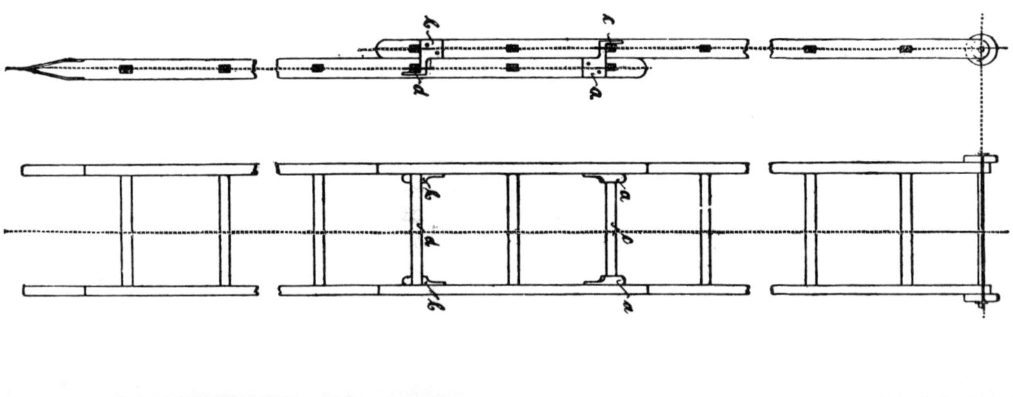

No 1028—1031

Moment-Verlängerungs-Leiter.

D. R. G. M. No. 127722.

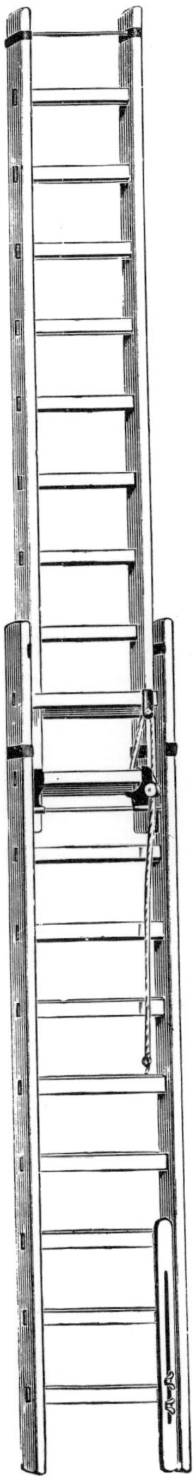

Leiter ausgezogen

Anordnung der Fallhaken.

Leiter zusammengeschoben.

Die Moment-Verlängerungs-Leiter ist ein äusserst praktisches Gerät, sie ist handlich und solide gebaut. Im Augenblick wird die Leiter in jeder beliebigen Höhe bis 11 Meter verstellt.

Die Moment-Feuerlöschleiter ist eine Doppelleiter, welche mittelst Seilaufzug sofort in jede beliebige Höhe stehend zu verlängern ist.

Das Aufzugsseil dient nicht zum Festhalten der Leiter, sondern die vorhandene Stellvorrichtung hält die Leiter sofort selbstthätig fest, sobald man das Seil loslässt.

An der hochgehenden Leiter befinden sich Rollen, welche ein leichtes Gleiten über die Wandflächen ermöglichen. Die an beiden Seiten angebrachten Stützstangen geben der Leiter eine grosse Stabilität, sodass mehrere Personen gleichzeitig auf der Leiter thätig sein können.

Nummer.	Höhe in m zusammengeschoben.	Höhe in m auseinandergezogen.	Preis in Mark.
376	3,50	6,50	**22**
376a	4	7,50	**32**
377	4,50	8,50	**50**
377a	6,15	11	**80**

No. 377 und 377a sind mit Stützstangen versehen.

Um gefälligen Interessenten mit den praktischen Vorzügen dieser

Zweirädige mechanische Leiter

Modell „Posen“

Einfache Konstruktion, billiger Preis.

Steighöhe 8—12 Meter.

Leiter ausgezogen

Fahrstellung.

Während des Aufrichtens.

Zweirädrige mechanische Leitern

Modell **„Brandenburg"**

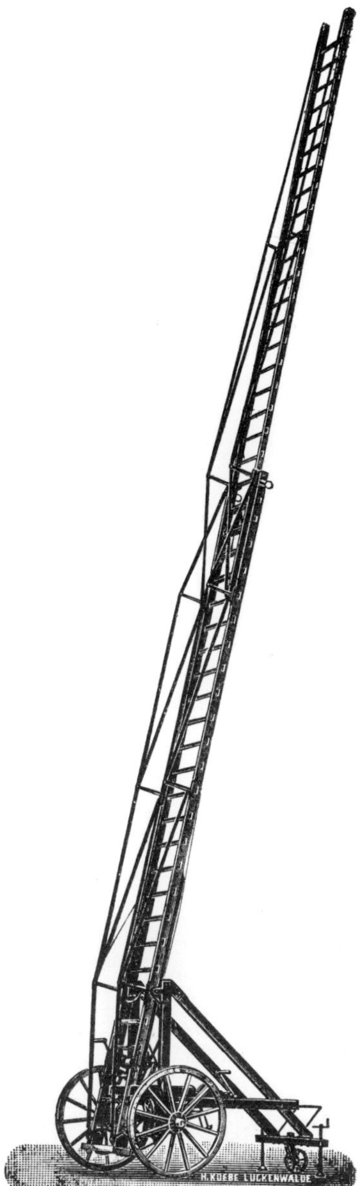

Freistehend zu besteigende
leicht fahrbare und leicht zu bedienende
Leiter. Für Feuerwehren
bestens zu empfehlen.
Steighöhen 10—15 Meter.

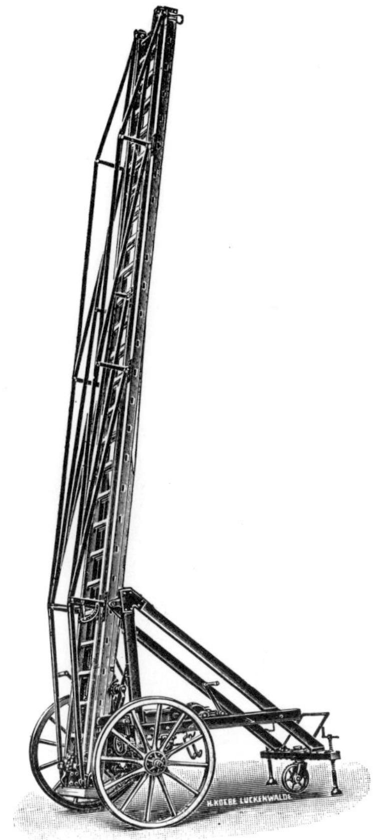

Zweirädrige mechanische Rettungsleiter
mit losen Stützen.

Leichte, einfach zu bedienende Leiter in 10—14 Meter Steighöhen.

Modell **„Lieberose"**.

Dreiradleiter

Modell „Pommern“

für Handzug und Pferdebespannung.

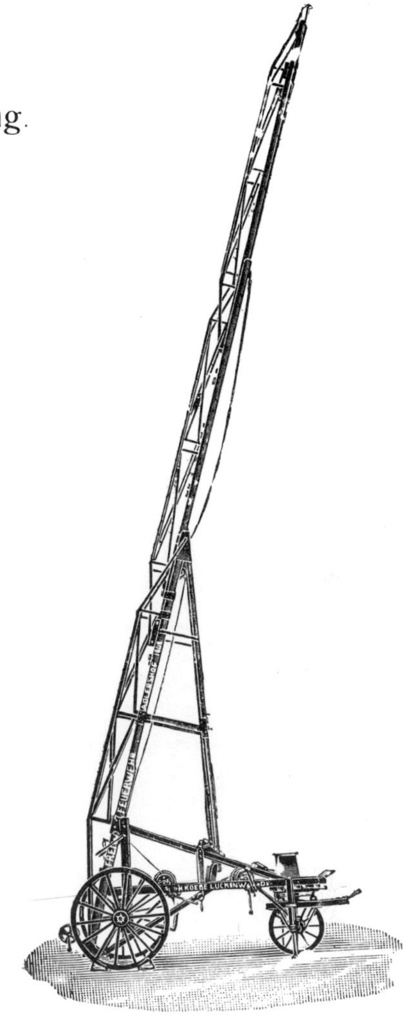

In Höhen von 15—22 Metern.

leichtes Fahren, vorzügliches Manöverieren.

Vierrädrige Rettungsleiter
Modell „Westfalen“
für Pferdebespannung und Handzug.

Einfache Bedienung.
Stabile Bauart.

Leiter wird mit und ohne Federn geliefert.

Ausführung in Höhen von 16—26 Metern
drei- und vierteilig.

Zahnsegmente zur Entlastung der Stahldrahtgurte werden auf Wunsch angebracht.

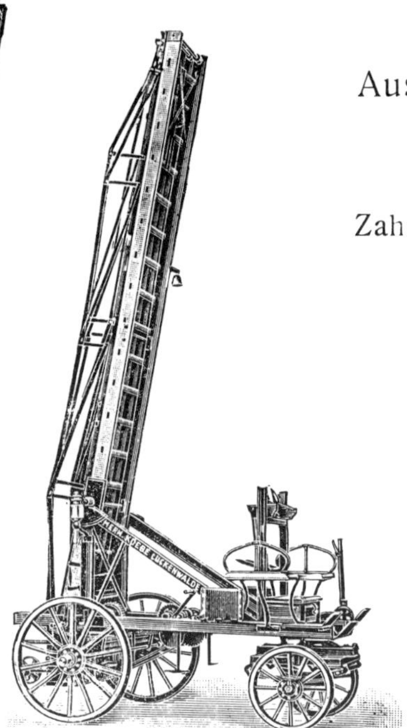

Aufgerichtet.

Kostenanschläge über fahrbare mechanische Leitern stehen Interessenten kostenlos zur Verfügung.

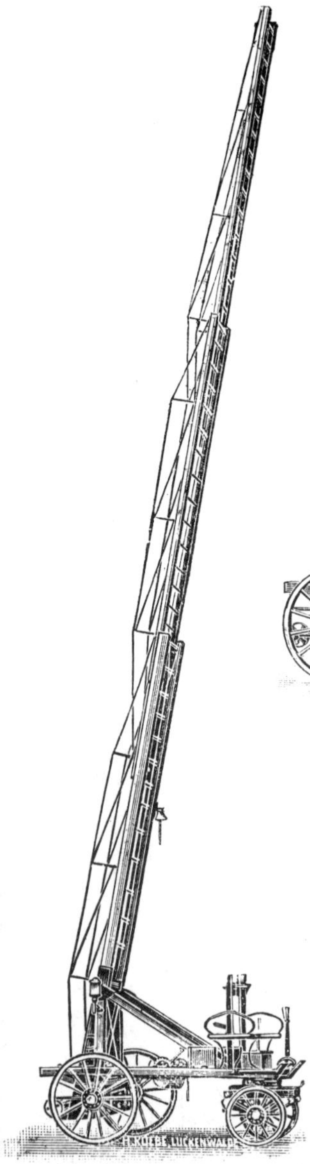

Ausgezogen.

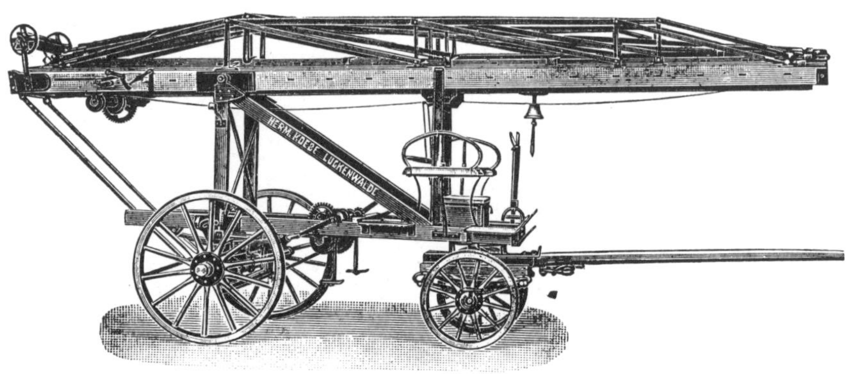

Fahrstellung.

Seitlich geneigt.

Drehleiter Modell „Rheinland“

Vorzügliche Leiter für freiw. Feuerwehren.

16—20 Meter Steighöhe, dreiteilig.

Leichtes Fahren. Einfache Bedienung.

Zusammenstellung von Leitern
in verschiedenen Ausführungen und Größen.
Steighöhen 10 – 22 Meter.

Koebe's Feuerlöscher, Kübelspritzen.

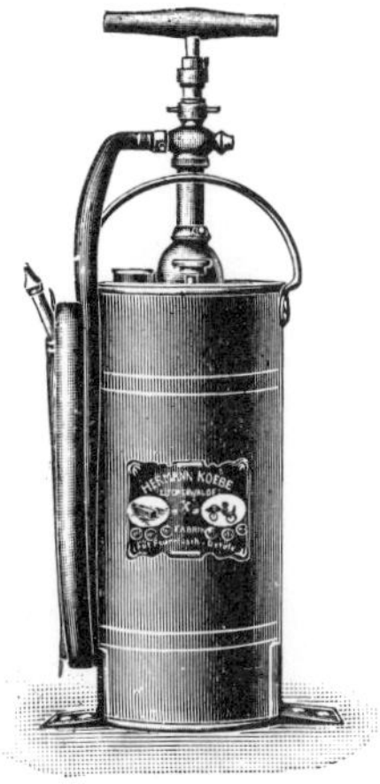
No. 145

No. 146

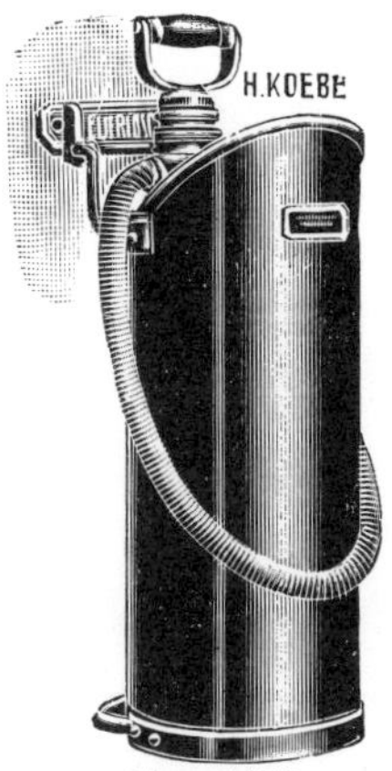

No. 145 b

No. 145a

No. 148a

Perkeo-Löscher.

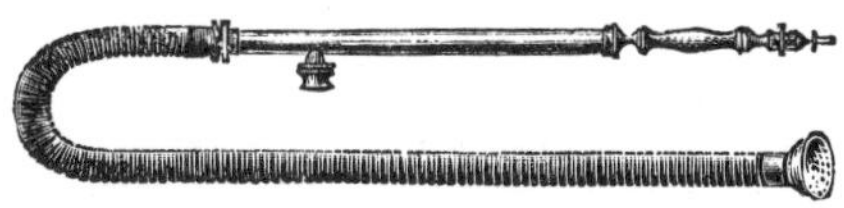
No. 149

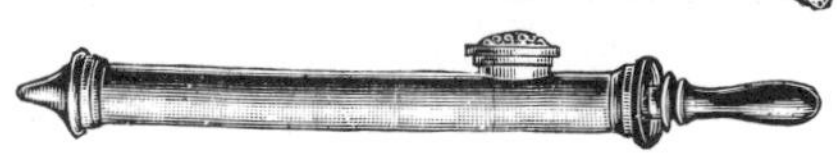
No. 146a—146d

Modell „Rendsburg".
No. 147 a — 147 b.

No. 147c

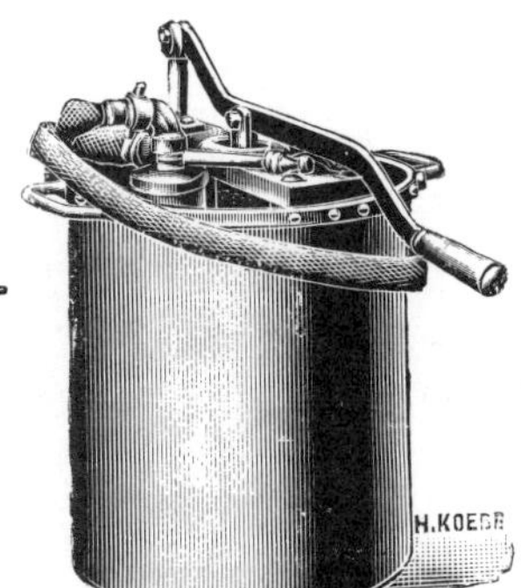
No. 147 d

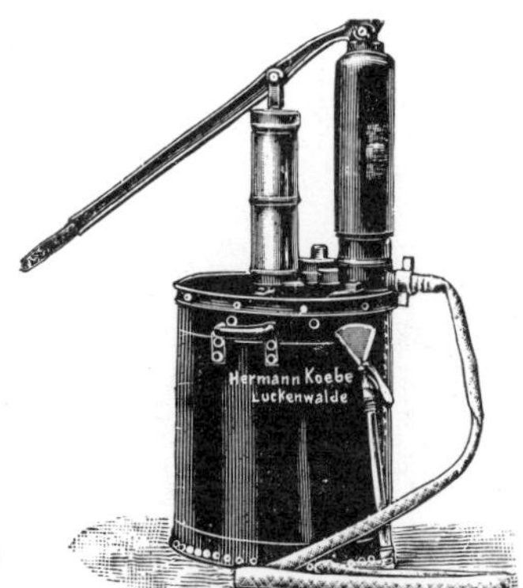

Modell „Werder". No. 140—142a

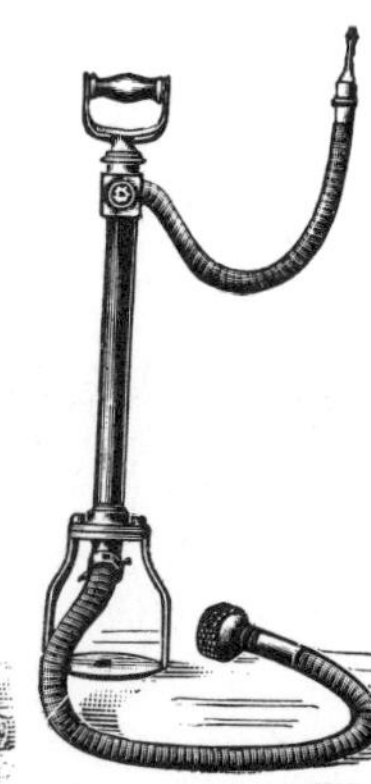
No. 148

No. 147

Amtliche Feuerwehrachselstücke und Abzeichen.

Freiwillige Feuerwehren.

Uniformen.

Anfertigung von Uniformen nach Mass, in rohem, gefärbtem Drell und Tuch.
Offerten nebst Mustern kostenlos.

Für komplette Ausrüstungen Offerten kostenlos.

No. I

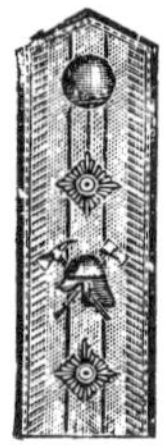
II

III

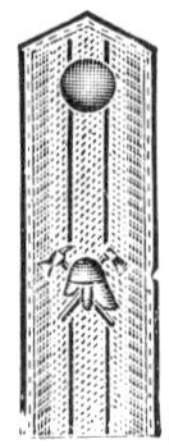
IV

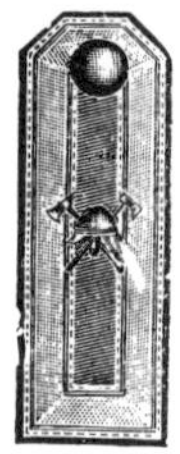
V

6

7

8

Kommunale Berufsfeuerwehren.

No. 1

3

5

7

Armbinden.

No. 9

No. 10

No. 11

Pflichtfeuerwehren.

No. 2

3

4

5

VI

VII

VIII

IX

X

XI

Neue Lederhelme
mit Messing- oder Neusilberbeschlag

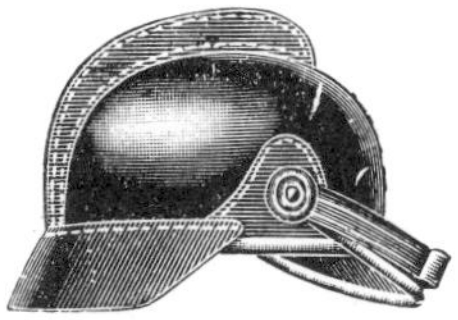
No. 422—423

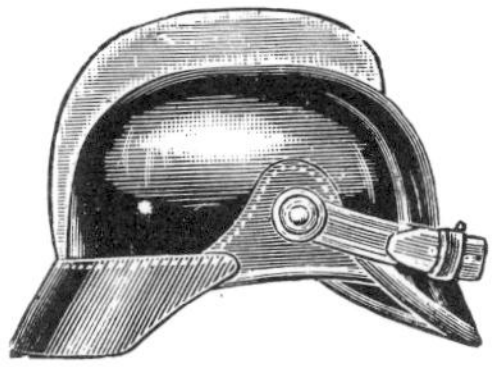
No. 426—427

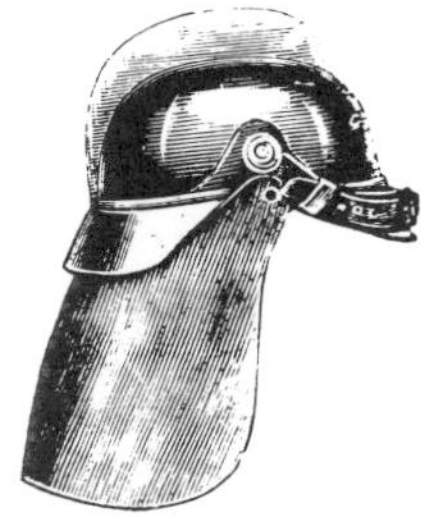
No. 430—431

No. 432—433

No. 432a—433a

No. 433 N.

Kopfweite bitte bei Bestellungen mit aufgeben.

Messinghelme.

Modell „Augsburg“

Modell „Madrid“ in Stahlblech

Modell „Baden“

Modell „Ulm“

Modell „Württemberg“

Modell „Paris“

Neue Lederhelme mit Messing- oder Neusilber-Beschlägen.

No. 434—435 N

No. 435 NN.

No. 449—450

No. 447—448

No. 448a

No. 438a—439a

No. 441—442

No. 438—440

No. 443—444 N.

No. 451—452

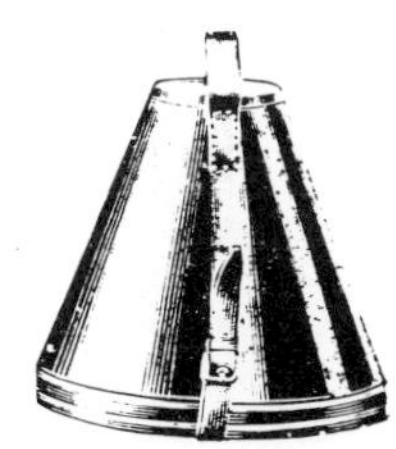
No. 454—455

Beleuchtungs-Gegenstände.

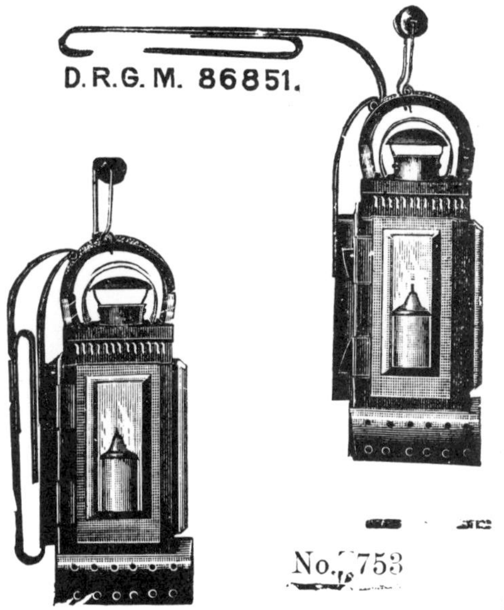

No. 753

No. 755—756

No. 754

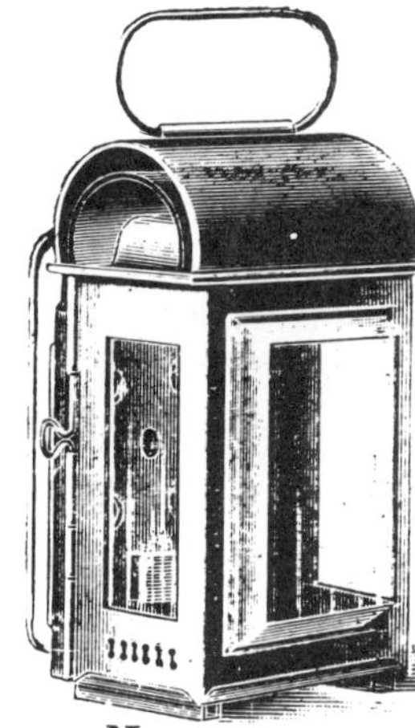

No. 751—752

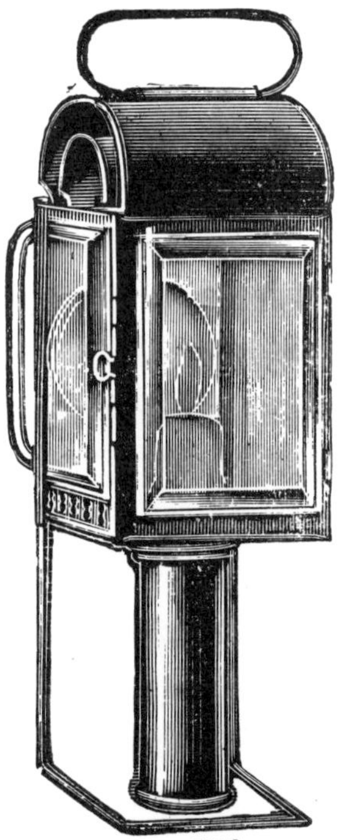

No. 750

No. 749

No 895

No. 894

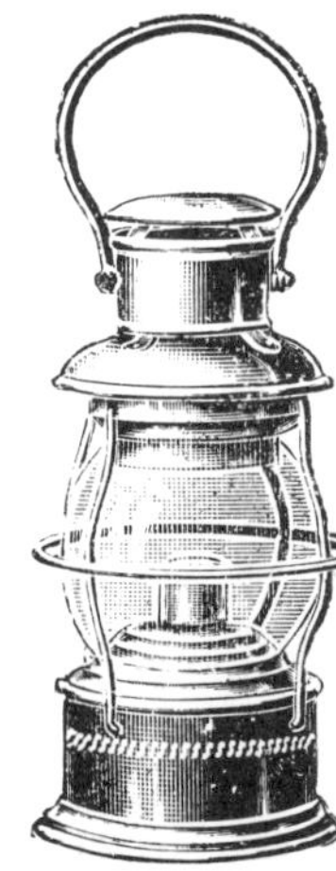

Kupferne Laterne
Berufsfeuerwehr-Modell
No. 1015

Fackelhalter.

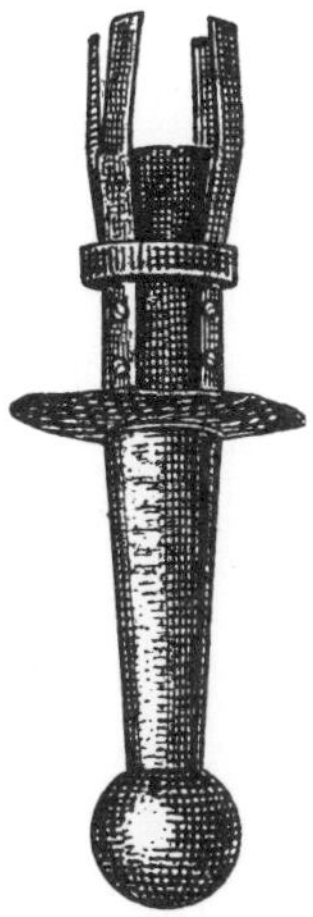
No. 616

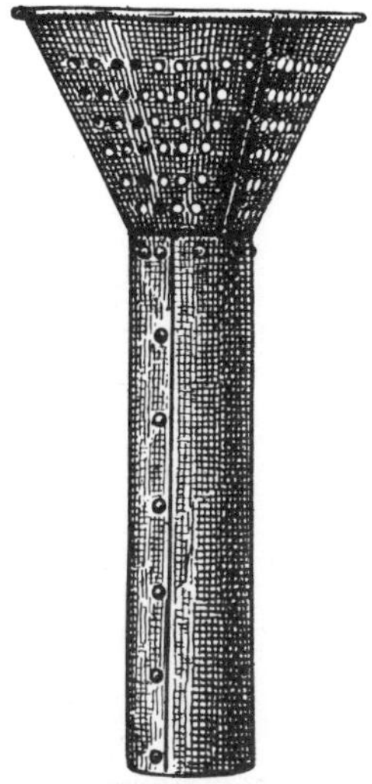
No. 615

621

622—624

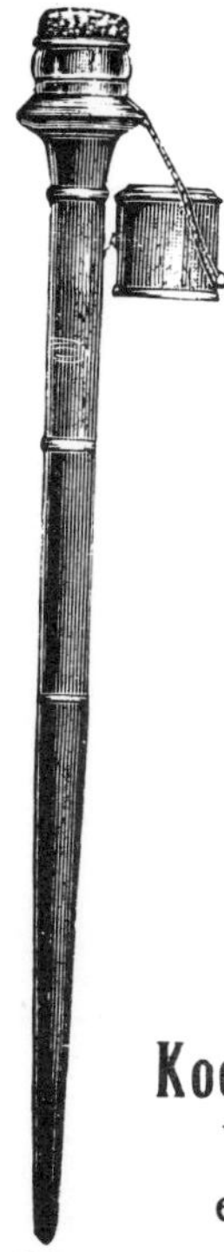
893

625—627

Koebe's Petroleumfackel
Vorzüglich bewährte
eigene Konstruktion.

Spezialprospekte kostenlos.

Scheinwerfer
und elektrische Leuchtstäbe

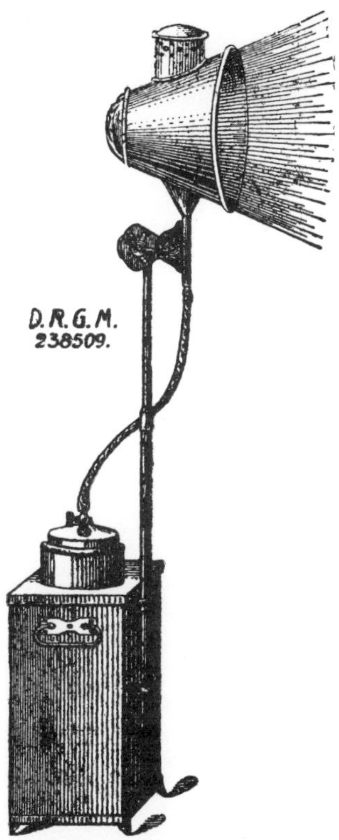
D.R.G.M.
238509.

No. 747—784

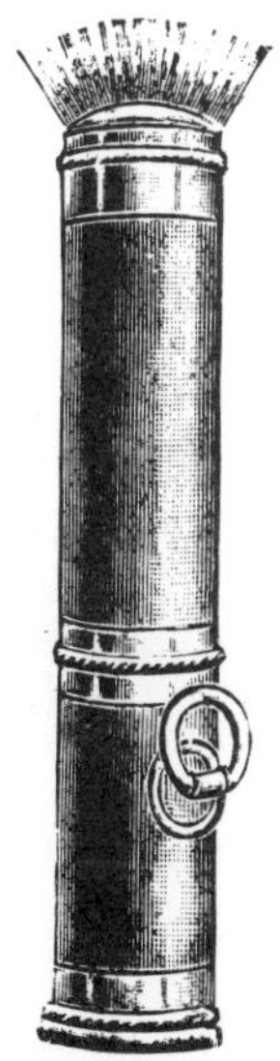
No. 889—891

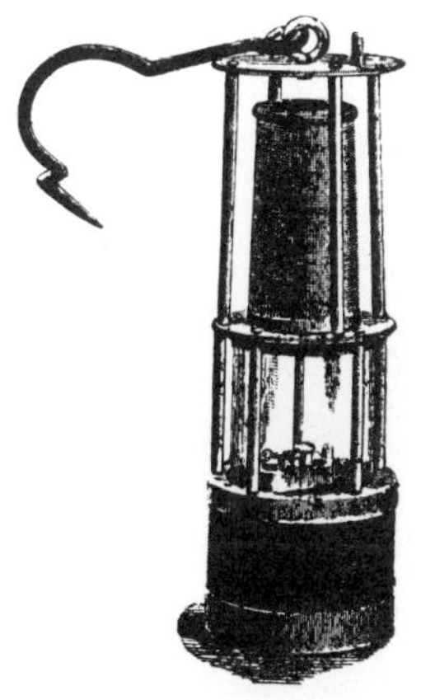
No. 763—763b

No. 892

764—764a

Rettungsgeräte.

No. 631—635
Rettungsschlauch
10—25 Meter lang.

636a—639a
Original Reichenberger Rutschtuch
15—30 Meter lang.

No. 642—644
Sprungtuch 3, 3,5 u. 4 Meter im Quadrat.
644a Berliner Modell 8kantig
644b System Herzog mit Sprungstützen.

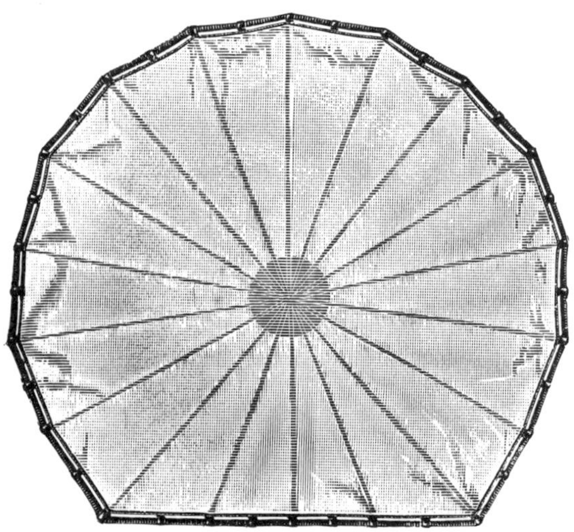

No. 848. **Essener Sprungtuch.**

No. 813

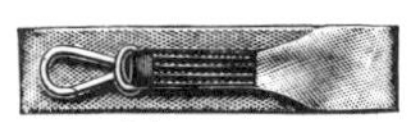

No. 613a

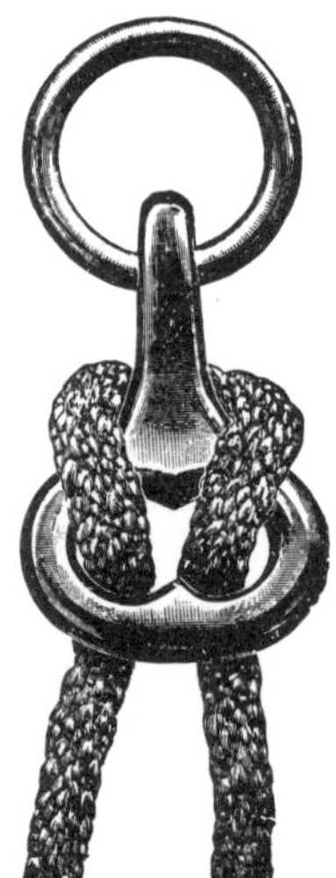

No. 803

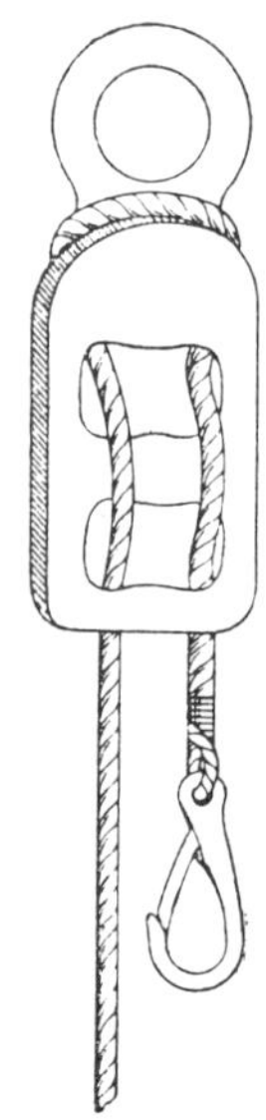

No. 814.| 814a-b

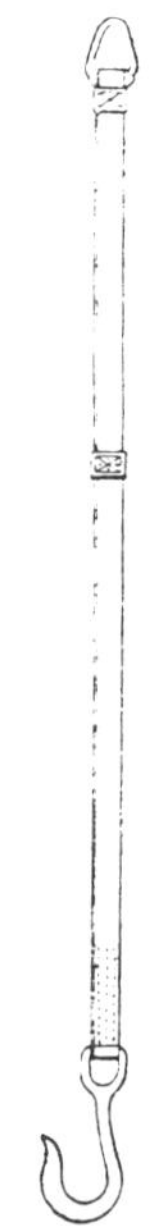

No. 814d

Grosse Schritte in der Feuerwehrtechnik: – Vortrag von Ing. Willy Koebe in Hameln am 9. Juni 1921 – (Auszug)

5.

Bis zum Ende des letzten Jahrhunderts hatte die altbewährte Dampfspritze ihre höchste technische Vollendung erfahren. Die damaligen Konstrukteure gingen nun dazu über, die vorhandene Dampfkraft auch für die Fortbewegung der Spritze auszunutzen, um sich hierdurch von der Pferdebespannung unabhängig zu machen. Hiermit wurde der erste Schritt zur Automobilisierung der Feuerwehrfahrzeuge getan. Denn dieser Art ausgeführten Dampf-Automobilspritzen hafteten so vielerlei Mängel an, daß an eine Einführung nicht gedacht werden konnte. Inzwischen hatte man gute Erfahrungen mit elektromobilen Personenwagen zu verzeichnen, welche auch für die Automobilisierung der Feuerwehrfahrzeuge von einschneidender Bedeutung waren. Die ersten elektromobilen Fahrzeuge wurden von der Wiener Feuerwehr eingeführt.

Als Kraftspritze besaß man nur die Dampfspritze, und da der hintere Teil vom Kessel eingenommen war, mußte notwendigerweise der gesamte Antrieb nach vorne verlegt werden. Der Vorderradantrieb erfolgte durch Elektromotoren, welche ihren Strom von der über der Vorderachse gelagerten Akkumulatorenbatterie entnahmen. Diese elektromobilen Dampfspritzen erzeugten den notwendigen Dampf während der Fahrt zur Brandstelle.

Um diese Zeit setzte die Anwendung von Kreiselpumpen für Feuerlöschzwecke ein, die ebenfalls elektrisch betrieben wurden, und man mußte darauf Bedacht nehmen, im höchsten Falle die Pumpe nur so lange arbeiten zu lassen, daß es noch immer möglich war, mit dem Fahrzeug bis zum Depot zurückzukommen.

Kurz darauf setzte eine neue Epoche durch den Benzinmotor ein. Das Verdienst des Vorsitzenden des Reichsvereins Deutscher Feuerwehr-Ingenieure, Herrn Branddirektor Reichel, Berlin, bleibt es, die Anregung einer Konstruktion einer selbstsaugenden rotierenden Feuerwehrlöschpumpe gegeben zu haben, die sich auch gleichzeitg für den Antrieb durch Bezinmotor eignet. Die erste brauchbare Konstruktion war die Rundlauf- bzw. Pittler-Pumpe. Die mit dieser Pumpe gemachten Versuche waren zufriedenstellend, und da es seinerseit keine andere selbstsaugende Pumpe gab, so lag es nahe, daß diese Pumpe auch bei der Berliner Feuerwehr Einführung fand.

Mit der weiteren Vervollkommnung des Benzinmotors wurden die schweren Akkumulatorenbatterien beseitigt, und man baute – unter Belassung des elektrischen Vorderradantriebes – eine Dynamomaschine ein, welche – von dem Benzinmotor angetrieben – ihren Strom auf die Radnabenmotoren leitete, und so hatte man in dieser Beziehung die elektrische Fortbewegung noch beibehalten.

Bald kamen die reinen Benzinmotorfahrzeuge auf, die heute vorherrschend sind. Zu jener Zeit entbrannte der allen bekannte Streit zwischen den verschiedenen Pumpensystemen. Es standen sich insbesondere die Rundlaufpumpe mit der zwischenzeitlich verbesserten Hochdruckkreiselpumpe gegenüber, zu denen sich als Dritte im Bunde noch die schnell-laufende Kolbenpumpe gesellte.

Die Firma Koebe hat all diesen Vorgängen nicht tatenlos zugeschaut, sondern ihre Versuche mit der Kreiselpumpe weiter fortgesetzt, da ihr dieses Pumpensystem am aussichtsreichsten erschien; allerdings hat sie hierbei all ihr Sinnen und Trachten auf die Verbesserung der Ansaugvorrichtung gerichtet.

Die erste Kreiselpumpenspritze wurde von der Firma Koebe in einer kombinierten Ausführung an die kaiserliche Marine nach Sonderburg geliefert. Und zwar wurde die Pumpe elektrisch betrieben und noch ein besonderes Handdruckpumpenwerk vorgesehen. Dieses System absolut sicheren Ansaugens wurde der Firma Koebe patentiert. Auf dem Feuerwehrtag in Leipzig brachte Koebe zum ersten Mal eine Benzinmotorspritze mit Handkolben-Ansaugvorrichtungen vor die Öffentlichkeit.

Die ersten leichten Automobilspritzen, welche von der Firma Koebe auf den Markt gebracht wurden, benötigten kein Spezial-Chassis, sondern wurden auf der Basis von Leichtschnell-Lastwagen gebaut.

Die bisherige Koebe'sche Pumpenkonstruktion wurde in bezug auf die Ansaugvorrichtung weiter dahingehend verbessert, daß die von Hand zu betätigende Kolbenpumpe mit der Kreiselpumpe organisch verbunden wurde –

dergestalt, daß durch eine weitere Erfindung eine automatische Betätigung dieser Ansaugkolbenpumpe herbeigeführt wurde. Weiter ist noch dadurch eine Verbesserung eingetreten, daß eine sichtbare Kontrolle des Saugvorganges vorhanden ist und ein Eindringen des Wassers in die Ansaugpumpe verhindert wird, so daß diese weder einfrieren noch verschmutzen kann.

Bei der Koebe-Automobilspritze mit eingebauter neu konstruierter Koebe-Pumpe mit automatischer Kolben-Ansaugvorrichtung wurde auch ein Minimum an Gewicht und ein Maximum an Schnelligkeit und Leistung erreicht. Die Vorzüge der Kreiselpumpe wurden mit denen der Kolbenpumpe konstruktiv zusammengetragen. Ich möchte nicht unerwähnt lassen, daß kürzlich eine Koebe-Automobilfeuerspritze von den Berliner Feuerwehringenieuren geprüft wurde, wobei mit der Koebe-Pumpe eine Saughöhe von 9,50 m nachgewiesen worden ist.

Koebe-Feuerlöschkreiselpumpe
mit Heiz- und Kühlmantel
und automatischer Ansaugvorrichtung
Leistungen von 400 bis 2000 Liter i. d. Min.

In der Zeitschrift „Feuerschutz" vom September 1921 heißt es dazu:

„Eine beachtenswerte Neuerung stellt die abgebildete Koebe-Pumpe dar. Die Kreiselpumpe A mit Saugstutzen S und Druckstutzen D ist mit einer Entlüftungskolbenpumpe B durch eine lösbare Kupplung verbunden, die, sobald die Kreiselpumpe mit Druck arbeitet, hydraulisch entkuppelt wird. Die Bewegung des Steuerkolbens g wird durch das Gestänge h – i auf die Kupplung übertragen. Die Wirkungsweise des Entlüftungsventils ist folgende: Befindet sich auf der Saugseite der Kreiselpumpe Luft, so sammelt sie sich an der obersten Stelle, an der das Entlüftungsventil eingebaut ist. Der Ventilball f (leichter als Wasser) setzt sich auf die untere Ventilfläche auf und gibt der Luft den Weg durch den oberen Ventilschlitz c und das Rohr zur Entlüftungspumpe frei. Wenn alle Luft abgesaugt ist, tritt das Wasser in das Ballgefäß, so daß der Ball auf der Oberfläche des Wassers schwimmt und sich an den oberen Ventilsitz c anpreßt, wodurch der Weg zur Entlüftungspumpe abgeschlossen wird. Die Kreiselpumpe kann wieder ordnungsgemäß arbeiten, und durch den Wasserdruck auf der Druckseite wird der Steuerkolben betätigt, der die Kolbenpumpe abschaltet. Diese selbständige Ein- und Abschaltung bedeutet zweifellos eine Vereinfachung der Bedienung, und der das Entlüftungsventil umschließende Glaszylinder gestattet eine gute Beobachtung des Balls, an dessen Bewegung man das einwandfreie Absaugen der Luft erkennt.

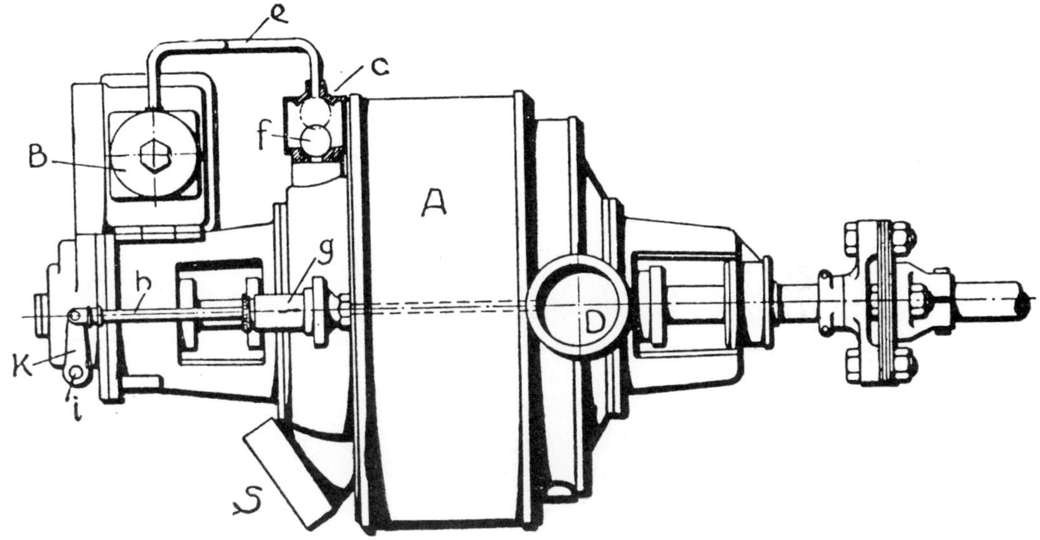

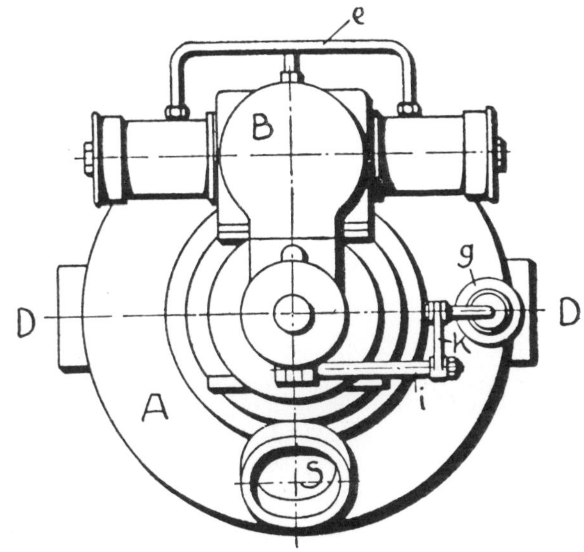

Zweizyl. Koebe-Ansaugpumpe, D. R. Patent, saugt das Wasser aus 9,5 m Tiefe an

Anläßlich einer Vorführung der Motorspritzen von Koebe auf der Berliner Hauptfeuerwache wurde folgende Ergebnisse erzielt:

Saughöhe	2,6	5,0	7,2	9,0	9,5 m
Vakuum	20,0	38,5	55,0	69,0	72,0 mm
Druck	6,5	7,0	6,0	3,5	3,5 Atm.
Ansaugedauer	10	16	23	60	65 Sek.

Es wurde ein 25 mm Mundstück verwendet."

Schnitt durch die Koebe-Feuerlöschkreiselpumpe

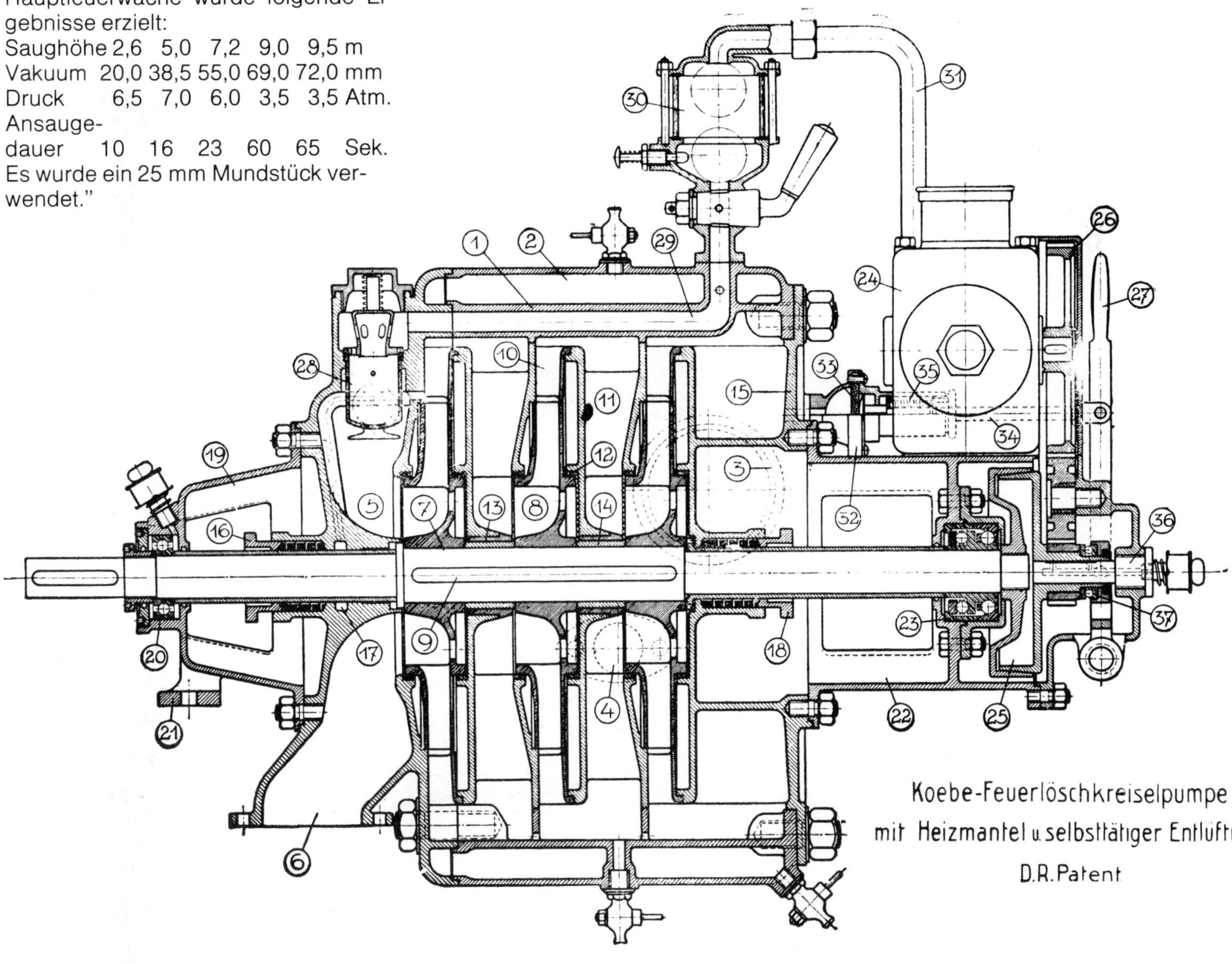

Koebe-Feuerlöschkreiselpumpe
mit Heizmantel u. selbsttätiger Entlüftung
D.R. Patent

Gutachten

der technischen Kommission des Reichsvereins Deutscher Feuerwehringenieure

über zwei geprüfte

Koebe-Feuerlöschpumpen

mit automatischer Ansaugvorrichtung

D. R. Patent.

Im Fahrzeug eingebaute Koebe-Pumpe.

Auf Antrag der Firma **Hermann Koebe, Feuerwehrgeräte-Fabrik, Luckenwalde bei Berlin,** wurde im Einvernehmen mit dem Vorstande des Reichsvereins Deutscher Feuerwehringenieure (R. D. F.) durch dessen „Ausschuß für Kraftfahrzeuge und Motorgeräte" bestehend aus den Herren:

Branddirektor Baur-Bremen (Obmann)
Baurat Dipl. Ing. Gempp-Berlin,
Brandmeister Dipl. Ing. Kaiser-Hannover und
Baurat Schmidt-Hamburg,

welchen sich Herr **Oberbranddirektor Reichel-Berlin** als Vorsitzender des R. D. F. angeschlossen hatte, zwei in ihren Werkstätten gefertigte Feuerlöschpumpen einer Prüfung unterzogen.

Zur Prüfung gestellt waren:

I) Eine Hochdruck-Kreiselpumpe — Bauart Koebe-Type E. L. 3.

Bauart: 3-stufige Hochdruckpumpe mit angebauter Entlüftungspumpe (Kolbenpumpe).

Baustoffe: Gehäuse, Laufräder und Leiträder aus Bronze, Welle aus S. M. Stahl.

Angegebene Nennleistung: 2000 l/Min. bei 80 m gesamtmanometrischer Förderhöhe, bei einer normalen Drehzahl der Pumpenwelle = 1600.
bezw. **2500 l/Min. bei 60 m** gesamtmanometrischer Förderhöhe, bei einer normalen Drehzahl der Pumpenwelle = 1450.

Angegebener Kraftbedarf an der Pumpenwelle bei Nennleistung: 44 PS bei 2500 l/Min. und 60 m; 50 PS bei 2000 l/Min. und 80 m

II) Eine Hochdruck-Kreiselpumpe — Bauart Koebe-Type C. L. 3.

Bauart: 3-stufige Hochdruckpumpe mit angebauter Entlüftungspumpe (Kolbenpumpe).

Baustoffe: Gehäuse, Laufräder und Leiträder aus Bronze, Welle aus S. M. Stahl.

Angegebene Nennleistung: 800 l/Min. bei 85 m und 1000 l/Min. bei 65 m gesamtmanometrischer Förderhöhe, bei einer normalen Drehzahl der Pumpenwelle = 1650

Angegebener Kraftbedarf an der Pumpenwelle bei Nennleistung: 21 PS.

Kurze Beschreibung der Pumpen.

Eine von der Firma ausgearbeitete Beschreibung der Pumpen mit Lichtbildern und Schnittzeichnungen sowie 3 Tabellenblätter, in welchen die Verhältnisse der Pumpen übersichtlich zusammengestellt sind, sind dem Gutachten beigefügt.

Die Beschreibung ist für beide Pumpen zuständig, denn beide sind organisch gleich, sie unterscheiden sich nur in den Abmessungen ihrer Teile.

Die zur Prüfung gestellte eigentliche Kreiselrad-Pumpe **Bauart Koebe** besitzt einen nach hinten geführten Saugestutzen mit Schlauchverschraubung ohne Absperrschieber und zwei seitlich abgeführte Druckstutzen mit Absperrschiebern und Storzanschlüssen.

Die beiden Druckstutzen sind seitlich an dem Pumpengehäuse angegossen und tragen je einen Lagerbock; ein dritter Lagerbock ruht in der Mitte auf einem Querriegel des Rahmens, die Pumpe ist also **in 3 Punkten gelagert.** Der Saugestutzen ist an dem hinteren Deckel des Pumpengehäuses angegossen, er besitzt Schraubanschluß und Verschlußdeckel. Ein Absperrschieber wird vorgesehen, wenn ein Wasserbehälter zum Auffüllen der Pumpe und Saugeleitung und zum sogenannten Kesselspritzen auf dem Fahrzeug mitgeführt wird.

Das Pumpengehäuse ist mit einem Mantelraum umgeben, durch welchen das heiße Kühlwasser des Motors hindurchgeleitet wird und dabei zugleich die Pumpe gegen Frostgefahr schützt. Dieser Heizmantel ist bei der 2000 l/Min. Pumpe angegossen, bei der 800 l/Min. Pumpe, um ein **möglichst geringes Gewicht** zu erreichen, durch ein Messingblech, welches an beiden Deckelflanschen in Ringnuten abgedichtet ist, gebildet.

Die S. M. Stahlwelle ist mit Bronze überzogen und läuft in Kugellagern.

Der **Achsialschub** der Pumpenwelle ist durch Bohrungen in den Laufrädern **hydraulisch aufgehoben,** jedoch ist zur Sicherheit noch ein mit einem Lauflager vereinigtes Stützkugellager vorgesehen.

Die Stopfbüchsen sind gut bemessen. Diejenige an der Saugeseite ist mit einem **Wasserschloß** versehen, welches mit der ersten Druckstufe der Pumpe in Verbindung steht. Hierdurch soll die Stopfbüchse gekühlt und das Eindringen von Luft in das Pumpeninnere verhindert werden.

Die Verbindung dieses Wasserschlosses mit der I. Druckstufe wurde als nicht ganz zuverlässig beurteilt, da bei saugender Förderung in der I. Stufe so geringer Ueberdruck herrschen kann, daß kein Wasser zur Stopfbüchse strömt. Es wurde angeregt, dieses Wasserschloß mit der II. Druckstufe zu verbinden.

Neuartig ist die **Entlüftungspumpe Bauart und Patent Koebe.** Die Beschreibung derselben, sowie der Zubehörteile ist in der beigefügten Beschreibung der Firma ausführlich durchgeführt.

Sie ist eine **zweizylindrige Kolbenpumpe** mit horizontalliegenden Zylindern. Die Kolben, aus Aluminiumlegierung hergestellt, sind in den bronzenen Zylindern eingeschliffen, besitzen also keine Ringe. Die Bewegung der Kolben erfolgt von der Pumpenwelle aus über eine Konuskupplung durch ständig im Eingriff befindliche Zahnradgetriebe, Kurbelwelle und Kurbelschleife. Die Konuskupplung ist durch Federdruck eingerückt, wenn kein Wasserdruck im Innern der Pumpe vorhanden ist, sie wird ausgerückt, sowie im Pumpeninnern Druck herrscht, indem dieser über eine Membrane mit anschließendem Gestänge die Federspannung überwindet und die Kupplung ausschaltet. Ein- und Ausrücken der Kupplung kann auch von Hand erfolgen.

Verbunden mit dieser Entlüftungspumpe ist eine von der Firma als Entlüftungsapparat bezeichnete Vorrichtung, welche das Eindringen von Wasser in die Pumpenzylinder verhindern soll.

Diese Einrichtung besteht aus 2 in der Saugeleitung der Entlüftungspumpe hintereinander eingeschalteten Kugelventilgehäusen, von welchen eines mit einem Schauglas sowie einem Abstell- und Entwässerungshahn versehen ist.

Diese zur Prüfung gestellten Pumpen waren auf Unterwagen der Benzwerke Gaggenau aufgebaut. Die feuerwehrtechnischen Aufbauten waren in dem Werk der Firma Koebe hergestellt.

Die Kraftwagenantriebe und die Aufbauten sind nicht beurteilt worden.

Die Verbrennungsmotoren nur, soweit sie für den Antrieb der Pumpen in Frage kommen.

Anordnung der Prüfung.

Die Prüfung war gegliedert in Begutachtung.

1) Auf Uebereinstimmung der Ausführung der Pumpe nebst Zubehör mit der Beschreibung.
2) Auf sachgemäße Ausführung der Einzelteile.
3) Auf sachgemäße Anordnung der Bedienungsvorrichtungen.
4) Feststellung der Pumpenleistung
   a) bei geringer Saughöhe,
   b) bei großer Saughöhe.
5) Feststellung des Brennstoffverbrauches und Begutachtung der Kühlung.
6) Feststellung der Leistung der Entlüftungspumpe, ihrer Betriebssicherheit und der Sicherheit der selbsttätigen Betriebsregelung derselben.
7) Begutachtung der Aus- und Einbaumöglichkeit der Entlüftungspumpe und der Kreiselradpumpe.

Ausführung der Prüfung.

Zu 1) Die Uebereinstimmung der zur Begutachtung gestellten Pumpe mit den Zeichnungen, mit der von der Firma gelieferten Beschreibung und mit den in den Tabellen angeführten Angaben wurde festgestellt.

Zu 2) Auf einer Besichtigung der Werkstätten der Firma wurde festgestellt, daß sämtliche Teile im Werk selbst hergestellt wurden. Die Werkstätteneinrichtung war so beschaffen, daß eine Gewähr für sachgemäße Ausführung der Arbeiten gegeben war. Sämtliche zur Besichtigung gestellten Einzelteile der Kreiselradpumpen sowie der Entlüftungspumpen gaben zur Beanstandung keinen Anlaß.

Zu 3) Die Bedienungsvorrichtungen der Pumpenanlage waren sachgemäß und zweckdienlich angebracht. An einer Pumpe waren die Betätigungshebel links von der Pumpe statt rechts, wie es die Normenvorschrift verlangt, angebracht. Diese Anordnung war vom Besteller ausdrücklich gewünscht, jedoch wird die Firma in Zukunft sich nach der Normenvorschrift richten.

Die Entwässerung des Pumpengehäuses, nur aus einem Abflußhahn bestehend, wurde nicht als ausreichend bezeichnet, es muß jede Stufe entwässert werden können. Ferner müssen die Entwässerungshähne für Pumpengehäuse und Kühlmantel Bezeichnungen erhalten, um Verwechselungen zu verhindern. Es kann durch unbeabsichtigtes Entwässern des Kühlmantels der Motor überhitzt werden. Ferner wurde die Bereitstellung einer Auffüllvorrichtung angeregt.

Zu 4) Die Feststellung der Leistung der 2000 l/Pumpe konnte nur durch Berechnung der Fördermengen aus Druck und Querschnitt der Austrittsöffnungen, wobei 4% Kontraktionsverlust angenommen worden sind, erfolgen. Die Leistungen der 800/1000 l Pumpe wurden durch einen plombierten Wassermesser festgestellt. Die Werte für die 2000 l Pumpe können daher auf unbestreitbare Genauigkeit keinen Anspruch erheben, jedoch kann nach der Art der Strahlrohre zu urteilen, die gewählte Kontraktionszahl als zutreffend beurteilt werden.

A. Die 2000-2500 l/Min. Pumpe.

Die Versuche fanden am 21. November 1922 an dem Flüßchen Nuthe statt.

Es betrugen: Der Barometerstand . . . . 756 mm Q. S.
Die Luftwärme . . . . 1,6° C
Die Wasserwärme . . . . 6,5° C
Die Saughöhe . . . . 2,5 m
Die Länge der Saugeleitung . . . . 7,5 m, (Saugekorb kein Fußventil.)
Der Durchmesser der Saugeleitung . . . 125 mm.

Nr. des Versuchs	Drehzahl der Pumpe	Durchmesser des Mundstücks in mm	Druck am Pumpenmanometer in kg/cm²	Luftleere am Pumpen-Vacuummeter in m	Gesamtmanometrische Förderhöhe in m. W. S.	Fördermenge in l/Min.	
1	1450	35	7,0	5,2	75,2	2040	Die Ansaugezeit betrug 35 Sekunden.
2	1450	40	6,4	5,4	69,4	2560	
3	1500	30	8,0	4,4	84,4	1610	
4	1600	geschlossen	10,0	2,8	—	—	
5	1500	26	8,2	4,4	86,6	1220	
6	1750	26	11,0	5,0	115,0	1400	Der Regulator des Motors war ausgeschaltet.
7	1750	30	10,8	5,0	113,0	1830	
8	1620	40	7,8	6,0	84,0	2820	
9	1630	35	8,8	5,6	93,6	2300	
10	1950	geschlossen	14,5	3,0	—	—	
11	1500	offn. Schlauch 58 mm	5,5	6,5	61,5		Wegen ungünstiger Austrittsöffnung ist der Kontraktionsverlust größer.

Mit einer größeren Saugehöhe konnte diese Pumpe nicht geprüft werden, da dieses Fahrzeug an die zur Verfügung stehende 8 m Höhe wegen zu weicher Bodenbeschaffenheit nicht herangebracht werden konnte, doch darf angenommen werden, daß die Pumpe auch dann günstige Leistungen ergeben hätte.

Die Ergebnisse dieser Leistungsprüfung können als günstig beurteilt werden, denn der **Kraftüberschuß des Motors betrug bei der ersten Nennleistung = 18,42 % und der zweiten Nennleistung = 34,50 %**, die Normenbestimmungen, welche 10 % vorschreiben, sind also gut erfüllt, selbst wenn die nur errechnete, also nicht gemessene Fördermenge etwas zu hoch sein sollte.

Auch die Forderung, daß bei Vergrößerung der Förderhöhe um 50 % noch 50 % der Wassermenge der Nennleistung geliefert wird, ist **mit 27,8 % Ueberschuß in der Förderhöhe und mit 12 % in der Fördermenge erfüllt** worden.

B. Die 800 und 1000 l/Min. Pumpe.

Die Versuche fanden am 2. Mai 1923 ebenfalls an der Nuthe statt.

Barometerstand . . . . 760,5 mm Q. S.
Luftwärme . . . . 16° C
Wasserwärme . . . . 10° C
Die Saughöhe . . . . 1,8 m
Die Länge der Saugleitung . . . . 6,0 m
Durchmesser der Saugleitung . . . 100 mm

Nr. des Versuchs	Drehzahl der Pumpe	Durchmesser des Mundstücks in mm	Druck am Pumpenmanometer in kg/cm²	Luftleere am Pumpen-Vacuummeter in m	Gesamtmanometrische Förderhöhe in m W. S.	Fördermenge in l/Min.	
1	1530	26	5,6	3,5	59,5	980	Die Ansaugezeit betrug 13 Sekunden.
2	1530	25	6,0	3,5	63,5	930	
3	1650	22	8,0	3,0	83,0	840	
4	1600	24	6,7	3,5	70,5	910	
5	1620	2 × 18	6,6	3,5	**69,5**	**960**	
6	1720	18	10,3	2,5	105,8	660	

Bei 6,5 m Saugehöhe aus einem 100 mm Röhrenbrunnen. Saugeschlauch = 2 m lg.

Nr. des Versuchs	Drehzahl der Pumpe	Durchmesser des Mundstücks in mm	Druck am Pumpenmanometer in kg/cm²	Luftleere am Pumpen-Vacuummeter in m	Gesamtmanometrische Förderhöhe in m W. S.	Fördermenge in l/Min.	
7	1630	26	6,0	7,7	**67,7**	**1030**	
8	1630	26	5,8	8,0	66,0	970	Die Ansaugezeit betrug = 27 Sekunden.
9	1630	25	6,0	7,8	67,8	940	

Die Ergebnisse der Prüfung dieser Pumpenanlage müssen ebenfalls als **recht günstig** beurteilt werden. Die angegebenen Nennleistungen der Anlage sind erreicht worden, auch arbeitete der 18/30 PS Benzmotor so gleichmäßig und zuverläßig, daß auf eine Dauerleistung in der bei der Prüfung erzielten Höhe bestimmt gerechnet werden kann.

Bemerkenswert ist bei der Pumpe auch, daß sie auch bei einer Saughöhe von 6,5 m die volle Nennleistung ergab.

Zu 4 b. Leistung bei großer Saugehöhe.

Die Versuche fanden am 21. November 1922 statt. Der Barometerstand sowie die Wärmeverhältnisse waren die gleichen wie bei der am selben Tage vorgenommenen vorstehenden Prüfung der 2000/2500 l/Min. Pumpe. Gesaugt wurde aus einer Ziegeleigrube.

Die **Saughöhe betrug = 8,0 m,** andere Höhe stand nicht zur Verfügung. **Die Länge der Saugeleitung = 18,0 m, der Durchmesser der Saugeleitung = 100 mm.**

Nr. des Versuchs	Drehzahl der Pumpe	Durchmesser des Mundstücks in mm	Druck am Pumpenmanometer in kg/cm²	Luftleere am Pumpen-Vacuummeter in m	Gesamtmanometrische Förderhöhe in m. W. S.	Fördermenge in l/Min.	
10	1600	18	7,75	8,8	86,3	570	Die Ansaugezeit betrug = 1 Minute, 2 Sek.
11	1600	20	6,00	**9,0**	**69,0**	**620**	
12	1600	22	4,8	9,0	57,0	670	

Die Ergebnisse dieser Prüfung bei großer Saugehöhe können als sehr günstig beurteilt werden, denn die Fördermenge betrug bei einer Förderhöhe von 69 m W. S. noch 620 l/Min. gleich 77,5 % der Nennleistung.

Zu 5.

Anschließend an die Leistungsprüfungen wurde der Kraftstoffverbrauch der 2500 l/Min. Pumpe festgestellt. Gebraucht wurde Olex spz. Gewicht etwa 0,850.

Die Drehzahl betrug	1450
Mündung	40 mm ø
Druck	6,4 kg
Luftleere	5,4 m W. S.
Verbrauch	24 l/Std.

Die Kühlung des Motors war ausreichend.

Zu 6. Die Entlüftungspumpe.

a. Feststellung der Leistung.

1) Bei der **trockenen Saugeprobe** wurden bei einem Barometerstand von 756,5 mm Q. S. folgende Luftleeren erreicht:

a) **2000/2500 l/Min. Pumpe = 9,2 m W. S. in 47 Sekunden**

b) **800/1000 l/Min. Pumpe = 10,2 m W. S. in 26 Sekunden.**

Die erzeugte Luftleere fiel um 0,2 m in 1 Min. 15 Sekunden in der großen Pumpe. In der kleinen war ein Fallen nach 2 Minuten nicht festzustellen.

2) **Nasse Probe.**

a) **2000/2500 l Min. Pumpe.**

Saugehöhe	1,85 m
Länge der Saugeschläuche	7,5 m
Durchmesser der Saugeschläuche	125 mm

ohne Rückschlagventil mit geflochtenem Saugekorb.

Ansaugezeit = 35 Sekunden.

b) **800/1000 l/Min. Pumpe.**

Saugehöhe	1,85 m
Länge der Saugeschläuche	6,0 m
Durchmesser der Saugeschläuche	100 mm

ohne Rückschlagventil mit geflochtenem Saugekorb.

Ansaugezeit = 13 Sekunden.

c) **Dieselbe Pumpe.**

Saugehöhe . . . . 8,0 m
Länge der Saugeschläuche . . . . . . 18,0 m
Durchmesser der Saugeschläuche . . . 100 mm
Ansaugezeit = 1 Minute 2 Sekunden.

Nach Beurteilung dieser Leistungen muß die Saugefähigkeit der Entlüftungspumpe als außergewöhnlich gut bezeichnet werden, gelang es doch bei der trockenen Saugeprobe eine Luftleere von 10,2 m Wassersäule, also nahezu die absolute, zu erzeugen.

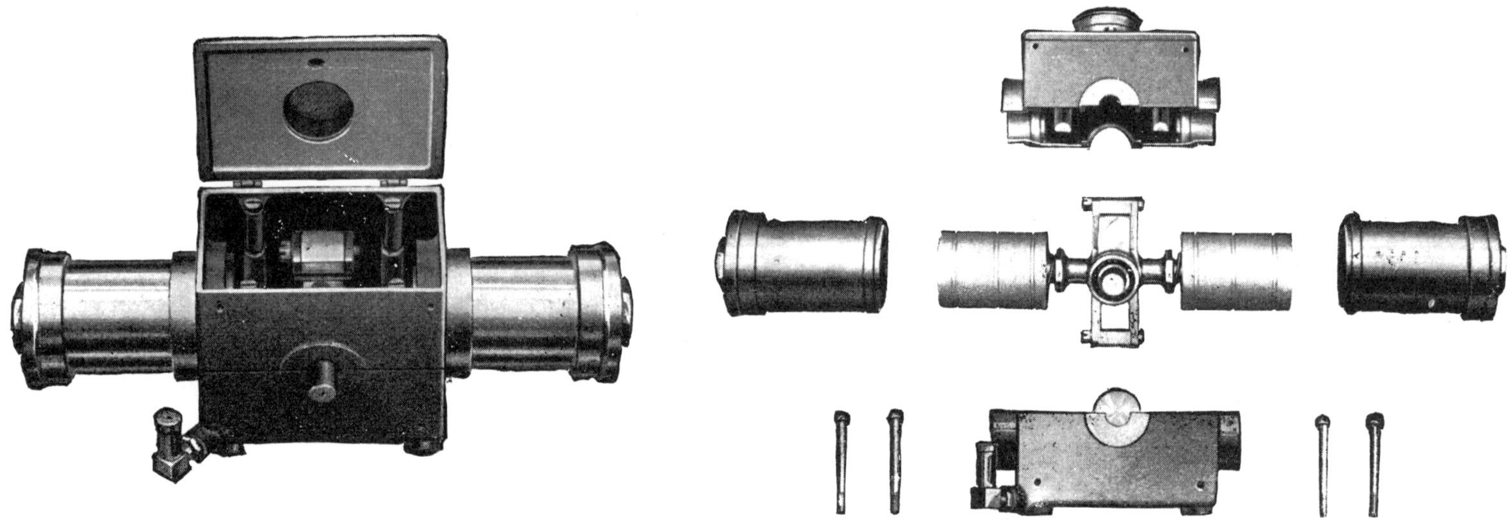

Entlüftungs-Kolbenpumpe (System und Patent Koebe).

b) Feststellung der Betriebssicherheit der Entlüftungspumpe.

Die Bauart der Pumpe, die Abmessungen der Einzelteile sowie die zur Anfertigung verwendeten Stoffe gewähren eine gute Betriebssicherheit. Hervorgehoben werden muß die einfache und darum so betriebssichere Verbindung zwischen Kolben und Ventilen. Die Schmierung der beweglichen Teile ist zwangsläufig so bemessen, daß auch bei längerer Betriebszeit Störungen ausgeschlossen erscheinen.

Die Pumpe soll bei planmäßigem Betriebe nur Luft fördern, daher wurde, um festzustellen, ob eine Wasserförderung Störungen verursachen würde, eine solche zwangsweise eingestellt, Störungen oder auch nur harte Schläge in den Zylindern, welche Brüche hervorrufen könnten, stellten sich hierbei nicht ein.

c) Sicherheit der selbsttätigen Betriebsregelung der Entlüftung.

Die **Pumpe stellt sich selbsttätig an,** sobald die saugende Förderung aufgehört hat, und stellt sich ebenso selbsttätig wieder ab, sobald die saugende Förderung wieder eingeleitet ist.

Mehrfache absichtlich vorgenommene Störungen der Saugeförderung der Pumpe durch Herausheben des Saugekorbes bewiesen das durchaus zuverlässige Arbeiten dieser Einrichtung. Diese selbsttätige Schaltung der Entlüftungspumpe arbeitete auch **zuverlässig** bei hochgeführtem Druckschlauch; bei den Versuchen befand sich das angeschlossene Strahlrohr in etwa 15 m Höhe über Erdboden.

Die **selbsttätige Schalteinrichtung ist einfach und übersichtlich** gestaltet, so daß Betriebsstörungen nicht warscheinlich sind.

Die Schaltung der Entlüftungspumpe kann auch ohne weiteres durch Betätigung eines Hebels von Hand erfolgen.

Zu 7. Begutachtung der Aus- und Einbaumöglichkeit der Entlüftungspumpe und der Kreiselradpumpe.

a) Entlüftungspumpe.

Die **Aus- und Einbaumöglichkeit der Entlüftungspumpe** ist **sehr gut gelöst,** so daß diese Arbeit zwecks Behebung von Störungen auf Brandstelle vorgenommen werden kann. **Das Nachprüfen sämtlicher beweglichen Teile der Pumpe kann nach einer Minute nach Lösen von nur 4 Schrauben und Abnahme eines Deckels, ausgeführt durch einen Mann, erfolgen.**

Die Herausnahme eines Kolbens zur etwaigen Auswechslung einzelner Teile desselben nahm, ausgeführt von einem mit der Arbeit vertrauten Mann, 2½ Minuten in Anspruch.

Das Abbauen der Entlüftungspumpe nahm in Anspruch:

bis zur Kupplung . . . . 2¾ Minuten
vollständig . . . . 5 Minuten

b) Kreiselradpumpe.

Der Ausbau der inneren Teile der Kreiselradpumpe kann erfolgen, ohne daß es erforderlich ist, die Befestigung der Pumpe am Fahrzeug zu lösen, Saug- oder Druckschläuche abzunehmen, oder Teile des Fahrzeuges selbst zu entfernen. An der großen Pumpe braucht auch der Kühlwasserumlauf des Motors nicht unterbrochen zu werden. Diese **leichte Ausbaumöglichkeit** der beweglichen Teile der Pumpe ist **sehr vorteilhaft.** Wenn auch die Vornahme dieser Arbeit auf Brandstelle nur in sehr seltenen Fällen wird ausgeführt werden dürfen, eine solche auch in der Regel nicht empfehlenswert ist, so wird durch leichte Ausbaumöglichkeit die Überprüfung der Pumpe und etwa erforderliche Instandsetzungen in der Werkstatt gefördert und dadurch die **Betriebsbereitschaft erhöht.**

Das Herausnehmen des Pumpeninnern konnte von 2 mit der Arbeit vertrauten Leuten in 5 Minuten 40 Sekunden ausgeführt werden. Durch Anbringen von Abdruckschrauben am Gehäusedeckel würde diese Zeit noch verkürzt und die Packung geschont werden, denn das Abnehmen des Gehäusedeckels nahm allein 4 Minuten Zeit in Anspruch. (Ist inzwischen berücksichtigt.)

Wieder zusammengesetzt bis zur Betriebsfähigkeit wurde die Pumpe in 10 Minuten von 2 Mann.

Schlußfolgerung.

Der Prüfungsausschuß hat sich die Aufgabe gestellt, festzustellen:

1) Ob die Bauart, Wahl der Werkstoffe sowie ihre Bearbeitung den in feuerwehrtechnischer Hinsicht an eine Feuerlöschpumpe zu stellenden Anforderungen genügen,
2) ob die von dem Antragsteller angegebenen Leistungen der Pumpe erreicht werden können,
3) ob die Leistungen der Pumpe mit den von dem Fachausschuß für Normung der Feuerlöschgeräte im Normenausschuß der deutschen Industrie aufgestellten Normen und Bedingungen übereinstimmen.

Zu 1) Die an eine Feuerlöschpumpe in feuerwehrtechnischer Hinsicht zu stellenden Anforderungen: einfache nach den bestehenden Regeln der zuständigen Technik geformte Bauart, Verwendung der geeignetsten Werkstoffe, zuverlässige Werkstattsarbeit, kleinster Raumbedarf, geringes Gewicht, gute Ausbaumöglichkeit, **übersichtliche Anordnung** der Bedienungsvorrichtungen, **einfache Bedienungsweise, hohe Leistungsfähigkeit bei größter Betriebssicherheit sind bei beiden geprüften Pumpen durchaus erfüllt.**

Verbesserungsvorschläge und Anregungen, Entwässerung und Wasserschloß betreffend, sind an den betreffenden Stellen angeführt.

Zu 2) Die von der Firma Hermann Koebe angegebenen Nennleistungen der großen Pumpe (2500 l/Min. bei 60 m Förderhöhe und 2000 l/Min. bei 80 m Förderhöhe) sind nicht nur erreicht, sondern merklich überschritten worden.

Ebenso ist die für die kleine Pumpe angegebene Nennleistung von 800 l/Min. bei 85 m Förderhöhe und 1000 l/Min. bei 65 m Förderhöhe erreicht worden.

Hervorgehoben werden muß die außergewöhnlich gute Leistung der Entlüftungspumpe. Ebenso muß die selbsttätige Schaltung derselben als eine die Bedienung der Feuerlöschpumpe erleichternde Einrichtung beurteilt werden.

Zu 3) In die von dem Fachausschuß für Normung der Feuerwehrgeräte aufgestellten Größen nach Pumpenleistungen läßt sich die große Pumpe in die Gruppe V, 2000 l/Min. bei 80 m Förderhöhe, einreihen.

Die kleinere Pumpe mit ihren 800 l/Min. bei 85 m und 1000 l/Min. bei 65 m Förderhöhe steht zwischen den Gruppen II und III.

Beide Pumpen erfüllen jedoch die Normalbedingungen in bezug auf Ueberwindung der größten Saugehöhe, Steigerung der Gesamtförderhöhe und Kraftüberschuß der Antriebsmotoren bei Nennleistung.

Auf Grund der vorstehenden Prüfungsergebnisse faßt der Prüfungsausschuß sein Urteil dahin zusammen, daß die von der Firma Hermann Koebe, Luckenwalde b. Berlin zur Prüfung gestellten beiden Kreiselrad - Feuerlöschpumpen mit einer Nennleistung der großen Pumpe von 2000 l/Min. bei 80 m manometrischer Förderhöhe bezw. 2500 l/Min. bei 60 m manometrischer Förderhöhe, der kleinen Pumpe von 800 l/Min. bei 85 m manometrischer und 1000 l/Min. bei 65 m manometrischer Förderhöhe alle in feuerwehrtechnischer Hinsicht an eine Feuerlöschpumpe zu stellenden Anforderungen gut entsprechen.

gez.

Baur. Schmidt. Gempp. Kaiser.

Koebe-Cyklonetten-Motorspritzen

Cyklonetten-Motorspritze mit abnehmbarer Kleinmotorspritze „**Triumph**“, Wagen mit 2 zyl. Motor, Vorderradantrieb, Sitzgelegenheit für 2 Mann, mit hinterem Kastenaufbau zur Aufnahme der Spritze mit Zubehör, 2 abnehmbare Schlauchhaspeln.

Die vorstehenden Abbildungen zeigen, daß sich die Kleinmotorspritze „**Triumph**“ auch auf jedem beliebigen Beförderungsmittel (Auto, handgezogenen oder pferdebespannten Wagen, Schiff oder Boot leicht unterbringen läßt. Bei gleichzeitiger Mitnahme von 2 Motorspritzen kann nötigenfalls die eine Spritze bei langen Entfernungen als Zubringer für die andere dienen.

Die ersten 20 Jahre dieses Jahrhunderts waren auch eine Zeit des Experimentierens, welche Transportmittel für welchen Einsatzzweck den Feuerwehren höchste Effizienz bringen konnte. So vielfältig wie die Einsatzarbeiten waren auch die Transportmittel.

Von 1903 bis 1923 gehörte die dreirädrige Cyklonette, wie sie auch KOEBE verwendete, zu den erfolgreichsten „Selbstfahrern", gebaut von der Cyklon-Maschinenfabrik m.b.H., Berlin O 112.
Konkurrent war das nahezu baugleiche „Phänomobil" von den Phänomen-Werken in Zittau/Sachsen.
Durch den über dem Vorderrad montierten 2,5 PS Motor ergab sich ein einfacher Antrieb ohne Kardan und ohne Differential.
Mit Luftkühlung, Magnetapparat, elektrischer Beleuchtung, automatischer Ölung und Rückwärtsgang hatte sie eine umfangreiche Ausstattung und erreichte 60 km/h. Originell war die Steuerung über die Lenkstange.
Konstrukteur – auch des „Phänomobils" – war Franz Louis Hüttel (1862 – 1919), der schon 1901 die ersten Motorräder mit Vorderradantrieb entwikkelte.
Damals befand sich die Firma Cyklon noch in Erlau/Sachsen und ging 1903 nach Berlin.
Es erfolgten viele Nachahmungen unter dem Begriff „Cyklonette", was ein Beweis für die Popularität dieses Fahrzeuges war, das auch als preiswerte Kraftdroschke lief.
Die Original-„Cyklonette" hatte am Kurbelgehäuse den Schriftzug „Cyklon" eingearbeitet und die Firma Cyklon mußte sich immer wieder gegen die Verwendung des Namens „Cyklonette" durch Wettbewerber wehren, die ähnliche Konstruktionen mit der Bezeichnung „Cyklonette" auf den Markt brachten.
In der „Allgemeinen Automobilzeitung", Ausgabe 23/1908 heißt es in einer Anzeige:
„Wir haben festgestellt, daß in der jüngsten Zeit alle möglichen Nachahmungen der Cyklonette unter dem uns patentamtlich geschützten Namen „Cyklonette" angeboten werden. Wir haben drei Firmen, welche zweicylindrige Fahrzeuge, die nicht aus unserer Fabrik stammten, als Cyklonetten zum Verkauf annoncierten, der Staatsanwaltschaft angezeigt".

Werk II
Der Export weitete sich immer mehr aus, denn man hatte nach dem ersten Weltkrieg die Bedeutung der Auslandsmärkte als Devisenbringer schnell erkannt. Mit diesen Mitteln wurde 1923/24 das Werk II in der Treuenbrietzener Straße 79 errichtet.

Aus dem Lieferprogramm ab 1920

6.

Koebe-Automobilspritze, Modell »Lübeck« Leistung 1000 Liter i. d. Min.

Koebe-Automobilspritze, Modell »Luckenwalde« Leistung 1000 Liter i. d. Min.

KOEBE-Automobil-Motorspritze, Lieferungen u.a. 1922/23 Kanton/China und Japan.
Fahrgestell Benz-Gaggenau, Typ 3CSN, 3 – 3,5 t, Motor 4 Zylinder, 50/55 PS bei 1000 U/min, Bohrung 120 mm, Hub 180 mm, 8140 cm³, Achsstand 4060 mm, Spur 1590 mm vorn, 1520 mm hinten, vollgummibereift, vorn 930 x 120, hinten 930 x 140 x 2.
Maximale Geschwindigkeit 35 km/h, Steigungsmöglichkeit 20%. (Dieses Modell befindet sich im Bestand des Mercedes-Benz Museums und wurde im Stuttgarter Neckarstadion zur Fußballweltmeisterschaft 1974 vorgeführt).

KOEBE

10 Koebe-Automobilspritzen vor ihrer Ablieferung.

Koebe-Automobilspritzen.

Das für die Automobilspritzen verwendete Fahrgestell ist aus dem üblichen Lastwagentyp hervorgegangen und unter Berücksichtigung der im Feuerlöschdienst auftretenden Sonderbeanspruchungen konstruiert. Der zum Fahrbetrieb dienende Motor wird durch ein Spezialgetriebe, welches organisch mit dem Wechselgetriebe vereinigt ist, auf die Feuerlöschpumpe umgeschaltet, welche am hinteren Ende übersichtlich eingebaut ist, und sind die hierzu erforderlichen Bedienungshebel für Kupplung und Antrieb sowie zur Gasregelung übersichtlich am hinteren Ende des Fahrgestells unmittelbar neben der Pumpe angeordnet. Der Fahrer läßt bei Ankunft an der Brandstelle den Motor im Leerlauf, begibt sich alsdann nach hinten zur Pumpe und kann nunmehr von diesem Stand aus sowohl den Motor als auch die Pumpe bedienen und regulieren.

Der Chassisrahmen ist aus gepreßtem Stahlblech in U-Querschnitt hergestellt und trägt den Motor, die Pumpe und den Aufbau. Die sehr lang gehaltenen Federn aus bestem ausgesuchten Material sind sorgfältig geprüft und an beiden Seiten in zuverlässig geschmierten Gelenken gelagert, sie spielen frei und passen sich infolge ihrer vorzüglichen Elastizität leicht allen Unebenheiten der Straße an, und nehmen selbst bei größten Geschwindigkeiten alle Stöße auf, sodaß in jeder Beziehung ein weiches Fahren gewährleistet wird.

Die **Vorderachse** ist aus bestem Nickelstahl geschmiedet und trägt zu beiden Seiten die freischwingenden Achsschenkel mit den Steuerhebeln.

Sämtliche **Räder** laufen in Stahlnaben auf Präzisions-Gleitkugellagern und sind für Gummibereifung eingerichtet. Bei dem 1 1/2 to. Chassis ist der Speichenstern aus Hartholz hergestellt und besitzt mit Stahlband überzogene Holzfelgen, während bei den größeren 2 1/2 und 3 1/2 to. Fahrgestellen die Räder aus Stahlguß gefertigt werden.

Zur **Bereifung** werden bei allen Modellen und Größen neuerdings profilierte elastische Reifen verwendet, die für Feuerwehrfahrzeuge hervorragend geeignet sind und sich auch bestens bewährt haben. Diese Reifen bedürfen keinerlei Wartung und Aufsicht, bleiben auch bei eintretenden Beschädigungen fahrbereit, sind sehr elastisch, greifen gut, und bieten auch im Winter genügend Widerstand gegen Rutschen. Diese neuen Reifen vereinigen somit alle Vorteile der Luft- und Massivbereifung, schließen aber deren Nachteile aus, insbesondere erübrigt sich auch die Mitnahme von Ersatzreifen. Auf besonderen Wunsch werden jedoch auch Riesenluftreifen geliefert.

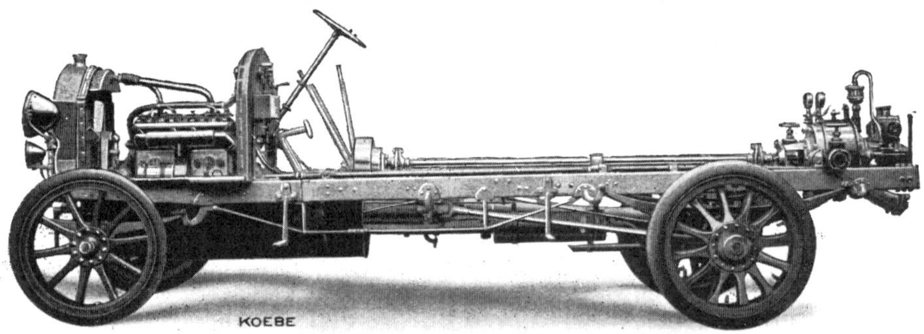

1 1/2 to. Fahrgestell mit hinten eingebauter Koebe-Pumpe. (Seitenansicht.)

Die **Steuerung** erfolgt durch einen stoßfrei ausgebildeten Spindelantrieb mit Hilfe des aut der Steuersäule angeordneten großen Steuerrades, auf welchem auch die Hebel für Gasregulierung und Zündung angebracht sind. Die Steuerung überträgt sich auf die hinter der Vorderachse **geschützt liegende Lenkstange,** welche die beiden Lenkhebel der Vorderräder verbindet.

Der **Motor** ist vierzylindrig modernster Bauart, arbeitet im Viertakt und ist **langsam laufend,** und daher imstande, seine volle Leistung auch im Dauerbetrieb herzugeben, ohne sich zu überhitzen oder sonst Schaden zu erleiden. Bei der Konstruktion ist besonders auf **über-**

sichtliche Anordnung und leichte Zugänglichkeit aller Teile Rücksicht genommen. Die Zylinder sind bei dem Motor für das 1 1/2 to. Fahrgestell in einem Block zusammengegossen, während bei den größeren Motoren je zwei Zylinderpaare vorhanden sind.

Das **Kurbelgehäuse** aus Aluminiumlegierung ist geteilt und seitlich mit Schaudeckeln versehen, die jederzeit eine schnelle Kontrolle vorzunehmen gestatten. Die **Kurbelwelle** läuft in drei Hauptlagern und ist ebenso wie die Nockenwelle und Antriebsräder aus hochwertigem **Chromnickelstahl** hergestellt.

Die **Ventile** liegen sämtlich **auf einer Seite** und sind untereinander gleich, **leicht auswechselbar** und durch Einkapselung gegen Verschmutzen geschützt.

Die Umdrehungszahl des Motors wird durch einen zuverlässigen **Fliehkraftregler** begrenzt, welcher die Gaszufuhr drosselt. Auf diese Weise wird eine unzulässige Ueberschreitung der Tourenzahl bezw. ein Durchgehen des Motors automatisch verhindert.

Die **Schmierung** der reichlich dimensionierten Lager sowie aller Triebteile erfolgt nach dem System der **Umlaufdruckölung** durch eine im Kurbelgehäuse eingebaute **Oelpumpe**, welche das Schmiermittel durch einen **Filter** nach den einzelnen Schmierstellen preßt. Die Funktion der Schmierung kann an der Spritzwand im Führersitz kontrolliert werden.

Der **Vergaser** ist bewährter Konstruktion und wird auf Wunsch als **Doppelvergaser** ausgebildet mit zwei Schwimmern und doppelten Düsen, er ist sparsam im Verbrauch und kann alle üblichen Brennstoffe verarbeiten. Es ist überdies zur Erreichung größtmöglichster Betriebssicherheit die Einrichtung so getroffen, daß jeder Vergaser für sich, und auch beide zusammen, gleichzeitig arbeiten können, und zwar entweder aus dem Hauptbehälter oder Reservebrennstoffbehälter. Die Einstellung der Vergaser und des damit vereinigten Luftreglers kann unmittelbar vom Führersitz aus erfolgen.

Die **Zündung** erfolgt durch Hochspannungs-Magnetzündung mit Zündmomentverstellung mittelst einer normalen Bosch-Zündmaschine, daneben kann auf Wunsch auch noch Batteriezündung vorgesehen werden.

Der **Kühlung** ist besondere Aufmerksamkeit zugewandt, und Vorsorge getroffen, daß ein Ueberhitzen des Motors selbst an heißesten Sommertagen ausgeschlossen ist. Das Kühlsystem besteht aus dem **hohen Stirnwandkühler** mit dahinter angeordneten und vom Motor betriebenen **Ventilator,** ferner der **Kühlwasserpumpe**, welche das Kühlwasser durch einen um die Feuerlöschpumpe angeordneten **Kühlmantel** drückt, wo es an den Wandungen des Pumpengehäuses eine wesentliche weitere Abkühlung erfährt. Diese Einrichtung hat den Vorteil, daß selbst bei längerem Dauerbetrieb keine schädliche Ueberhitzung eintritt, und außerdem im Winter die Pumpe erwärmt und auf diese Weise gegen Einfrieren geschützt wird. Zur weiteren Unterstützung der Abkühlung des Motors ist das Schwungrad als Ventilator ausgebildet.

Der **Brennstoffbehälter** ist so groß bemessen, daß er für eine 8-stündige Betriebsdauer ausreicht; außerdem wird auf Wunsch noch ein kleinerer Hilfsbrennstoffbehälter von 5 Liter Inhalt angebracht, der für guten Brennstoff reserviert bleibt, um besonders bei kalter Jahreszeit ein leichtes

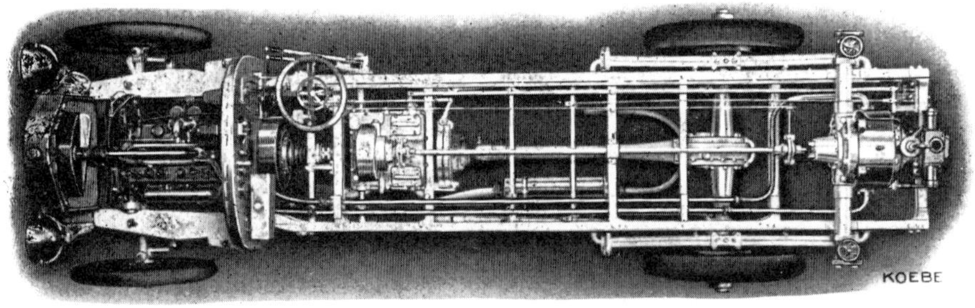

(Draufsicht.)

Anlassen des Motors zu ermöglichen; er kann aber auch zur Reserve dienen und während des Nachfüllens des Hauptbehälters benutzt werden, sodaß keine Unterbrechung des Löschbetriebes eintritt.

Kraftübertragung und Pumpenschaltung.

Die **Kraftübertragung auf die Hinterräder** erfolgt durch Cardan und Differential, deren Wellen in Kugellagern laufen und in dem sehr kräftig ausgeführten Gehäuse eingeschlossen sind.

Zur Kraftvermittlung dient die **Lamellenkupplung**, welche bei der Umschaltung der Gänge durch das Fußpedal bezw. bei Einschaltung der Pumpe durch den neben der Pumpe angeordneten Handhebel betätigt wird. Die Lamellenkupplung gestattet ein überaus sanftes Anfahren und Schalten.

Mit Rücksicht auf die höheren Fahrgeschwindigkeiten und den besonderen Pumpenantrieb ist für die hier in Betracht gezogenen Feuerwehrfahrzeuge das Wechselgetriebe in einer Spezial-Konstruktion ausgebildet, und enthält in dem staubsicher abgeschlossenen Aluminiumgehäuse die aus hochwertigem Chromnickelstahl hergestellten Getrieberäder, deren Wellen in Präzisionskugellagern laufen. Es sind 4 Geschwindigkeitsstufen für die Vorwärtsbewegung und 1 Rückwärtsgang vorgesehen, außerdem der Antrieb für die Pumpe. Sämtliche umschaltbaren Uebersetzungen sind zu einem einheitlichen Ganzen vereinigt und gewährleisten leichtes und zuverlässiges Schalten und einwandfreien Lauf. Die Einschaltung der Gänge erfolgt nach dem Stufenschaltsystem mittelst des rechtsseitig angeordneten Schalthebels. Der Pumpenantrieb wird dagegen durch den hierfür am Ende des Fahrzeugs unmittelbar neben der Pumpe angebrachten Schalthebel betätigt, wo sich auch die Bedienungshebel für die Kupplung und Gasregulierung befinden. **Getriebe- und Pumpenschaltung blockieren sich automatisch gegeneinander,** derart, daß jeweils nur eine Schaltung betätigt werden kann.

Bremsen. Um das Fahrzeug im Bedarfsfalle schnell zum Stehen bringen zu können, sind zwei von einander unabhängige Bremsen vorgesehen, von denen die eine als Außenbackenbremse auf das Getriebe wirkt, und durch Fuß betätigt wird, hingegen die andere als Innenbackenbremse ausgebildet ist, auf die Hinterräder wirkt, und durch Handhebel bedient wird.

Bergstütze. Zur Verhinderung des Abgleitens des Fahrzeugs auf steiler Straße ist eine gegen Ueberklettern gesicherte kräftige Bergstütze vorgesehen, welche vom Führersitz aus bedient werden kann.

Fahrzeugzug der Berufsfeuerwehr Leipzig 1925 (Hauptfeuerwache)
Koebe-Aufbauten auf Daimler-Benz-Fahrgestellen 3,5 t,
Pumpenleistung 1500 l/min und
Metz Kraftfahrdrehleiter Holz,
stahlarmiert, 25 m Steighöhe

Koebe-Automobil-Ueberland-Motorspritze, Modell »Kyritz«

Leistung 1000 Liter i. d. Min.

3 Automobilspritzen geliefert für den Feuerschutz der Ostprignitz (Prov. Brandenburg)

Koebe-Automobil-Löschzug
Leistung 2×1000=2000 Liter Wasser i. d. Min. Vorteilhaftestes Gerät für Ueberland-Löschhilfe; Vorspannwagen gleichzeitig Feuerspritze, normalspurig gebaut: Löschzug erprobt bei ungünstigsten Wegeverhältnissen.

Ueberland-Automobilspritzen, Modell »Brandenburg«, oben als Vorspannwagen dargestellt.
Die linke Abbildung zeigt die Besatzung der Spritze, die rechte Abbildung die Spritze mit aufgeklapptem Verdeck. Leistung 1000 Liter i. d. Min.

Koebe-Ueberland-Automobilspritze Modell **„Melle“**
Leistung 1000 Liter in der Minute.

Modell **„Melle“** (wie oben) mit aufgeklapptem Schutzverdeck.

VERZEICHNIS

über gelieferte

KOEBE-MOTORSPRITZEN

D. R. Patent

ca. 1000 Koebe-Motor- und Automobilspritzen,

eine Tatsache, welche am besten die anerkannte Vorzüglichkeit des Fabrikats beweist. Die wenigen aus der Zeugnismappe entnommenen und am Schluß zum Abdruck gebrachten Zeugnisse bringen zum Ausdruck, daß sich die Koebe-Motorspritzen im Dauerbetrieb stets hervorragend bewährt haben; so war beispielsweise eine an die Lauchhammerwerke gelieferte Koebe-Motorspritze

124 Stunden im Betrieb

ohne Unterbrechung und ohne jede Betriebstörung,

eine Leistung, welche die absolute Betriebssicherheit des Fabrikats kennzeichnet, und nur durch einen gut durchkonstruierten langsamlaufenden Spezialmotor vollbracht werden kann, wie solche bei den Koebe-Motorspritzen ausschließlich zur Verwendung gelangen.

Die **Koebe-Hochdruck-Feuerlöschkreiselpumpe** ist auf Grund langjähriger Erfahrungen, unter Berücksichtigung von **Einfachheit, Uebersichtlichkeit und Betriebssicherheit nach den neuesten Errungenschaften der Technik konstruiert**, und wird speziell bei den Automobilspritzen **gänzlich aus Bronze** hergestellt; sie zeichnet sich insbesondere durch günstigen Wirkungsgrad und große Leistungsfähigkeit auch bei größeren Saugtiefen aus. Das Ansaugen erfolgt vermittelst einer ebenfalls **anzlich aus Bronze** hergestellten **2-zyl. Patent-Kolben-Luftpumpe,** welche in Kugellagern läuft, sich **selbsttätig schmiert** und sich auch **selbsttätig ein- und ausschaltet,** wodurch einerseits die Handhabung wesentlich vereinfacht, andererseits eine große Betriebssicherheit erreicht wird. Die Saugfähigkeit der Pumpe beträgt lt. Prüfungsprotokoll des R. D. F. bis zu 10,2 m und zwar unabhängig von der Tourenzahl. Da außerdem die Ansaugvorrichtung vollkommen in Oel läuft und wasserfrei bleibt, kann sie weder verschmutzen, sich abnutzen noch einfrieren.

Ort:	Empfänger:	Gegenstand:
Abo	Feuerwehr	1 Autospr. Aufbau
Adlershof	Militärbauamt	1 Autospritze
Alfeld	Magistrat	1 Motorspr., 4rädr.*
Almelo	J. ten Bos	2 Motorspr., 2rädr.*
Almelo	Export	4 Motorspr., 4rädr.* 11 Motorspr., 2rädr.*
Almelo	Rossmark	1 Autospritze *
Altdamm	Magistrat	1 Motorspr., 4rädr.
Altenburg	Stadt	1 Autospritze *
Altes Lager	Feuerwehr	1 ,, 2 Motorspr.. 4rädr.
Altstadt	Erholungsheim	1 Motorspr., 4rädr.*
Ammendorf	Papierfabrik	1 Motorspr., 4rädr.
Ammendorf	Waggonfabrik	1 Motorspr., 4rädr.
Amsterdam	Export	34 Motorspr., 2rädr.*
Anklam	Kreisausschuß	1 Motorspr., 2rädr.
Anklam	Pom. Landbd.	1 Autospritze *
Annen	Amt	1 ,, *
Apeldorn	Feuerwehr	1 Autospr. Aufbau
Apenrade	Seeflugstation	1 Motorspr., 4rädr.
A. O. K. III	Milit.-Verwaltg.	1 Motorspr., 4rädr.
A. O. K. V	Milit.-Verwaltg.	1 Aggregat
Asch	Milit.-Verwaltg.	1 Motorspr., 4rädr.
Aschersleben	Maschinenfabk.	1 Motorspr., 4rädr.
Athen	Stadtverwaltg.	1 Autospritze
Attendorn	Magistrat	1 Motorspr., 2rädr.*
Aumund	Gemeinde	1 Motorspr., 2rädr.*
Ausas	Gemeinde	1 Motorspr., 4rädr.*
Bad Kreuznach	Magistrat	1 Motorspr., 2rädr.*
Bad Schöningen	Feuerwehr	1 Motorspr., 4rädr.
Ballenstedt	Stadt	1 Motorspr., 2rädr.*
Bamberg	Feuerwehr	1 Autospr. Aufbau
Barge	Flugstation	1 Motorspr., 4rädr.
Barmstedt	Magistrat	1 Motorspr., 4rädr.
Batavia	Export	4 Motorspr., 2rädr.*
Bautzen	Magistrat	1 Autospritze *
Beelitz	Feuerwehr	1 ,, *
Beierfeld	Fw. Feuerwehr	1 Motorspr., 4rädr.
Belavan-Deli	Export	1 Motorspr., 2rädr.*
Belgard	Magistrat	1 Motorspr., 4rädr.
Belzig	Kreisausschuß	2 Autospritzen *
Berenbostel	Werksfeuerw.	1 Motorspr., 4rädr.*
Bergen a. Rüg.	Pom. Landbd.	1 Autospritze *
Bergen i. Norweg.	N. Sontum	1 Motorspr., 2rädr.*
Berlin	Elektrow. A.-G.	2 Motorspr., 4rädr.
Berlin	Ingen.-Komitee	2 Motorspr., 4rädr.
Berlin	Insp. Kraftfahrw.	2 Motorspr., 4rädr.
Berlin	Milit.-Bauamt 6	1 Motorspr., 4rädr.
Berlin	Kriegsamt	4 Motorspr., 4rädr.
Berlin	Kreis Teltow	1 Autospritze *
Berlin	Kulturamt	1 Motorspr., 2rädr.*
Berlin	Nordesta	1 Motorspr., 2rädr.
Berlin	Reichsbahndir.	1 Motorspr., 2rädr.*
Berlin	Reichsw.Minist.	3 Motorspr., 2rädr.*
Berlin	Transatlantik	1 Motorspr., 2rädr.*
Berlin	Reichsmarine-Amt	12 Motorspr., 4rädr.
Berlin	Wumba	3 Motorspr., 4rädr.
Berlin	Mitteldeutsche Stickstoffw.	1 Autospritze *
Bln.-Britz	Feuerwehr	1 Autospr. Aufbau
Bl.-Friedenau	Feuerwehr	1 Autospr. Aufbau
,, -Friedrichsf.	Feuerwehr	1 ,,
,, -Grunewld.	Feuerwehr	1 ,,

Die mit * versehenen Motorspritzen besitzen bereits die

Neueste Patent-Koebe-Feuerlöschpumpe!

Ort:	Empfänger:	Gegenstand:
Bl.-Grünau	Luftfahrtverein	1 Motorspr., 2rädr.*
„ -Johannisth.	Feuerwehr	1 Autospr. Aufbau
„ -Lichtenbg.	Feuerwehr	1 „
„ -Lichterf.	Feuerwehr	1 Autospritze
„ -Mariendf.	Feuerwehr	1 Autospr. Aufbau
„ -Marienf.	Feuerwehr	1 „
„ -Schönew.	Feuerwehr	1 Autospritze
„ -Nikolassee	Feuerwehr	1 Autospr. Aufbau
„ -Pankow	Feuerwehr	1 „
„ Schmargd.	Feuerwehr	1 „
„ -Tegel	Wasserwerke	1 Motorspr., 2rädr.
„ -Zehlendf.	Feuerwehr	1 Autospr. Aufbau
Bernstadt	Magistrat	1 Motorspr., 4rädr.*
Bialystock	Militärverwaltg.	1 Motorspr., 4rädr. 1 Autospritze
Bialystock	Cytron	1 Motorspr.. 2rädr.*
Biebrich	Kalle & Co.	1 Motorspr., 4rädr.
Biesen	Feuerwehr	1 Autospritze *
Biesenthal	Feuerwehr	1 Automannschw. 1 Motorspr., 2rädr.*
Bitterfeld	Salzbergwerk	1 Motorspr., 4rädr.
Björneburg	Feuerwehr	1 Autospritze
Bochum	Arnld. & Matthäi	1 Motorspr., 4rädr.
Boizenburg	Plattenfabrik	1 Motorspr., 2rädr.
Borkum	Marineverwalt.	1 Motorspr., 4rädr.
Borne	Gem.-Verwltg.	1 Motorspr., 2rädr.*
Bocholt	Stadt	1 Autolöschzug
Bocholt	Stadt	1 Motorspr. 2rädr.*
Borsigwerk	Borsigwerk	1 Autospritze *
Braunsberg	Magistrat	1 Motorspr.. 4rädr.*
Braunsberg	Kreis	1 Motorspr., 2rädr.*
Bredereiche	Märk. Pappenf.	1 Motorspr., 4rädr.
Bremen	Export	2 Motorspr., 2rädr.*
Bremervörde	Kreis	1 Autospritze *

Ort:	Empfänger:	Gegenstand:
Breslau	Linke-Hoffm.	2 Motorspr., 2rädr.
Briest	Hansa-Brand-flugz.	1 Motorspr., 4rädr.
Bromberg	Eisenb. Werkst.	1 Motorspr., 2rädr.
Brügge	Milit.-Verwaltg.	1 Motorspr., 4rädr.
Brüssel	Export	1 Autospr. Aufbau
Brüssow	Magistrat	1 Motorspr., 4rädr.*
Bug	Seeflugstation	1 Motorspr., 4rädr.
Bukarest	Export	1 Motorspr., 4rädr.* 2 Motorspr., 2rädr.
Burgdamm	Gemeinde	1 Motorspr., 2rädr.*
Cahnsdorf	Gemeinde	1 Motorspr., 4rädr.
Calbe	Feuerwehr	1 Motorspr., 2rädr.*
Calbe	Feuerwehr	1 Autolöschzug
Canton	Feuerwehr	2 Autospritzen
Cassel	Militärbauamt	1 Aggregat
Cassel	Berufsfeuerw.	6 Autospr. Aufbau
Cavelwisch	Werksfeuerw.	1 Aggregat
Celle	Feuerwehr	1 Motorspr., 4rädr.
Charlottenlund	Feuerwehr	1 Motorspr., 4rädr.
Cheribon	Export	1 Motorspr., 2rädr.*
Coblenz	Garnisonverw.	1 Motorspr., 4rädr.
Constanza	Feuerwehr	1 Motorspr., 4rädr.
Cöthen	Magistrat	1 Motorspr., 4rädr.
Cottbus	Kreisausschuß	1 Autospritze *
Crangen	Schloß	1 Motorspr., 4rädr.
Cröllwitz	Papierfabrik	1 Motorspr., 4rädr.
Cüstrin	Artilleriedepot	3 Motorspr., 4rädr.
Curslack	Gemeinde	1 Motorspr., 2rädr.
Cuxhaven	Militärfeuerw.	1 Motorspr., 4rädr.
Danzig	Artilleriedepot	1 Motorspr., 4rädr.
Dänischburg	Superphos-phatfabrik	1 Motorspr., 4rädr.
Dargun	Amt	4 Motorspr., 2rädr.*

Die mit * versehenen Motorspritzen besitzen bereits die

Neueste Patent-Koebe-Feuerlöschpumpe!

Ort:	Empfänger:	Gegenstand:
Denekamp	Gemeinde	1 Motorspr., 2rädr.*
Dessau	Bamag	1 Motosrpr., 4rädr.
Dessau	Feuerwehr	1 Autospr. Aufbau
Dessau	Junkersflugzeugw.	1 Motorspr., 2rädr.*
Dessau	Traindepot	1 Motorspr., 4rädr.
Dittersbach	Gemeinde	1 Motorspr., 2rädr.*
Dobrilugk	Feuerwehr	1 Motorspr., 4rädr.*
Döbern	Feuerwehr	1 Motorspr., 2rädr.*
Dramburg	Feuerwehr	1 Feuerlöschp.
Dresden	Gebr. Seck	2 Motorspr., 4rädr.
Dresden	Traindepot	1 Motorspr., 4rädr.
Düsseldorf	Berufsfeuerw.	3 Autospr. Aufbau
Eberswalde	Magistrat	1 Autospritze *
Eichriede	Fulguritwerke	1 Motorspr., 2rädr.*
Eiringhausen	Feuerwehr	1 Motorspr., 2rädr.*
Eisleben	Mansfelder Gewerksch.	1 Autospritze 1 Motorspr., 2rädr.*
Eisleben	Magistrat	1 Autospritze *
Elberfeld	Schliep. & Baum	1 Motorspr., 4rädr.
Elbing	F. Schichau	3 Motorspr., 4rädr. 2 Aggregate
Elsthal	Kolonie	1 Motorspr., 2rädr.*
Elverum	Feuerwehr	1 Autospr. Aufbau
Engelsdorf	Feuerwehr	1 Feuerlöschpumpe
Ering	Freiw. Feuerw.	1 Motorspr., 2rädr.*
Eslöv	Brandwesen	1 Autospritze
Eslohe	Feuerwehr	1 Motorspr., 2rädr.*
Essen	Fr. Krupp A.-G.	2 Autospr. Aufbau 2 Motorspr., 2rädr.* 1 Motorspr., 4rädr.*
Falkenhagen	Gemeinde	1 Motorspr., 4rädr.
Falkensee	Gemeinde	1 Autospritze
Fallingbostel	Feuerv.-Verein	1 Autospritze *
Finsterwalde	Freiw. Feuerw.	1 Motorspr., 4rädr.*
Finsterwalde	Freiw. Feuerw.	1 „ 2rädr.*
Fiskars	Bruk	2 „ 2rädr.*

Ort:	Empfänger:	Gegenstand:
Flensburg	Seeflugstation	1 Motorspr., 4rädr.
Florö	Kommune	1 „ 2rädr.*
Forst	Freiw. Feuerw.	1 Autospritze *
Frankfurt a. M.	Eisenb.-Direkt.	1 Motorspr., 4rädr.
Frankfurt a. O.	Artilleriedepot	1 „ 4rädr.
Franzburg	Magistrat	1 „ 4rädr.*
Fredrikshamm	Zündholzfabrik	1 „ 4rädr.*
Freienwalde	Kreisausschuß	2 Autolöschzüge *
Friedrichshag.	Albatroswerke	1 Motorspr., 4rädr.
Fürstenberg	Fw. Feuerwehr	1 Autospritze *
Fulda	Ueberlandw.	1 Motorspr., 2rädr.*
Gadebusch	Rat der Stadt	1 „ „ *
Gadenstedt	Gemeinde	1 „ „ *
Garz a. O.	Stadt	1 „ „ *
Gassen	Flöther	2 „ „ *
Genevad	Gemeinde	1 „ „ *
Genthin	Magistrat	1 Autospritze 1 Motorspr., 4rädr.*
Germersheim	Garnisonverw.	1 Autospritze
Glasgow	Export	1 Motorspr., 2rädr.*
Glauchau	Stadt	1 Autospr. Aufbau
Glienigk	Gutsverwltg.	1 Motorspr., 4rädr.
Gloggnitz	Werksfeuerw.	1 „ 4rädr.*
Gnoien	Gemeinde	1 „ 2rädr.*
Golpa	Elektrowerke	1 „ 4rädr.
Graudenz	Herzf. & Victor.	1 „ „
Graz	Export	4 Motorspr., 4rädr.* 8 „ 2rädr.*
Greifswald	Magistrat	1 Autospritze *
Greiz	Stadt	1 „
Greiz	Stadt	1 Motorspr. 2rädr.*
Groenlo	Gemeinde	1 „ 4rädr.*
Gröba	Heine & Co.	1 „ 2rädr.* 1 „ 4rädr.*
Gröditz	Eisenwerk	1 „ 4rädr.
Grohn-Veges.	Brem. Tauwerk	1 „ 4rädr.
Groß-Behnitz	Munitionsanst.	1 „ 4rädr.

Die mit * versehenen Motorspritzen besitzen bereits die

Neueste Patent-Koebe-Feuerlöschpumpe!

Ort:	Empfänger:	Gegenstand:
Groningen	Feuerwehr	1 Autospr. Aufbau
Gr. Hauptqut.	Westen	1 Autospritze
Guben	Kreis	2 Autospritzen *
Haag	Feuerwehr	2 Autospr. Aufbau
Halbau	Butz Masch.-F.	1 Motorspr., 2rädr.*
Halbe	Nahkampf.-D.	1 Aggregat
Halberstadt	Fr. Dehne	1 Motorspr., 4rädr.
Halle	Christoph-Fr.	1 Motorspr., 2rädr.*
Halle	Grube Elise II	1 Motorspr., 2rädr.
Halle	Werschen-W.	4 Motorspr., 2rädr.
Hamburg	Feuerwehr	2 Motorspr., 2rädr.
Hamburg	Blohm & Voß	1 Autospritze
Hamburg	Export (Div. Firmen)	46 Motorspr., 2rädr.* 2 Autospritzen
Hammermühle	Varz. Papierf.	1 Motorspr., 4rädr.*
Hammerstein	Heeresbauvtg.	1 Motorspr., 2rädr.*
Hannover	Hanomag	1 Motorspr., 2rädr.*
Hannover	Feuerwehr	1 Geräte Auto-Aufb.
Hannover	Reichsb.-Dir.	2 Motorspr., 2rädr.*
Hansdorf	Zeip. Dachstein	1 „ „
Harsefeld	Gemeinde	1 Autospritze *
Hart	Bayr. Kraftw.	1 „
Hasslarp	Gemeinde	1 Motorspr., 4rädr.
Heikendorf	Gemeinde	1 „ „
Heiligenhafen	Feuerwehr	1 „ „
Helsingfors	Export	32 Motorspr., 2rädr.* 4 Aggregate *
Helsingfors	Feuerwehr	2 Autospritzen * 2 Aggregate *
Helsingfors	Forststyrelsen	1 Motorspr., 2rädr.*
Hemmelmark	Hofmarsch.-A.	1 „ 4rädr.
Hengelo	Feuerwehr	1 „ 2rädr.*
Hennigsdorf	A. E. G.	2 „ 4rädr. 1 Autospritze
Hettstedt	Werksfeuerw.	1 Motorspr., 2rädr.
Hildesheim	Zuckerraffinerie	1 „ 4rädr.

Ort:	Empfänger:	Gegenstand:
Hindenburg	Adolf Deichsel	1 Motorspr., 2rädr.*
Hirschberg	Lederfabr. AG.	1 „ 4rädr.
Hohenmölsen	Stadt	1 „ 2rädr.*
Höör	Feuerwehr	1 „ 4rädr.
Hokopinge	Gemeinde	1 „ 2rädr.
Holtenau	Seeflugstation	1 „ 4rädr.
Hongkong	Export	7 „ 2rädr.
Ibbenbüren	Berginspektion	1 Motorspr., 2rädr.
Imatra	Tornator	1 Motorspr., 2rädr.*
Innsbruck	Export	1 „ „
Insterburg	Kreis	1 Autospritze *
Jädickendorf	Eisenb.-B.-Amt	1 Motorspr., 2rädr.*
Jonava	Feuerwehr	1 Motorspr., 4rädr.*
Jarmen	Zuckerfabrik	1 Motorspr., 2rädr.*
Jatznik	Gemeinde	1 Motorspr., 2rädr.*
Jelowka	Militärverwaltg.	1 Motorspr., 4rädr.
Jena	Zeißwerke	1 Autospr. Aufbau
Jever	Magistrat	1 Motorspr., 4rädr.
Jordenstorf	Gemeinde	1 Motorspr., 4rädr.
Johannisthal	Albatros-Ges.	1 Motorspr., 2rädr.*
Johannisthal	Luftverk.-Ges.	1 Motorspr., 4rädr.
Joinville	Feuerwehr	1 Motorspr., 4rädr.*
Jordberga	Feuerwehr	1 Motorspr., 4rädr.*
Jüterbog	Garn.-Feuerw.	1 Autospritze 3 Motorspr., 4rädr.
Jüterbog	Kreis	1 Autospritze *
Käflinge	Feuerwehr	1 Motorspr., 4rädr.
Kahla	Feuerlöschvbd.	1 Autospritze *
Kattowitz	Magistrat	1 Autospritze *
Kaukas	Fabrik-Feuerw.	1 Motorspr., 2rädr.*
Kiel	Garn.-M.-Bau	1 Motorspr., 4rädr.
Kiel	Reichswerft	1 Motorspr., 4rädr.
Kirchhain	Fr. Feuerwehr	1 Motorspr., 4rädr.* 1 Motorspr., 2rädr.*

Die mit * versehenen Motorspritzen besitzen bereits die

Neueste Patent-Koebe-Feuerlöschpumpe!

Ort:	Empfänger:	Gegenstand:
Kirchwärder	Gemeinde	1 Motorspr., 2rädr.*
Kitzbühel	Gemeinde	1 „ 4rädr.*
Kitzingen	Flieg.Schießsch.	1 „ „
Klausheide	Gutsverwaltg.	1 „ „
Kobe	Export	6 „ 4rädr.
Kolberg	Heeresbauvtg.	1 „ 2rädr.*
Köflach	Feuerwehr	1 „ 4rädr.*
Königsberg	Artilleriedepot	2 „ „
Königsberg	Eisenb.-B.-Amt	1 „ 2rädr.*
Königszelt	Gem.-Vorst.	1 „ 4rädr.
Königstein	Hugo Hoesch	1 „ 2rädr.*
Köpingebro	Sv. Sockerfabr.	1 „ 4rädr.*
Körbisdorf	Zuckerfabrik	1 „ 2rädr.*
Koningin	N. N. Wolwev.	1 „ „
Kopenhagen	Export	3 „ 4rädr.
Kowno	Eisenb.-Direkt.	5 „ 2rädr.*
Kowno	Feuerwehr	1 Autospritze *
Kowno	Milit.-Verwaltg.	1 Motorspr., 4rädr.
Kowno	Stadtverwaltg.	1 Autospritze
Krappitz	Papierfabrik	1 Motorspr., 4rädr.*
Kreuznach	Stadt	1 „ 2rädr.*
Kristiania	Feuerwehr	2 Autofahrz. Aufb.
Krummendeich	Gemeinde	1 Motorspr., 4rädr.*
Kunersdorf	Munitionsanst.	1 „ „
Kuopio	Feuerwehr	1 Autospritze *
Kyritz	Kreis	1 „ *
Labiau	Kreis	2 Motorspr., 2rädr.*
Landeshut	I. Rinkel	1 Motorspr., 4rädr.
Landsberg	Magistrat	1 „ „
Landskrona	Frw. Feuerwehr	1 „ „
Langenbielau	Frw. Feuerwehr	2 „ „
Langengrassau	Gemeinde	1 „ 2rädr.
Lauchhammer	Lauchh.-Werke	2 „ 4rädr.
Lautaberg	Stockelbusch	1 „ 2rädr.*
Leipzig-Crott.	Karl Krause	1 „ 4rädr.
Leipz.-Schönef.	Berger & Wirth	1 „ „

Ort:	Empfänger:	Gegenstand:
Leipzig	Feuerwehr	3 Autospritzen *
Leipzig	Feuerwehr	1 Auto-Transportwagen 1 Autoleiter
Leipzig	Leipz. Wollk.	1 Motorspr., 2rädr.*
Lensahn	Großh.Bauinsp.	2 „ „ *
Leskelae	Bruk	1 „ „ *
Liegnitz	Feuerwehr	1 Autospr. Aufbau
Lieksa	Feuerwehr	1 Motorspr., 2rädr.*
Lindau a. B.	Frw. Feuerwehr	1 „ 4rädr.*
Loburg	Zweckverband	1 Autospritze *
Lovisa	Feuerwehr	1 Motorspr., 2rädr.*
Lovisa	Eisenb.-Verw.	1 Aggregat *
Losser	Gemeinde	1 Motorspr., 2rädr.*
Löhnhorst	Gemeinde	1 „ „ *
Lötzen	Artilleriedepot	1 „ 4rädr.
Luckenwalde	Magistrat	2 Autospritzen *
Luckenwalde	Niendorf	1 station. Aggregat
Ludwigshafen	Feuerwehr	1 Autospr. Aufbau
Ludza	Feuerwehr	1 Motorspr., 2rädr.*
Lübeck	Feuerwehr	2 Autospritzen
Lübz	Motorspr.-Vbd.	1 „ *
Lützkendorf	Grube Cecilie	1 Motorspr., 2rädr.*
Maastrich	Feuerwehr	1 Autospr. Aufbau
Madlow	Gemeinde	1 Motorspr., 4rädr.
Malchow	Gemeinde	1 „ „ *
Malmö	Export	19 „ 4rädr.* 8 „ 2rädr.*
Margaretenhütte	Schomburg Söhne	1 „ 2rädr.
Markelo	Gemeinde	1 „ 2rädr.*
Mehlsack	Gemeinde	1 „ „ *
Mehlauken	Kreisverwaltg.	1 „ „ *
Meiningen	Magistrat	1 Autospritze
Melle	Feuerwehr	1 „ *
Memel	Feuerwehr	1 Autospr. Aufbau
Memel	Eisenb.-Werkst.	1 Motorspr., 2rädr.*

Die mit * versehenen Motorspritzen besitzen bereits die

Neueste Patent-Koebe-Feuerlöschpumpe!

Ort:	Empfänger:	Gegenstand:
Meppen	Feuerwehr	1 Motorspr., 2rädr.
Messingwerk	Hirsch. Kupferw.	
Messkirch	Gemeinde	1 Motorspr., 2rädr.*
Meuselwitz	Paul Kahle	1 Motorspr., 4rädr.
Michowitz	Spritzenverbd.	1 Motorspr., 2rädr.*
Mikultschütz	Gemeinde	1 Autospritze *
Millygrube	Brikettindustrie	1 Motorspr., 4rädr.
Mohrungen	Magistrat	1 „ „ *
Mühlhausen	Magistrat	1 „ „
Mühlheim	S. G. Kaufmann	1 „ „
Münchberg	Aktien-Färberei	1 „ „
München	Bühler & Co.	2 Motorspr., 2rädr.*
Münster	Magistrat	2 „ „ *
Münster	Feuerwehr	1 Motorspr., 4rädr.
Nauen	Landratsamt	1 Autospritze *
Nest	Seeflugstation	1 Motorspr., 4rädr.
Neuhaus a. O.	Gemeinde	1 Motorspr., 2rädr.*
Neukahlen	Gemeinde	1 „ *
Neukloster	Gameinde	1 „ *
Neumühlen	Munitionsanst.	1 „ „
Neumünster	Stadt	1 Autospr. Aufbau
Neustadt	Magistrat	1 Motorspr., 4rädr.
Neustadt	Papierfabrik	1 „ „
Neustrelitz	Magistrat	1 „ „
Neuwied	Hermannshütte	1 „ „
Neuzetsch	Grube	1 Motorspr., 2rädr.
Nied	Eisenb.-Werkst.	1 Motorspr., 4rädr.
Nieder-Jeutz	Eisenb.-Werkst.	1 „ 4rädr.
Niederschönw.	Feuerwehr	1 Autospritze
Nienburg a. S.	Stadt	1 Motorspr., 2rädr.*
Niesky	Christ. & Unmack	1 „ 4rädr.
Norderney	Mar.-Art.-Dep.	1 „ 2rädr.
Nordhausen	Magistrat	1 Automannschw.
Nortorf	Gemeinde	1 Motorspr., 2rädr.*
Nowawes	Gemeindevstd.	1 Autospritze *
Nowojelnia	Milit.-Verwaltg.	1 Motorspr., 4rädr.
Odermünde	Papierfabrik	1 Motorspr., 4rädr.; 1 Aggregat
Oedesse	Gemeinde	1 Motorspr., 2rädr.*
Ohlau	Stadtverwaltg.	1 Autospritze
Oldenburg	Stadtverwaltg.	1 Autospr. Aufbau

Ort:	Empfänger:	Gegenstand:
Oranienburg	Magistrat	1 Autospritze *
Ortofta	Gem.-Verwltg.	1 Motorspr., 2rädr.*
Osorno	Feuerwehr	1 Autospritze *
Oslo	Feuerwehr	2 Autospr. Aufbau
Oslo	Export	4 Motorspr., 4rädr.; 6 Motorspr., 2rädr.
Paderborn	Magistrat	1 Autospritze *
Pargas	Feuerwehr	1 Motorspr., 2rädr.*
Pasenow	Gemeinde	1 „ „ *
Pasewalk	Stadt	1 „ „ *
Pasing	Stadtbauamt	1 Autospritze *
Pasvolis	Feuerwehr	1 Motorspr., 2rädr.*
Penkun	Stadt	1 „ „ *
Pernau	Stadtverwaltg.	1 Autospritze *
Pillau	Mar.-Art.-Dep.	1 Motorspr., 4rädr.
Piraeus	Hafenverwaltg.	1 Autospritze
Pirna	Magistrat	1 „
Plau i. Meckl.	Magistrat	1 Motorspr., 4rädr.
Plauen i. Vgtl.	Maschinenfabr.	1 „ „
Plessa	Braunk.-Werke	1 „ „
Plettenberg	Feuerwehr	1 „ 2rädr.*
Pöls	Pols. Papierfbr.	1 „ 4rädr.
Polzin	Magistrat	1 „ „
Poniewisch	Feuerwehr	1 „ „
Posen	Militärverwaltg.	1 „ „
Potsdam	Feuerwehr	1 Autospritze *
Prenzlau	Feuerwehr	3 Autospritzen *
Pritzwalk	Firma Quandt	1 Motorspr., 4rädr.
Pritzwalk	Feuerwehr	1 Autospritze *
Prühlitz	I. H. Stürmer	1 Motorspr.. 4rädr.*
Putzig	Seeflugstation	1 „ „
Puschkowa	Zuckerfabrik	1 „ 2rädr.
Quedlinburg	Magistrat	1 „ 4rädr.
Raa	Feuerwehr	1 „ „
Radebeul	Chem.-Fabrik	1 „ „
Radvilischki	Eisenb.-Werkst.	1 „ 2rädr.*
Raguhn	Magistrat	1 „ 4rädr.*
Rangoon	Export	1 „ 2rädr.*
Raseiniai	Stadtverwaltg.	1 „ 4rädr.*
Rauschen	Gemeinde	1 „ 2rädr.*
Rauschwitz	Interessengem.	1 „ „
Regensburg	Feuerwehr	1 Autospr. Aufbau

Die mit * versehenen Motorspritzen besitzen bereits die

Neueste Patent-Koebe-Feuerlöschpumpe!

Ort:	Empfänger:	Gegenstand:
Rehmsdorf	Chem.-Fabrik	1 Motorspr., 2rädr.
Reinfeld	Magistrat	1 „ 4rädr.
Rendsburg	Stadt	1 Autospritze
Reval	Feuerwehr	2 „ *
Reval	Export	2 Motorspr., 4rädr.* 1 „ 2rädr.*
Röbel	Amt	2 „ 2rädr.*
Rostock	Feuerwehr	2 Autospr. Aufbau
Rostanga	Gemeindeverwaltung	1 Motorspr., 2rädr.*
Roma	Gemeindeverwaltung	1 „ „
Ronsdorf	Freiw. Feuerw.	1 „ 4rädr.
Rotenburg	Gemeinde	1 „ 2rädr.*
Rummelsburg	Magistrat	1 „ „
Ryd	Gemeindeverwaltung	1 „ „ *
Saalfeld	Mauxion	1 stat. Aggregat 1 Motorspr., 2rädr.
San Sebastian	Export	1 Autospritze
Sao Francisco do Sul	Export	1 Motorspr., 4rädr.* 1 „ 2rädr.
Schaulen	Eisenb.-Werkst.	1 „ „
Scheessel	Gemeinde	1 „ „ *
Scheuen	Flugstation	1 „ 4rädr.
Schierke	Magistrat	1 „ 2rädr.*
Schlawe	Magistrat	1 „ „ *
Schleswig	Feuerwehr	1 Autospritze
Schmalkalden	Kreis	1 Motorspr., 2rädr.*
Schmiedeberg	Eisenwerk	1 „ 4rädr.
Schmölln	Freiw. Feuerw.	1 „ „
Schneidemühl	Eisenb. Werkst.	1 „ „
Schönbeck	Gemeinde	1 „ 2rädr.*
Schönberg i. M.	Freiw. Feuerw.	1 „ „ *
Schwanowitz	Feuerwehr-Zweckverb.	1 „ „ *
Schwenningen	Feuerwehr	1 Autospr. Aufbau
Schwerin	Focker-Werke	1 Motorspr., 4rädr.
Schwerin	Artilleriedepot	1 Autospritze
Schwerin	Feuerwehr	1 „ Aufbau

Ort:	Empfänger:	Gegenstand:
Schwinge	Gemeinde	1 Motorspr., 4rädr.*
Seelow	Zweckverband	1 Autospritze *
Sebaldsbrück	Eisenb.-Ausb.	2 Motorspr., 2rädr.*
Semarang	Export	6 „ 2rädr.*
Senftenberg	Niederl. Bergb.	2 „ 4rädr.
Shanghai	Export	8 „ 2rädr.*
Siemensstadt	Siem.-Schuck.	1 „ 4rädr.
Siems	Brückenb. A.-G.	1 „ 2rädr.
Simrishamm	Gemeinde	1 „ 4rädr.*
Soerabaya	Export	3 „ 2rädr.*
Sonderburg	Reichsmarine	1 „ 4rädr.
Spandau	Garnison-Feuerwehr	1 Autospritze
Spandau	Pulverfabrik	1 Aggregat
Spandau	Artilleriedepot	3 Motorspr., 4rädr.
Spandau	Lehrkompapnie	1 „ „
Speyer	Pfalz-Flugzgw.	1 „ „
Sporbitz	Seckwerke	1 „ „
Spremberg	Kreis	1 Autospritze *
Spremberg	Magistrat	1 Motorspr., 4rädr.
Spremberg	Grube Brigitta	1 „ „
Sprottau	Artilleriedepot	1 „ „
Süptitz	Munitionsanst.	1 „ „
Svedala	Feuerwehr	1 „ „
Swinemünde	Artilleriedepot	1 „ „
Sylt	Reichswehrmin.	1 „ 2rädr.*
Staaken	Zeppelinwerft	1 „ 4rädr.
Stade	Magistrat	1 Autospritze *
St. Andreasbg.	Feuerwehr	1 Motorspr., 2rädr.*
Stargard	Magistrat	1 Autospritze *
Stargard i. M.	Landratsamt	2 Motorspr., 2rädr.*
Stendal	Magistrat	1 „ „
Sternberg i. M.	Stadt	1 „ „
Stettin	Papier- u. Zellstoffw.	1 „ 4rädr.
Stettin	Kreis Randow	2 „ 2rädr.*
Stockholm	Sockerfabriken	9 Motorspr., 4rädr.*
Stockholm	Export	4 „ 2rädr.
Stolpmünde	Freiw. Feuerw.	1 „ „
Stralsund	Feuerwehr	1 Autospritze

Ort:	Empfänger:		Gegenstand:
Stralsund	Pom. Landbd.	1	Autospritze *
Strelitz-Alt	Amt	1	„ *
Ströbitz	Feuerwehr	1	„ *
Tallin	Stadtverwaltg.	2	Autospritzen *
Tegal	Export	1	Motorspr., 2rädr.*
Telok-Niboeug	Export	1	Aggregat *
Telchi	Stadtverwaltg.	1	Motorspr., 4rädr.*
Tempelburg	Magistrat	1	„ „ *
Thorn	Artilleriedepot	2	„ 2rädr.
		2	„ 4rädr.
Tientsin	Export	5	„ 2rädr.
Tönning	Magistrat	1	„ 4rädr.
Tokio	Export	18	„ 2rädr.*
Torgau	Magistrat	1	„ 4rädr.
Trebbichau	Kriegshadern A.-G.	1	„ „
Trebnitz	Magistrat	1	„ „
Trebsen	Papierfabrik	1	„ 2rädr.*
Trelleborg	Stadtverwaltg.	1	Autospritze
Trenthorst	Rittergut	1	Motorspr., 4rädr.
Triebel	Magistrat	1	„ 2rädr.*
Trostberg	Bayer. Stickstoffw.	1	„ „
Travemünde	Yachthafen	1	station. Motorsp.*
Uleaborg	Werksfeuerw.	1	Motorspr., 4rädr.
Valparaiso	Feuerwehr	2	Autospritzen
Venlo	Stadtverwaltg.	1	„ *
Verchen	Gemeinde	1	Motorspr., 2rädr.*
Vexiö	Export	1	Autospritze
Versmold	Stadt	1	Motorspr., 2rädr.*
Viborg	Feuerwehr	1	„ 4rädr.
Viken	Gemeinde	1	„ „
Vreden	Gemeinde	1	„ 2rädr.*
Waldenburg	Feuerwehr	1	Autospritze
Wandsbek	Feuerwehr	1	Autospr. Aufbau
Wanzleben	Chlorkal.-Fabr.	1	Motorspr., 4rädr.
Waren	Luftfahr-Verein	1	„ 4rädr.*
Warin	Rat der Stadt	1	„ 2rädr.*
Warnemünde	Seeflugstation	2	„ 4rädr.

Ort:	Empfänger:		Gegenstand:
Warschau	Militärverwaltg.	1	Motorspr., 4rädr.
Warstade	Gemeinde	1	„ 2rädr.*
Wedel	Brandschutzamt	1	„ 4rädr.
Weißenstein	Chem. Fabrik	1	„ „
Wellingsbüttel	Gemeinde	1	„ 2rädr.*
Wennebostel	Gemeinde	1	„ „ *
Wermelskirch.	Freiw. Feuerw.	1	„ 4rädr.
Wesel	Materialiendep.	1	„ „
Wiek	Seeflugstation	1	„ „
Wierden	Gemeinde	1	„ „
Wiesbaden	Feuerwehr	1	Autospr. Aufbau
Wildau	Freiw. Feuerw.	1	Motorspr., 4rädr.
Wilhelmshav.	Reichswerft	4	„ „
Wilhelmshav.	Mar.-Msch.-Bauamt	1	„ „
Wilmanstrand	Fabrikfeuerw.	2	„ 2rädr.*
Windau	Milit.-Verwaltg.	1	„ 4rädr.
Winsen a. L.	Freiw. Feuerw.	1	Autospritze
Wittenberge	Magistrat	1	„ *
Wittenburg	Magistrat	1	Motorspr., 4rädr.*
Wittenburg	Löschverband	1	Autospritze *
Wittstock	Friedrich-Paul	1	Motorspr., 4rädr.
Wittstock	Feuerwehr	1	Autospritze *
Wloclawek	Stadtverwaltg.	1	„ 2rädr.*
Wriezen	Feuerwehr	1	Automannschw.
		1	Motorspr., 2rädr.*
Wrohm	Freiw. Feuerw.	1	„ 4rädr.*
Wurzen	Krietschmühle	1	„ „ *
Wusterhusen	Gemeinde	1	„ „ *
Wychen	Gemeinde	1	„ „ *
Yokohama	Export	8	Motorspr., 2rädr.*
Zarrentin	Spritzenverbd.	2	Motorspr., 2rädr.*
Zeitz	Arbeitgeber-Verb.	1	„ 4rädr.
Zeitz	Naether	1	„ 2rädr.*
Zittau	Feuerwehr	1	Autospr. Aufbau
Zottwitz	Freiw. Feuerw.	1	Motorspr., 4rädr.*
Zossen	Trupp.-Übgspl.	1	„ „
Zossen	Feuerwehr	1	Autospritze *
Zschornewitz	Kraftwerk	1	Motorspr., 4rädr.

Koebe-Automobilspritze mit seitlichen Sitzen, Modell »Zehlendorf«
Leistung 1000–1500 Liter i. d. Min.

Koebe-Automobil-Spritze

Modell „Greiz“, mit Koebe-Pumpe, Leistung 1250 L. i. d. Min., Chassis 2½ to, Motorstärke 45 PS. Das Fahrzeug besitzt geschlossenen Führersitz sowie Innensitze für 6 Personen.

(aus dem Werksfilm 1929)

(aus dem Werksfilm 1929)

(aus dem Werksfilm 1929)

(aus dem Werksfilm 1929)

Bis ca. 1930 wurden Löschfahrzeuge überwiegend vollgummibereift gebaut. Bei der damaligen Ballonreifentechnik erschien diese Ausführung für die Einsatzbereitschaft und Betriebssicherheit vorteilhafter.

Nutzung des Heckbereiches für geschützt untergebrachte Gerätschaften.

Entwicklung der Feuerwehrgerätefabrik Hermann Koebe 1929 – 1945

7.

Erstaunlich, in welche Länder damals geliefert wurde: Südwestafrika, China, Japan, Indonesien, Rußland, England, Belgien, Spanien, Schweden Marokko, Griechenland, Schweiz, Türkei, Serbien, Rumänien, Österreich, Ägypten. Viele Patente und Gebrauchsmuster nannte die Firma ihr eigen und brachten Impulse für die Löschfahrzeugproduktion, die in großem Stil in den 30er Jahren unter Verwendung aller maßgeblichen Fahrgestellfabrikate anlief.

Der Februar 1929 mit Temperaturen von -30°C veranlaßte Oberbranddirektor Gempp von der Berliner Feuerwehr, Hermann Koebe den Auftrag zur Entwicklung eines Löschfahrzeuges mit geschlossenem Aufbau zu erteilen. Das erste Fahrzeug dieser Bauweise wurde im Juli 1930 auf der Feuerwache Berlin – Zehlendorf in Dienst genommen. 1931 wurden weitere vier Fahrzeuge mit geschlossenem Aufbau der Berliner Feuerwehr übergeben. Es gelang Hermann Koebe immer wieder, trotz der schwierigen Zeiten der Weltwirtschaftskrise, mit großer Energie die Werke vollbeschäftigt zu halten.

1933 schlossen sich auf Weisung der Regierung die deutschen Feuerwehrgerätehersteller zusammen und gründeten am 4. Oktober die „Arbeitsgemeinschaft der Deutschen Feuerwehrgeräte-Industrie".

KOEBE produzierte Fahrzeuge für universelle Aufgaben mit Vorbaupumpe und Ansaugvorrichtung „Kapselschieberpumpe im Saugstutzen DRP" sowie Ganzstahlleitern bis 25 m Steighöhe auf automobilen Fahrgestellen.

Auch große Heckpumpen mit Leistungen bis zu 3000 l/min bei 8 bar wurden in eigenen Betrieben hergestellt und eingebaut.

Großserien der KOEBE-Tragkraftspritze „Triumph" rundeten das Erzeugnisprogramm aus Luckenwalde ab. Immer neue Erfahrungen aus der praktischen Brandbekämpfung flossen in die Produkte ein.

Zu dieser Zeit begannen die ersten Entwicklungen und Versuche, den Volkswagen-Motor in KOEBE-Tragkraftspritzen einzubauen. Prototypen wurden erstellt. Die Serienfertigung unterblieb jedoch, weil nach Ausbruch des Krieges keine VW-Motoren mehr für Feuerlöschzwecke zur Verfügung standen.

Auf der „Internationalen Automobil-Ausstellung" im Jahr 1939 in Berlin stellte KOEBE seine Tankspritze vor, bei der der Löschbetrieb während der Fahrt möglich war. Das Fahrzeug hatte einen Tankinhalt von 4000 Liter und Schaumbildner sowie hochgelegenes Podest für die Bedienungsmannschaft. Damit war ein Fahrzeug geschaffen, daß das Umfahren des Brandobjektes, z. B. bei Flugzeugunfällen, möglich machte.

Ing. Willy Koebe, Bruder von Branddirektor Hermann Koebe, gab viele technische Impulse und beeinflußte mit vielen Patenten fast 20 Jahre den Erfolg des Unternehmens wesentlich, u. a.:

- Fallhaken für Schiebeleitern
- 2-cyl.-Handpumpe als Ansaugvorrichtung für Kreiselpumpen
- Auspuffbeheizung für Kreiselpumpen
- Automatische Schaltvorrichtung für Entlüftungspumpen
- 2-cyl.-Kolbenlüftungspumpe mit verschiebbaren Kolben als Druckventil, zugleich Steuerung des Einlasses
- Automatische Belüftung der Druckschaltung
- Schauglaseinrichtung mit Schwimmkugelventil
- Kreiselpumpe mit Heizmantel und herausziehbaren Lauf- und Leiträdern für 2000 l/min
- In Kühlwasserbehälter eingebaute 2-stufige Kreiselpumpe
- Saugstutzen mit eingebauter und herausziehbarer Kapselschieber-Entlüftungspumpe
- Wasserstrahlentlüftungsvorrichtung
- Drehkranz für Tragkraftspritzen zur Drehung um 90 Grad

Ende der 30er Jahre schied Willy Koebe aus dem Unternehmen aus. Ing. Hermann Koebe III., geb. 7. April 1914, trat 1939 in den technischen Bereich der Firma ein.

Im zweiten Weltkrieg war das Löschfahrzeug KS 25 nach DIN FEN 520 mit Feuerlöschkreiselpumpe 2500 l/min bei 8 bar und 11 Mann Besatzung das Standardfahrzeug des Unternehmens.

Haus KOEBE, Luckenwalde, Schützenstraße 8.
Hier traf Hermann Koebe mit den Feuerwehrführern aus allen deutschen Landen und aus fernstem Ausland zusammen.

Besuch von
Reichspräsident von Hindenburg
(in der Mitte Hermann Koebe I.)

Mit großer Präzision hergestellte Original-Nachbildungen begeisterten vor allem die Jüngsten. (3. von rechts Günter Koebe) Für einige von ihnen wurde aus dem Spiel später der mit Engagement ausgeübte Beruf im Feuerwehrwesen.

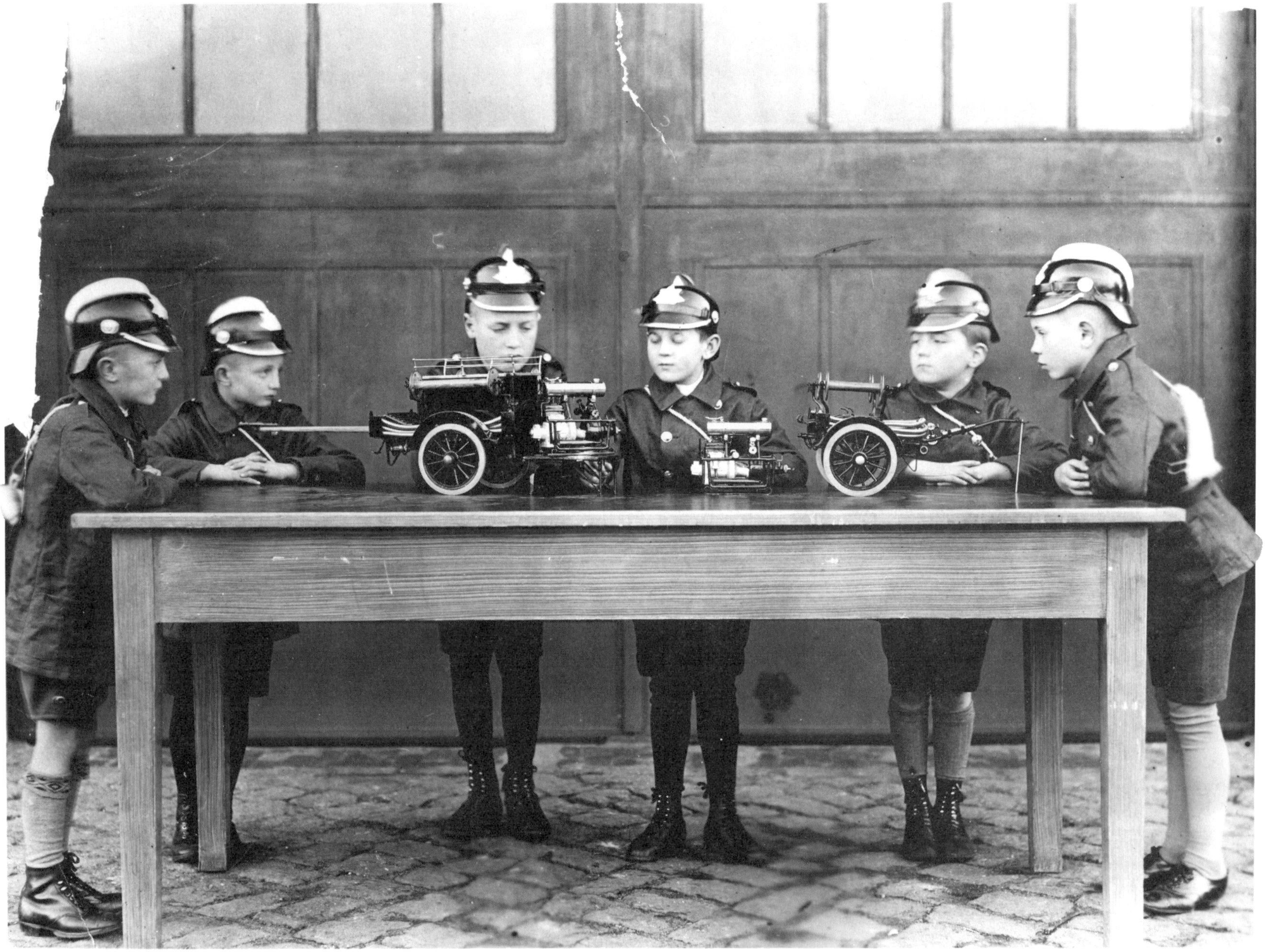

Motorspritzen von Koebe

Eine der ersten KOEBE-Motorspritzen
(Lafettenspritzen)
Baujahr 1922, Leistung 500 l/min, von Hand zu
bedienende Kolbenentlüftungspumpe

8.

Zweirädrige Lafetten-Motorspritze

Die zweirädrige Lafetten-(Anhänger)-Motorspritzen werden mit langsam laufenden 4- und 6-zylindrigen **Spezialmotoren** neuester Konstruktion ausgestattet. Je nach Stärke des Motors wird eine Pumpenleistung von 800—2000 l/min erreicht. Das Fahrgestell besitzt Stahlachse mit Kugellagern, kräftige Eschenholzräder, hochelastische Gummibereifung und breit gewölbte Kotflügel. Die kräftig bemessene Federung bürgt für elastisches Fahren.

Die **Koebe-Hochdruck-Feuerlöschpumpe** (D.R.P.) ist mehrstufig, vollständig aus Bronze und besitzt Heiz- und Kühlmantel. Die Innenteile lassen sich zwecks Nachprüfung oder Reinigung leicht herausnehmen, wobei der Pumpenkörper im Fahrgestell verbleibt. Als **Ansaugvorrichtung** dient eine zweizylindrige Kolbenpumpe (D.R.P.), die ein **vollkommen trockenes Ansaugen** gestattet, wasserfrei bleibt und daher **weder einfrieren noch verschmutzen** kann. Sie läuft in Öl, schmiert sich selbsttätig und schaltet sich außerdem **vollkommen** automatisch aus und ein, wodurch die Bedienung außerordentlich vereinfacht wird.

Besonderer Wert ist auf die Ausgestaltung des Kühlsystems gelegt, welches ein stundenlanges ununterbrochenes Arbeiten der Motorspritze bei gleichmäßiger Temperatur des Kühlwassers ermöglicht.
Auf den seitlichen Standbrücken lassen sich Strahlrohre, Verteiler usw. auf den seitlichen Schlauchhaspeln ca. 200 m Schläuche unterbringen. Zum Anhängen an Kraftwagen findet eine federnde Stahldeichsel Verwendung. Auf Wunsch wird das Gerät mit kräftiger Innenbackenbremse versehen.

Modell „ALTENBURG“, Lafetten-Motorspritze neueste Bauart

Leistungen und Größen der Lafettenspritzen

Größe	I	II	III	IV	V
Leistung ca. Ltr./Min.	**800**	**1000**	**1200**	**1500**	**2000**
Motor zyl.	4	4—6	6	6	6—8
Motor PS	28	40—45	48	60	80
Gesamtförderhöhe m	80	80	80	80	80
Wassermenge bei freiem Auslauf ca. Ltr./Min.	1200	1500	1800	2200	3000
Strahlweite ca. m	42—47	45—50	50—55	55—60	60—65
Erreichbare Strahlhöhe ca. m	30—33	32—35	35—38	38—40	40—42
Saugschlauchweite mm	80	100	110	115	125
Anzahl der Druckstutzen	2	2	2	2—4	4
Gewicht ca. kg	900	1000	1200	1600	1750
Kubikinhalt m^3	5,2	5,2	5,2	6,0	6,0

Die Spritzen werden auf Wunsch auch mit elektr. Licht- und Anlasseranlage und Innenbackenbremse ausgestattet.

Koebe-Lafettenmotorspritzen

mit automatischer Ansaugvorrichtung, D. R. P.

Lafettenspritzen werden mit Leistungen 1000/1200 Ltr. bei 70/80 Mtr. Förderhöhe gebaut.
Mit Vier- und Sechszylindermotoren.
Ausführung mit Luft- und Elastik-Bereifung.

Die Technik der Motoren

Vergaserseite

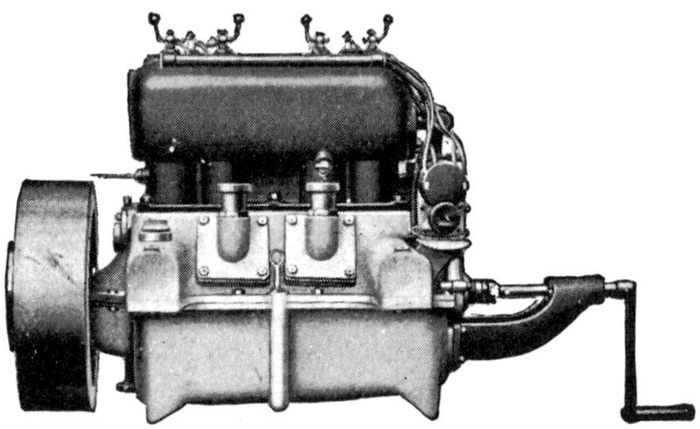

Magnetseite

Ansicht der Motoren
der 500—800 Liter Motorspritzen.

Mit Rücksicht darauf, daß der Feuerlöschbetrieb außerordentlich große Anforderungen an den Motor stellt, weil die Pumpe bei einem Brande meist viele Stunden hintereinander unter vollem Druck ihre Maximal-Leistung hergeben muß, ist es notwendig, den Motor für diesen Zweck zu konstruieren, damit der Motor durch diese Inanspruchnahme keinen Schaden erleidet. Die Firma Koebe verwendet daher grundsätzlich keine gewöhnlichen schnellaufenden Personenwagen-Motoren, welche nur für eine durchschnittliche Belastung von 50 % gebaut sind, sondern **langsamlaufende Spezial-Motoren**, die ebenfalls im Viertakt arbeiten, bei denen jedoch die Lagerung und Schmierung sowie Wärmeabführung zweckentsprechend durchgebildet sind.

Das **Kurbelgehäuse** ist aus **Aluminium** gefertigt, die **Kurbelwelle aus hochwertigem Chromnickelstahl**, welche in **weit dimensionierten Lagern läuft. Das Kurbelgehäuse** ist zwecks bequemer Zugänglichkeit, **mit Schaudeckeln ausgerüstet**, welche zugleich die Entlüftungsstutzen zur Abführung der Wärme tragen. Die **Ventile** liegen sämtlich **auf einer Seite**, sind von gleicher Größe und daher **leicht auswechselbar**, sie sind durch einen **Schutzdeckel** gegen Verschmutzen geschützt.

Die **Andrehkurbel** ist am Motor montiert und rückt sich selbsttätig aus. Um einen gleichmäßigen Lauf des Motors zu erzielen, ist dieser auch mit einem Schwungrad ausgerüstet.

Als **Vergaser** kommen die bewährten Marken Zenith oder Pallas zur Anwendung, welche einen sparsamen Brennstoffverbrauch gewährleisten und bequem zugänglich sind. Der Brennstoff fließt unter natürlichem Gefälle aus dem hochgelagerten, aus Messingblech gefertigten und mit Vorrichtung zum explosionssicheren Einfüllen versehenen Brennstoffbehälter zu. Durch einen **Benzinfilter** wird der Vergaser vor Unreinigkeiten geschützt. Der Brennstoffverbrauch richtet sich nach der jeweiligen Belastung bezw. Wasserlieferung und beträgt etwa 0,3 kg pro PS-Stunde.

Die **Zündung** erfolgt durch einen **Hochspannungs-Magnetapparat** mit Verteiler, welcher mit den Zündkerzen durch Kabel in Verbindung steht. Durch die **automatische Zündmomentregulierung** fällt die besondere Bedienung des Magneten fort. Um ferner ein **leichtes Anspringen auch bei kalter Witterung** zu erreichen, ist eine Spezial-Einrichtnng vorgesehen, welche auch bei langsamen Andrehen einen starken Zündfunken erzeugt, was besonders im Winter von großem Vorteil ist.

Die **Schmierung** erfolgt durch eine im Kurbelgehäuse eingebaute zwangsläufig angetriebene **Oeldruckpumpe**, welche das Oel durch einen herausnehmbaren **Reinigungsfilter** preßt und alsdann zu den Kurbelwellen- und Pleuellagern durch die in der Kurbelwelle gebohrten Kanäle treibt, wodurch eine **ausreichende und zuverlässige Schmierung sämtlicher Triebteile** und auch der Zylinder gewährleistet ist.

Die **Kühlung** des Motors erfolgt nach dem bewährten **Gegenstrom-Prinzip** vermittelst einer zwangsläufig angetriebenen **Kühl-Wasserpumpe**, welche den Umlauf vom Motor nach dem Kühlbehälter und durch den Heiz- und Kühlmantel der Pumpe befördert. In dem **kupfernen Kühlbehälter** befindet sich eine ebenfalls aus Kupfer hergestellte Rohrschlange, durch welche das Druckwasser der Feuerlöschpumpe in entgegengesetzter Richtung zirkuliert, und hierdurch eine ausreichende Abkühlung des erhitzten Wassers herbeiführt. Außerdem ist die Einrichtung getroffen, daß der Kühler selbsttätig gefüllt werden kann. Zur Entleerung der Kühleinrichtung befinden sich Ablaßhähne am Motor, Kühlbehälter und Heiz- bezw. Kühlmantel der Pumpe.

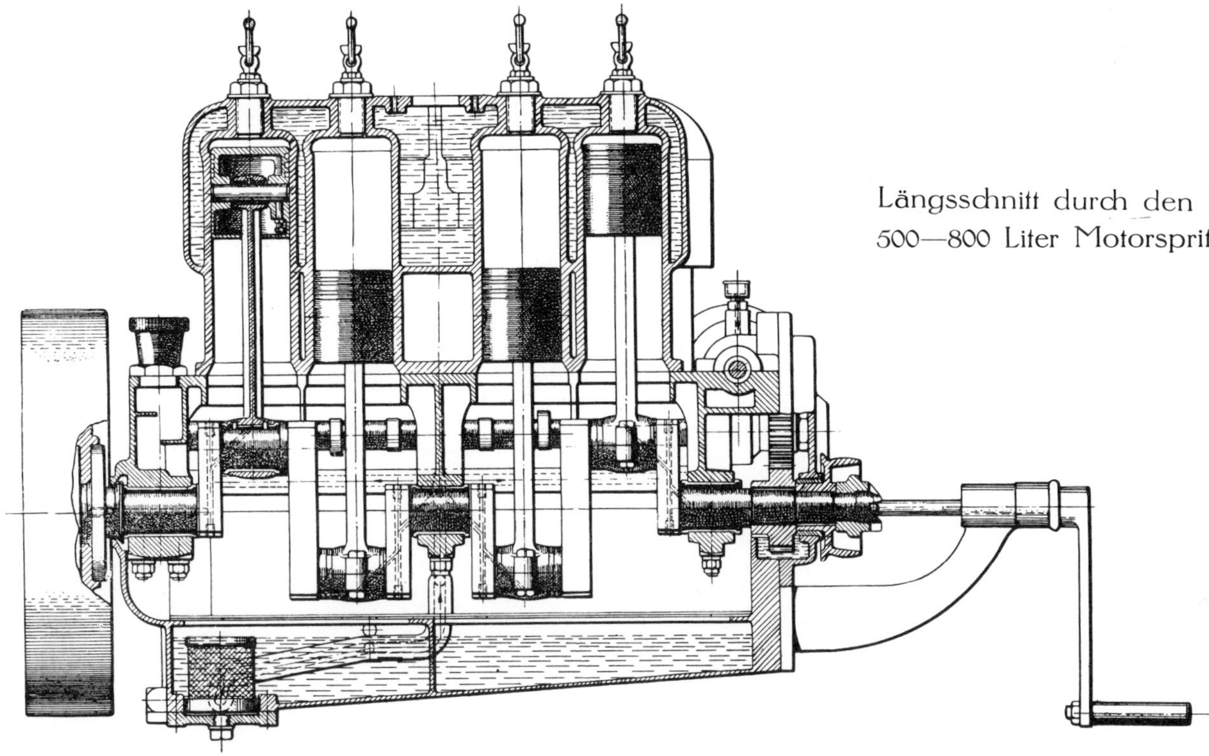

Längsschnitt durch den Motor der 500—800 Liter Motorspritzen.

Bequeme Zugänglichkeit des Motors
in allen Teilen.

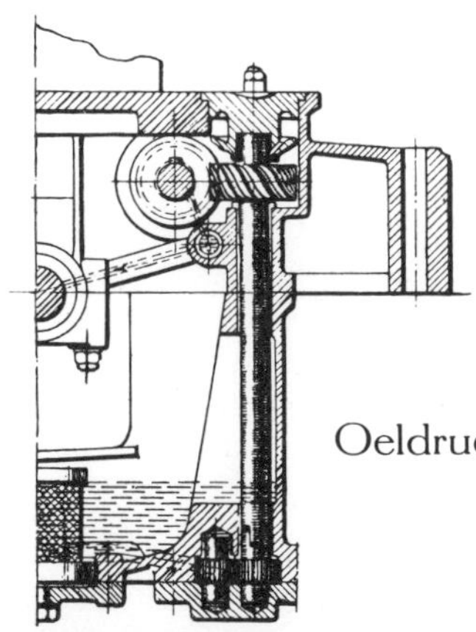

Oeldruckschmierung.

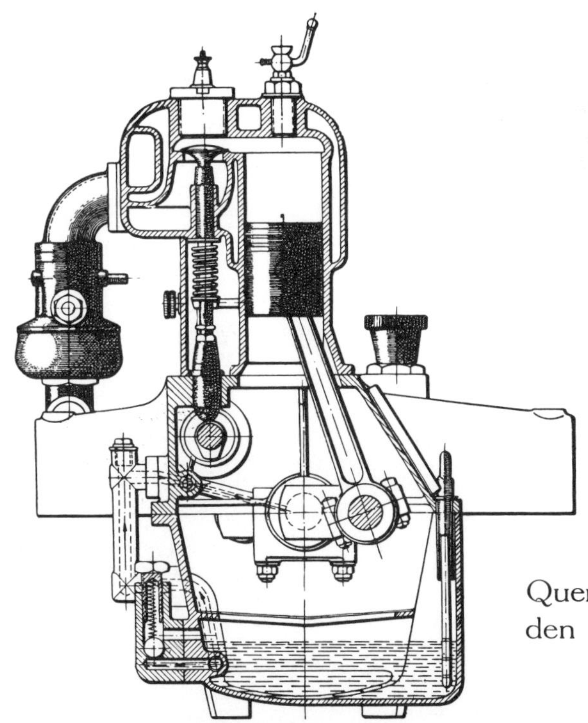

Querschnitt durch den Motor.

Fernsprecher
Nr. 15 und 16.

Telegr. Adr.: Koebe, Luckenwalde.
Codes used: Carlowitz, Bentley.

FEUERWEHR=GERÄTEFABRIK

Hermann Koebe, Luckenwalde

BANK-KONTEN: REICHSBANK-GIRO-KONTO
DEUTSCHE BANK, BERLIN, MAUERSTR. 26-27, DEPOSITENKASSE A
COMMERZ- U. PRIVAT-BANK, LUCKENWALDE — SPARKASSE LUCKENWALDE
POSTSCHECK-KONTO: AMT BERLIN 10455

11. Nov. 1929

Abt.R/Kg. Luckenwalde, den 9.November 1929.
bei Berlin

An den

Herrn Gemeindevorsteher Winnemann,

P o p p e n b ü t t e l.

b/ Hamburg

Ich nehme höflichst Bezug auf die mit meinem Herrn Richter, Kiel gehabte Rücksprache und gestatte mir Ihnen in der Anlage ein Angebot für eine dort zu beschaffende

800 l -Lafetten-Motorspritze

zu ueberreichen. Ich wäre Ihnen sehr dankbar, wenn Sie sich zur Beschaffung meines Fabrikates entschliessen könnten und steht Ihnen Herr R i c h t e r zwecks weiteren Auskünften, Referenzen, usw. recht gern zur Verfügung.

Ich möchte Sie bei dieser Gelegenheit auch bitten, meine Firma bei der Beschaffung von Schlauch-Material frdl. berücksichtigen zu wollen und lasse ich Ihnen auf Wunsch gern Sonderofferte zugehen.

Ich empfehle mich Ihnen, und sehe der Ueberschreibung Ihres geschätzten Auftrages gern entgegen

hochachtungsvoll
[illegible]

1 Angebot M.225,
1 Prosp.M412,
1 Referenzliste,
V.B. C.R.K.

Die gute Beratung der Feuerwehren bei Beschaffungen und die überzeugende Vorführung der Geräte waren auch schon damals wichtige Voraussetzungen für eine Auftragserteilung:
Es galt immer, viele Beteiligte zu überzeugen.

Leichte Lafettenspritze Modell „Harzgerode"

Modell „HARZGERODE" — Fahrstellung

Dieses neue Modell zeichnet sich durch kleine Abmessungen und leichtes Gewicht aus. Zur Verwendung gelangen sowohl Zwei- und Viertakt-Motoren. Die Pumpe ist durch ein Verbindungsstück, sogenannte Laterne, aus Aluminium mit dem Motor zu einem Aggregat vereinigt, unter Verwendung einer lösbaren Kupplung. Die Feuerlöschpumpe ist ganz aus Bronze hergestellt und ist auch mit Heiz- und Kühlmantel lieferbar. Die Innenteile der Pumpe lassen sich zwecks Nachprüfung oder Reinigung leicht herausnehmen. Zum Ansaugen dient eine im Saugstutzen geschützt eingebaute, direkt angetriebene Rotations-Kolben-Luftpumpe, die sich ebenfalls in wenigen Sekunden zwecks Nachprüfung oder Reinigung herausnehmen und wieder einsetzen läßt. Vorgesehen sind 2 Druckstutzen, einzeln durch Ventile absperrbar, sowie Mano- und Vacuummeter. Das Gerät ist gut gefedert, die Räder werden auf Wunsch mit Stahlnaben, Rollenlagern, Gummibereifung und Kotflügeln ausgestattet.

Im übrigen sind vorgesehen: Schutzhaube für den Motor, abnehmbare Schlauchhaspel, Lagervorrichtung für Saugeschläuche, Feststellstützen.

Modell „HARZGERODE" — Betriebsstellung

Koebe-Kleinmotorspritzen „Triumph" (D.R.P.)

Die Koebe-Kleinmotorspritzen „Triumph" – System und Patent Koebe – haben sich dank ihrer vorzüglichen Konstruktion, außerordentlichen Leistungsfähigkeit und ihrer sehr einfachen Bedienung überall rasch eingeführt.

Als Antriebsmotoren gelangen Viertakt- und in neuerer Zeit vorzugsweise Zweitaktmotoren von 12 – 25 PS Leistung zum Einbau. Dem Zweitakt-Motor gibt man gegenüber dem Viertakt-Motor deshalb den Vorzug, weil dieser bedeutend einfacher in der Konstruktion, daher auch geringer im Gewicht und vor allen Dingen niedriger im Preis ist. Die Motoren sind sämtlich bestens erprobt und gewähren eine unbedingte Betriebssicherheit der Kleinmotorspritzen. Die Zweitakt-Motoren sind zwecks leichteren Anspringens mit einem Zusatzbehälter für Reinbenzin versehen. Besonderer Wert ist auf Ausgestaltung des Kühlsystems gelegt, so daß ein stundenlanges Arbeiten der Kleinmotorspritzen bei gleichmäßiger Temperatur des Motors ermöglicht ist.

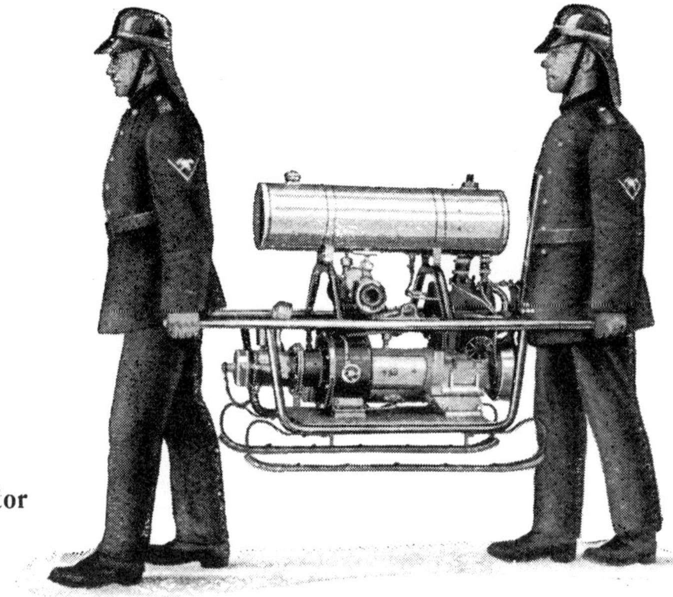

„Triumph" mit Zweizylinder-Zweitakt-Motor

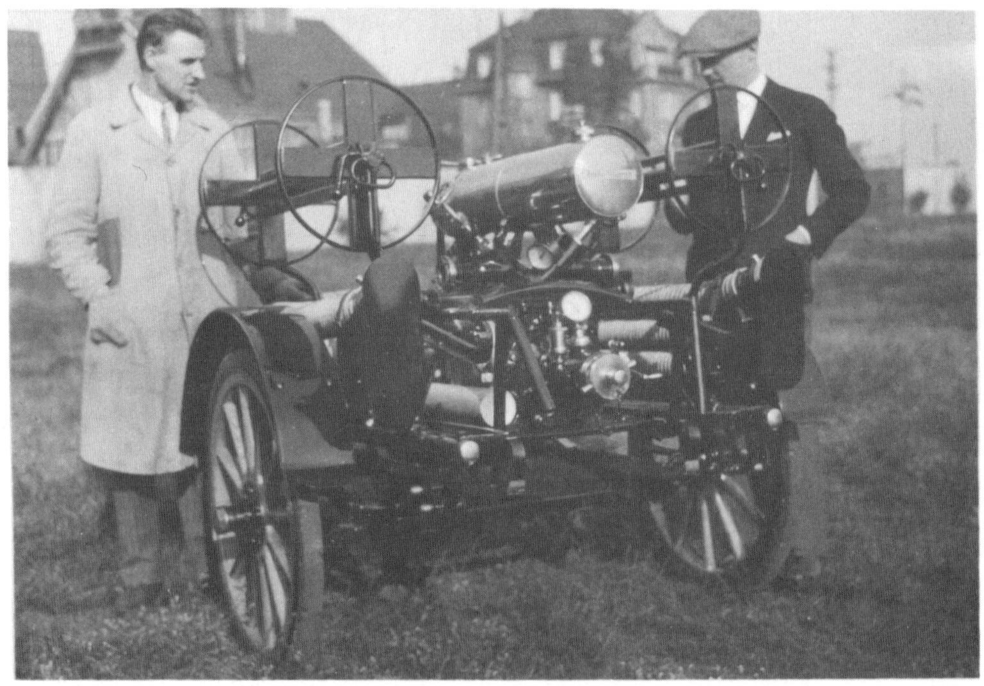

Koebe-Kleinmotorspritze „Triumph"
mit Zweizylinder-Viertakt-Motor und zugehöriger
zweirädriger Transportwagen mit
Abprotzvorrichtung und Zubehör bildeten eine
leicht zu handhabende und schlagkräftige Einheit,
die bei vielen Tausend ländlichen Feuerwehren
verwendet wurde.

Der „Einspänner“ eisenbereift,
zum Transport der Tragkraftspritze

Schon bis Anfang der 30er Jahre verließen viele Tausend Motorspritzen die Luckenwalder Werke und die Produktion wurde in Serie immer mehr rationalisiert.

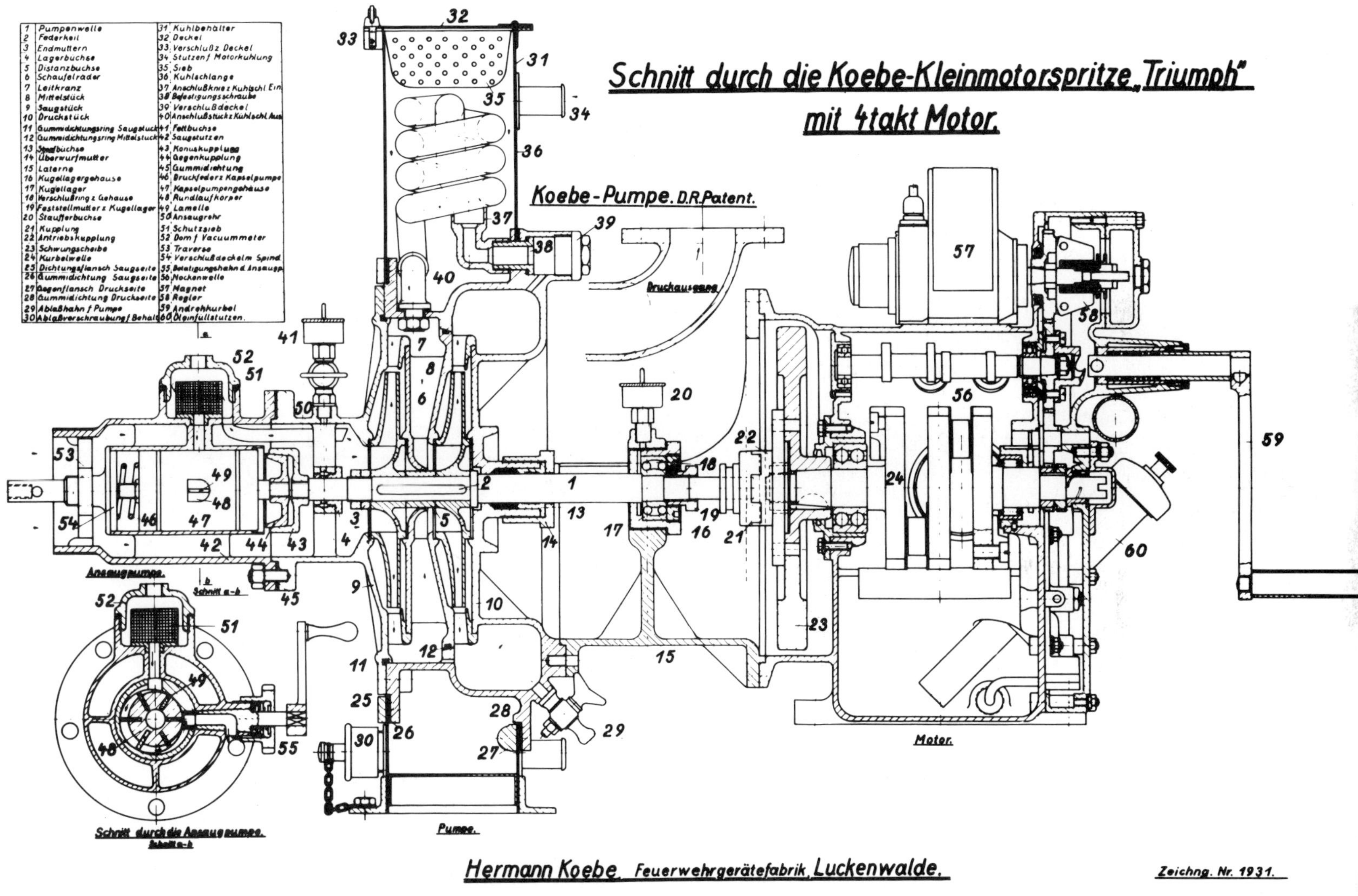

1	Pumpenwelle	31	Kühlbehälter
2	Federkeil	32	Deckel
3	Endmuttern	33	Verschluß z Deckel
4	Lagerbüchse	34	Stutzen f Motorkühlung
5	Distanzbuchse	35	Sieb
6	Schaufelräder	36	Kühlschlange
7	Leitkranz	37	Anschlußknie z Kühlschl Ein
8	Mittelstück	38	Befestigungsschraube
9	Saugstück	39	Verschlußdeckel
10	Druckstück	40	Anschlußstück z Kühlschl Aus
11	Gummidichtungsring Saugstück	41	Fettbuchse
12	Gummidichtungsring Mittelstück	42	Saugstutzen
13	Stopfbüchse	43	Konuskupplung
14	Überwurfmutter	44	Gegenkupplung
15	Laterne	45	Gummidichtung
16	Kugellagergehäuse	46	Druckfeder z Kapselpumpe
17	Kugellager	47	Kapselpumpengehäuse
18	Verschlußring z Gehäuse	48	Rundlaufkörper
19	Feststellmutter z Kugellager	49	Lamelle
20	Staufferbuchse	50	Ansaugrohr
21	Kupplung	51	Schutzsieb
22	Antriebskupplung	52	Dom f Vacuummeter
23	Schwungscheibe	53	Traverse
24	Kurbelwelle	54	Verschlußdeckel m Spind.
25	Dichtungsflansch Saugseite	55	Betätigungshahn d. Ansaugp.
26	Gummidichtung Saugseite	56	Nockenwelle
27	Gegenflansch Druckseite	57	Magnet
28	Gummidichtung Druckseite	58	Regler
29	Ablaßhahn f Pumpe	59	Andrehkurbel
30	Ablaßverschraubung f. Behält.	60	Öleinfüllstutzen.

Koebe

Kleinmotorspritze „Triumph“

mit luftgekühltem Zweitaktmotor.

Type FL.

Die **Kühlung dieses Motors** erfolgt durch die zugleich als Ventilator ausgebildete Schwungscheibe. Zwecks guter Wärmeableitung ist der Motor mit Kühlrippen versehen. Der Luftstrom wird am Kurbelgehäuse vorbei angesaugt und nach den Zylinder-Wandungen und dem Zylinder-Kopf durch zweckmäßig ausgebildete Führungskanäle gedrückt.

Leistung des Motors: 12—14 PS.
Bohrung: 69 mm Hub: 80 mm

Leistung der Pumpe: 500 l/min. bei 60 m Förderhöhe.

Herunterklappbare Schlittenkufen zum erhöhten Stand der Spritze und zur bequemeren Bedienung. (Deutsches Reichspatent angem.)

Gewicht der Spritze 175 kg.

Vorzüge:

- Fortfall der Wasserkühlung.
- Intensive Luftkühlung auch im heißen Sommer.
- Kein Einfrieren.
- Vereinfachte Bedienung.

Offener Transportwagen für Handzug
und zum Anhängen an Kraftwagen.

Wagen auf Federn, mit abnehmbaren Stahlscheiben-Rädern
mit Kugellagern, Ballon-Bereifung 27×3,85" und Kotflügeln.

Motor: 2-cyl. luftgekühlter Zweitakt-Motor, Leistung 12 – 14 PS mit vertikal stehendem Zylinderblock, Aluminium-Kurbelgehäuse, Zündung durch Bosch-Standmagnet, Schmierung selbsttätig. Im übrigen versehen mit Tourenregler und zuverlässigem Vergaser. Die Kühlung erfolgt durch Schwungrad-Ventilator.
Der Brennstoffbehälter ist zylindrisch über der Spritze so gelagert, daß der Brennstoff unter natürlichem Gefälle dem Vergaser zufließen kann.
Das Anlassen des Motors erfolgt durch die Andrehkurbel.

Pumpe: 2-stufige Feuerlöschpumpe (D. R. Patent) ganz aus Bronze, Leistung 500 l/min. bei 60 m Förderhöhe, mit leicht herausnehmbaren Innenteilen, Pumpenwelle aus rostfreiem Stahl, in Kugellager laufend mit 1 Saug- und 2 Druckstutzen, einzeln absperrbar, sowie mit Manometer, Vakuummeter und Entleerungshähnen.
Der Antrieb erfolgt direkt durch eine lösbare, leicht zugängliche Klauen-Kupplung. Pumpe und Motor sind durch eine aus Aluminium hergestellte Laterne verbunden.

Ansaugvorrichtung (D. R. Patent): Als solche dient eine im Saugstutzen geschützt und frostsicher eingebaute, kolbenartig ausgebildete Rotations-Entlüftungspumpe mit selbsttätiger Einschaltung. Die Ausschaltung erfolgt zwangsläufig durch den Absperrhahn. Die Pumpe besitzt eine Saugfähigkeit bis zu 9 m und läßt sich innerhalb weniger Sekunden zwecks Nachprüfung leicht herausnehmen und wieder einsetzen.

Bedienung der Spritze: Die Bedienung ist die denkbar einfachste und erstreckt sich nach Anlassen des Motors lediglich auf das Öffnen des Druckschiebers sowie auf das Ausschalten der Luftpumpe, da das Ansaugen selbsttätig vor sich geht.

Die Feuerlöschpumpe wird auf Wunsch auch in Leichtmetall-Ausführung geliefert.

Motorspritzen für viele Einsatzzwecke

Als **Transportwagen** für die Koebe-Kleinmotorspritzen „Triumph" kommen leichtere und auch kräftigere Ausführungen in Frage. Sofern als Vorspannwagen ein automobiles Fahrzeug dient, wird der zweirädrige Transportwagen mit kräftiger Federung und mit Kugellagern, elastischer Gummibereifung und Kotflügeln versehen. Je nach Wunsch werden zur Mitnahme von Schläuchen ein oder zwei Schlauchhaspeln angebracht. Für bequeme Lagerung der Saugeschläuche, Anbringung von Strahlrohren, Verteilern, Unterbringung von Werkzeugen wird in geeigneter Weise Vorsorge getroffen.

Type FS mit 19 PS Zweitakt-Motor und Boschmagnet

„Triumph" auf kräftigem normalspurigen (1,36 m) Transportwagen auf Federn, mit Kugellagern und Gummibereifung sowie mit Patent-Auf- und Abprotzvorrichtung.

Spritze kann von 1 Mann leicht auf- und abgeprotzt werden.

Leichtmotorspritze Type S I
mit **luftgekühltem** Einzylinder-Zweitakt-Motor

Pumpenleistung:
300 l/min. bei 3 Atm. Druck
450 l/min. bei freiem Auslauf.

Die Verwendung von **Ein- bezw. Zweizyl. luftgekühlten Zweitakt-Motoren** stellt einen wesentlichen Fortschritt dar, da durch den Fortfall der Wasserkühlung die Betriebs-Sicherheit bedeutend erhöht und die Bedienung der Kleinmotorspritze noch mehr vereinfacht wird. Die bisher mit den luftgekühlten Motoren als Antriebskraft für Kleinmotorspritzen gemachten Erfahrungen sind in jeder Hinsicht durchaus nur gute, sodaß man wohl annehmen darf, daß sich der luftgekühlte Motor mehr und mehr Eingang verschaffen wird. Die Bedienung der Kleinmotorspritze „**Triumph**" erstreckt sich nach Anwerfen des Motors nur noch auf 2 Handgriffe, sodaß also jeder Laie in der Lage ist, dieses Gerät nach kurzer Anleitung zu bedienen.

Hochleistungs-Motorpumpe Modell „Berlin"
Größe H II

Die **Hochleistung - Motorpumpe Größe H II** eignet sich besonders für Feuerwehren, da neben ihrer großen Wassermengen bei freiem Auslauf auch eine ausreichende Druckleistung erzielt wird, sodaß dieses Gerät als Motorspritze zur Bekämpfung von Bränden und als Motorpumpe bei Ueberschwemmungen und dergl. Verwendung finden kann.

Pumpenleistung:
1000 l/min. bei 50 m Förderhöhe
650 l/min. bei 60 m Förderhöhe
1950 l/min. bei freiem Auslauf

Ausbildungsgerät von KOEBE in der Feuerwehrschule Schloß Bahrensdorf.

Koebe-
Kleinmotorspritzen „Triumph“

Neu! D. R. P. a.

Früher stand die Kleinmotorspritze tief und unhandlich und war daher unbequem zu bedienen.

Heute steht die Kleinmotorspritze erhöht und übersichtlich auf den automatisch hochklappenden, geteilten Schlittenkufen; sie ist dadurch sehr bequem zu bedienen und sinkt bei weichem Untergrund nicht ein.

Die geteilten Schlittenkufen klappen automatisch hoch
(D. R. P. a.)

Die geteilten Schlittenkufen in zusammen geklapptem Zustande.

D. R. G. M.

Technische Vorzüge:

Trockenes und selbsttätiges Ansaugen.

Ansaugepumpe (D. R. P.) im Saugstutzen eingebaut, daher absolut frostsicher und gegen Beschädigung und auch Verschmutzung geschützt.

Ansaugepumpe und Innenteile d. Feuerlöschpumpe leicht herausnehmbar. (D. R. P.)

Spezial-Kühlhahn (D. R. P. a.) gewährleistet intensive Kühlung und ermöglicht Kühlkontrolle.

Reinbenzinbehälter zum leichten Anlassen besonders im Winter u. Reinigen von Vergaser u. Düsen.

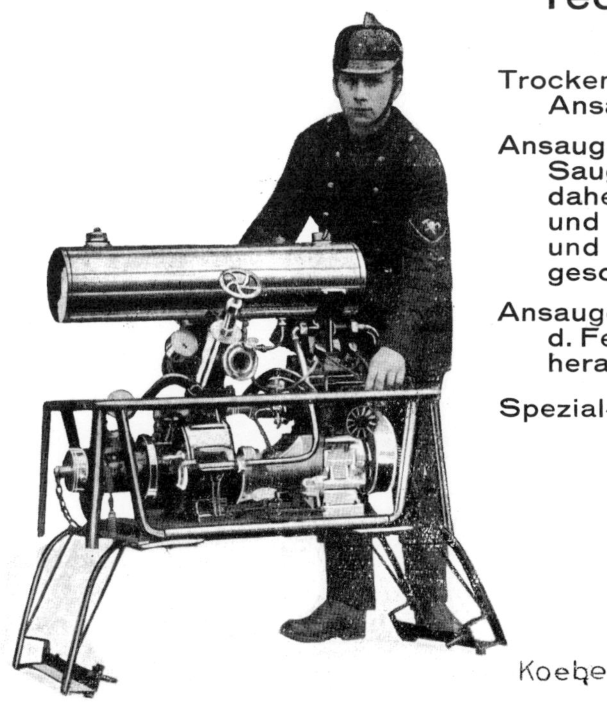

Luftschaum aus Komet-Rohren

Ab 1936 wurden zunehmend Komet-Rohre zur Luftschaum-Herstellung beschafft – sowohl für den Einsatz mit Tragkraftspritzen als auch in Verbindung mit Fahrzeugen.
Die Fliegerhorste der Luftwaffe waren die ersten Einsatzorte – gefolgt von den vielfältigen Einsatzmöglichkeiten in der Industrie.
Während man am Anfang den Einsatz von Schaum hauptsächlich damit begründete, den Wasserschaden im Brandfall so gering wie möglich zu halten, ging es danach mehr darum, chemisch wasserempfindliche feste Stoffe zu löschen und Flüssigkeitsbrände zu bekämpfen.
Das Schaummittel konnte entweder aus einem Schaummitteltornister über eine Saugstrahlpumpe am Rohr zugeführt werden (s. Bild) oder aber über einen Zumischer, der in die Schlauchleitung eingesetzt wurde. In seltenen Fällen arbeitete man mit einem an der Feuerlöschpumpe eingebauten Vormischer.
In der Zeit vor dem Krieg gab es verhältnismäßig wenige Einsätze mit Luftschaum. Erst mit Kriegsausbruch wurde deutlich, wie wichtig die Entwicklung dieser Löschtechnik war. Oberbranddirektor a. D. Dipl.-Ing. Hans Brunswig schreibt dazu 1973 in „Schaumrohr vor":
„Alle bis zum Kriegsbeginn gesammelten Erfahrungen in der Bekämpfung von Mineralölbränden verblaßten vor der Wirklichkeit, als die britische Luftwaffe im Juni 1940 ihre ersten systematischen Angriffe auf die norddeutsche Mineralölindustrie flog und in Misburg, Dollbergen, Salzbergen, Ham-

Da zur Herstellung von 1000 Ltr. Schaum in der Minute mit dem Kometrohr 100 Ltr. Wasser benötigt werden, besteht die Möglichkeit, gleichzeitig noch 500 bis 900 Ltr. Wasser zu verspritzen.

Koebe-Kleinmotorspritze „Triumph"
mit Komet-Strahlrohr.

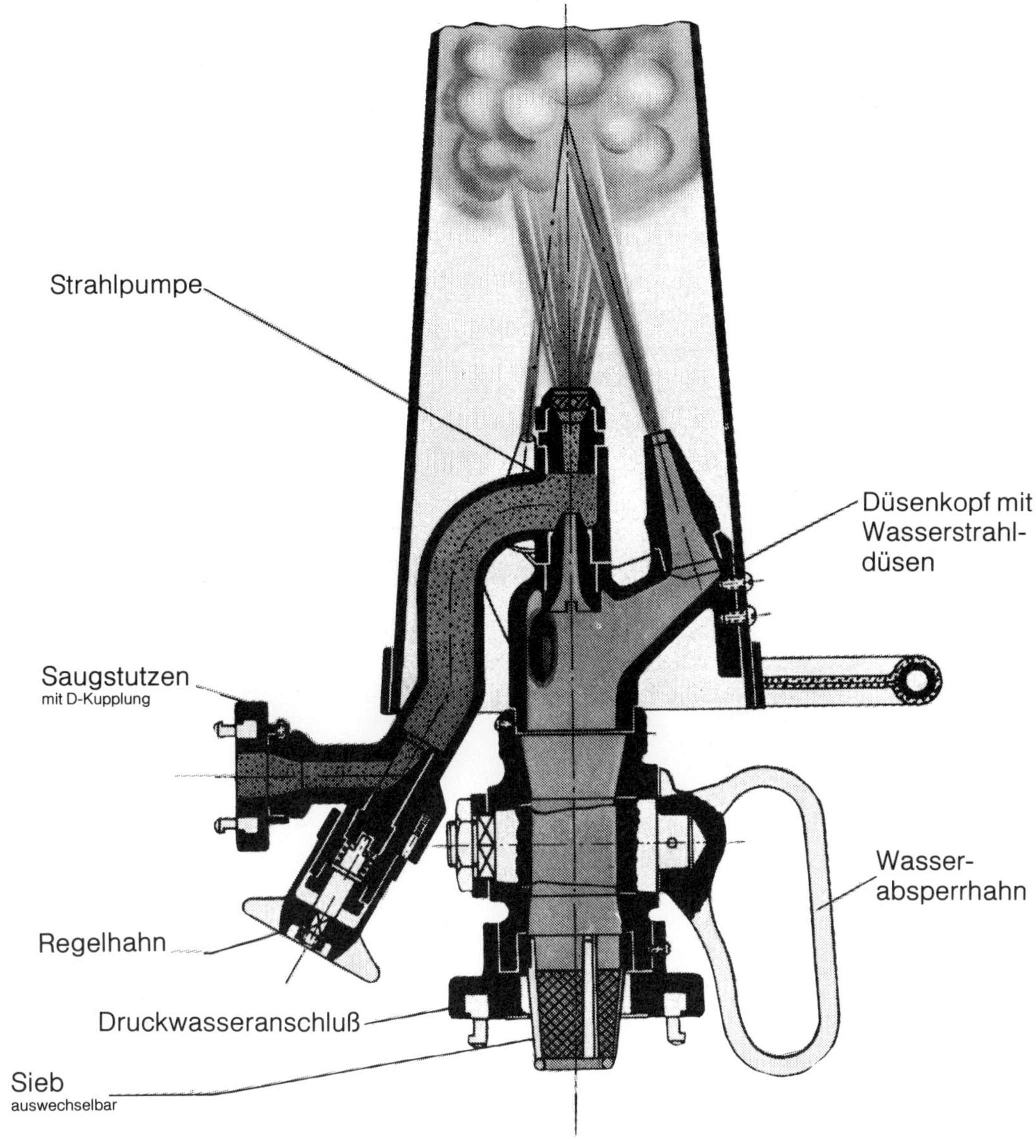

Funktionsbild aller nach 1935 gebauten Schaumrohr-Typen mit Saugstrahlpumpe (aus „Schaumrohr vor")

-Komet- Luftschaumrohre 1932–1945

II P

Druck in atü. am Komet-Rohr gemessen	Schaum Leistg. m^3/min	Wasser Verbr. l/min	Tutog. Verbr. l/min	Schaum Leistg. m^3/min
2		100		
3		125		
4	2	135	2,1	2
5	2,2	155	2,4	2,4
6	2,5	170	2,6	2,8
7	2,7	185	2,8	3,1
8	3	200	3	3,4
9	3,2	210	3,2	3,6
10	3,4	220	3,3	3,8
12	3,8	245	3,7	4,2

burg und anderen Orten erfahrenste Feuerwehrmänner aus einem Inferno von kochendem und schäumendem Öl oder plötzlich aufbrennenden Benzinschwaden oft nur mit knapper Not das nackte Leben retten konnten, mancher von ihnen aber auch den Tod fand.
Die darauffolgenden Anstrengungen zur Beherrschung des Mineralölbrand-Problems schienen jedoch vergeblich gewesen, als nach dem Beginn der strategischen Luftoffensive gegen die deutsche Treibstoffindustrie am 12. Mai 1944 vor allem in den Monaten Juni, Juli und August 1944 die Mehrzahl aller deutschen Mineralöl-Verarbeitungs- und Lagerbetriebe durch massierte Bombenteppichabwürfe amerikanischer Bombengeschwader in ein Gewirr von Eisen, eingestürzten Gebäuden und aufgerissener Erde verwandelt wurde.
Dennoch sind große Mengen von Mineralölen in Tanks und Tankgruben einwandfrei durch Löschangriffe teils mit Wasser, zum größten Teil aber mit Luftschaum aus Komet-Rohren gerettet worden."

Transportwagen

Transportwagen

für Tragkraftspritzen für Fabriken und Export (wird nur für Tragkraftspritze Gr. I geliefert).

Offene Ausführung, gefedert, mit Eisenbereifung oder Stahlscheibenräder mit Luftbereifung. Über der Spritze Podest mit Galerie für nasse oder gerollte Schläuche. Zwei seitliche abnehmbare Schlauchhaspeln. Abklappbarer Arbeitstisch mit Drehkranz, vom Fahrgestell abnehmbar eingerichtet. Lagerungsvorrichtungen für Saugeschläuche, Armaturen und Zubehör. Werkzeugkasten. Deichsel für Handzug und zum Anhängen an Kraftwagen.

Maße und Gewichte:

Ganze Länge	ca.	3100 mm
Ganze Breite	ca.	1600 mm
Ganze Höhe	ca.	1500 mm
Nettogewicht	ca.	270 kg
Bruttogewicht	ca.	450 kg
Raumbedarf für seemäßige Verpackung	ca.	2,8 cbm

Tragkraftspritze

Tragkraftspritze „TRIUMPH" 250

mit luftgekühltem Einzylinder-Zweitaktmotor und einer Wasserlieferung von

ca. 360 Liter pro Minute bei 40 m Förderhöhe.

Besonders geeignet für kleine Gemeinden, Vorwerke, Gutsverwaltungen, kleinere Betriebe und Export.

Leichter Transportwagen mit Drahtspeichenrädern und Luftbereifung dazu passend.

Gewicht der Spritze .... ca. 90 kg
Gewicht des Wagens .... ca. 96 kg

KOEBE-Tragkraftspritze „Triumph"
1934 nach China geliefert

7 KOEBE-Motorspritzen „Triumph" vor dem Versand an den Reg. Bez. Kassel am 5. 3. 1934

KOEBE-ROTATIONSENTLÜFTUNG (DRP)

9. Ansaugvorrichtung

System Koebe

Deutsches Reichspatent und Auslandspatente.

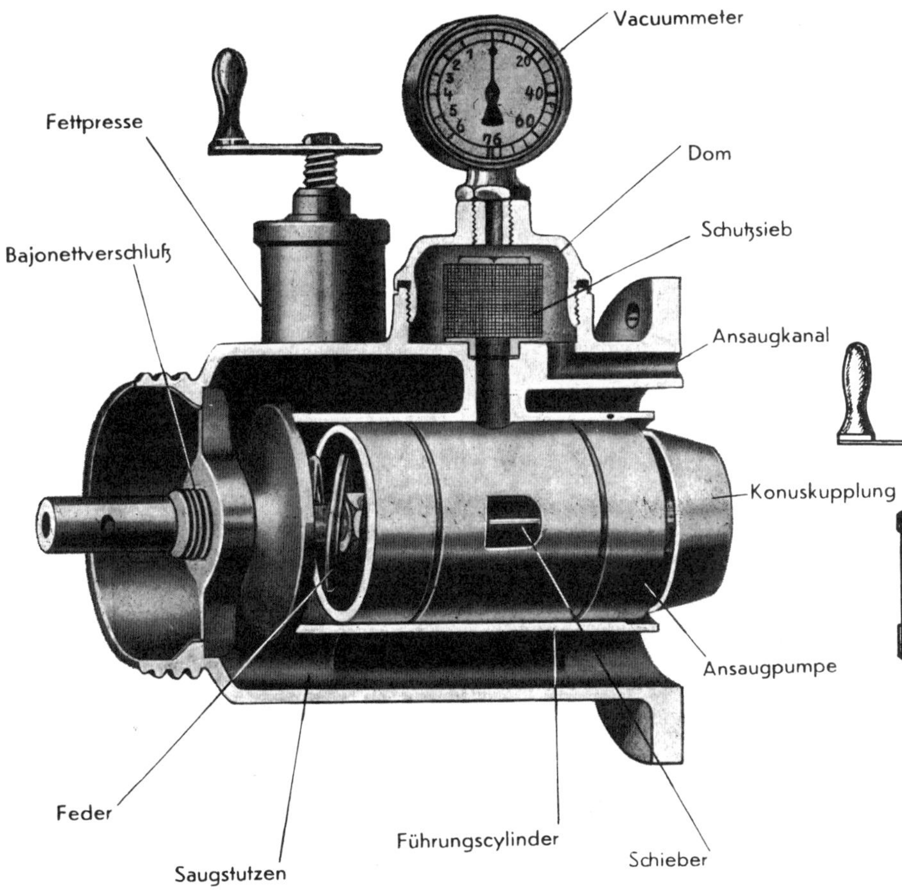

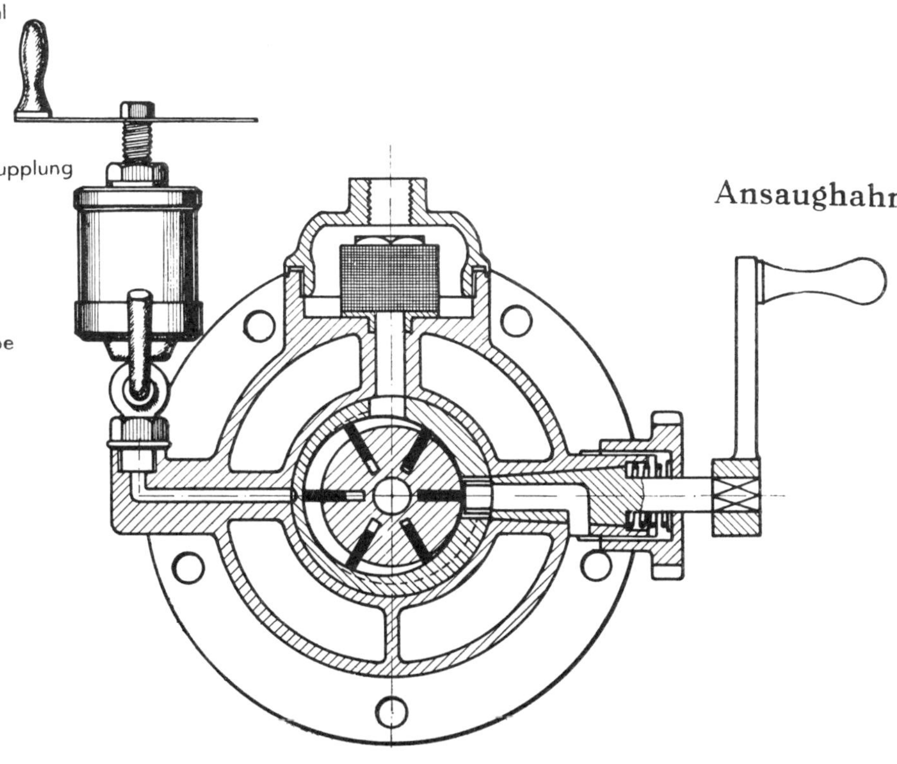

Aus einem Prospekt von 1931:
Bei jeder Motorspritze bildet die Ansaugvorrichtung einen der wichtigsten Teile, von deren Konstruktion und Handhabung das zuverlässige Arbeiten einer Motorspritze abhängt.

Aus diesem Grunde hat es sich die Firma Koebe zur Aufgabe gemacht, ein Trockenansaugsystem zu schaffen, welches alle Nachteile beseitigt, die den sonst üblichen, durch Nutenscheiben von außen angetriebenen Ansaugpumpen anhaften. Erreicht wurde dies durch eine speziell für diesen Zweck konstruierte kolbenartige Rotationsluftpumpe, welche in einem innerhalb des Saugstutzens liegenden Führungszylinder verschiebbar gelagert ist, wodurch zugleich die Ein- und Auskupplung der Ansaugpumpe durch den speziell hierzu ausgebildeten Ansaughahn bewerkstelligt wird.

Bei der Konstruktion ist aber auch darauf Bedacht genommen, daß die Ansaugpumpe schnell und bequem herausgenommen werden kann, um jederzeit eine sofortige Überprüfung zu ermöglichen; zu diesem Zweck ist ein leicht lösbarer Bajonettverschluß vorgesehen. Angesaugte Fremdkörper oder dergleichen werden vor Eintritt in die Ansaugpumpe durch ein zylindrisches feines Sieb abgefangen. Das Sieb ist von außen leicht zugänglich. Mit einer Fettpresse ist eine zuverlässige und kontrollierbare Schmierung aller Teile gewährleistet.

Ebenso wie früher bei den Handdruckspritzen die leichte Zugänglichkeit und Herausnehmbarkeit der Ventile gefordert bzw. vorgeschrieben wurde, weil gerade letztere meist die Ursache von Störungen waren, so ist auch bei einer Motorspritze von großem Vorteil, wenn die schnelle und leichte Kontrollierbarkeit der für das Ansaugen wichtigen Organe verlangt wird, damit etwa auftretende Störungen in der Ansaugvorrichtung unmittelbar auf der Brandstelle sofort beseitigt werden können. Wenn man bedenkt, welchen Schwierigkeiten man nach dieser Richtung hin vielfach begegnet, so treten die Vorteile der Koebe'schen Ansaugvorrichtung besonders in den Vordergrund.

Überhaupt ist die ganze Konstruktion dieses Systems durchaus zweckmäßig und praktisch, weil alle für den Ansaugvorgang in Betracht kommenden Teile, wie Saugstutzen, Ansaugpumpe, Schaltung, Schutzsieb, Schmierung und Vaccummeter hierbei zu einem Ganzen vereinigt sind.

Wie erfolgt das Ansaugen?
Der Hebel des Ansaughahns steht auf „Ein", wobei die Ansaugpumpe durch den Federdruck eingeschaltet und der Luftaustrittskanal geöffnet ist, so daß sie sofort ansaugt, bis schließlich das durch den Ansaugkanal über das im Dom befindliche Schutzsieb angesaugte Wasser durch die Austrittsöffnung am Ansaughahn ins Freie gelangt. Dieser Wasseraustritt ist das sichtbare Zeichen für den Maschinisten, daß der Ansaugvorgang beendet ist. Das Ansaugen erfolgt also vollkommen selbsttätig.

Inzwischen hat sich in der Feuerlöschpumpe Druck entwickelt, der am Manometer feststellbar ist, und es kann durch Öffnen des Druckausganges Wasser in die Schlauchleitung gegeben werden. Der Ansaughahn ist alsdann auf die Stellung „Aus" umzulegen, wodurch die Austrittsöffnung geschlossen und damit zugleich die Ansaugpumpe zwangsläufig ausgeschaltet wird.

Zur Bedienung der Ansaugvorrichtung ist somit nur ein einziger Handgriff, nämlich die Umschaltung des Ansaughahns auf „Aus" erforderlich.

KOEBE-KLEINMOTORSPRITZEN „TRIUMPH"

Gebaut nach DIN-Normen und den Richtlinien des Sachverständigenausschusses.
Mit Zweitakt-Motoren, luft- und wassergekühlt.
Leistungen 400–1000 Ltr. in der Min.

Koebe-Spezial-Transportwagen für Klein-Motorspritze »Triumph«
geschlossene Ausführung, abnehmbares Podest für Kleinmotorspritze. Der Betrieb der Spritze war vom Podest aus möglich. Seit 1928 tausendfach bewährt.

Koebe-Transportwagen Modell »Industrie«
Dach mit Galerie, passend für die Motorspritzen Größe I und II. Halboffene Ausführung, mit Luft- oder Elastikbereifung. Abnehmbares Podest für Kleinmotorspritze

Offener Einheits-Transportwagen.

ist die einfachste und billigste Transportmöglichkeit. Der Wagen besitzt gute Federung, Kugellager, Eschenholzräder, Elastikbereifung und Kotflügel; er wird mit der Hand gezogen oder kann an jedes Fahrzeug angehängt werden. Er wird gewöhnlich vorn und seitlich offen geliefert, die Kleinmotorspritze wird durch Segeltuch geschützt.

Von KOEBE gefertigter „Löschzug" unter Verwendung des Hanomag Klein-LKW auf Basis „Kommißbrot" – 2/10, Einzylinder-Viertaktmotor, 502 ccm, 10 PS, Heckmotor, von 1925 – 1928 gebaut. Das abgebildete Frontlenker-Fahrzeug mit offenem Anhänger wurde an die Werkfeuerwehr der Hanomag-Werke, die zu den ältesten Werkfeuerwehren Deutschlands gehörte, geliefert.

Ideen auf zwei Rädern

Ausführungen nach Bedarf

Horch 350
mit KOEBE-Aufbauvariationen und
KOEBE-Tragkraftspritze

Radstand 3450 mm, Gesamtlänge 5,00 m, Höchstgeschw.: 100 km/h
Motor: Reihenmotor von Paul Daimler entwickelt.
8 Zylinder, 2 Nockenwellen, 80 PS bei 3200 U/min., Hub 3924 cm³,
5 Kurbelwellenlager,
Ventilbetätigung direkt.
Getriebe: Horch
Achsen: Starr vorn und hinten
Bremse: mechanisch mit Bremskraftverstärker

Das Original-Fahrzeug auf langem Fahrgestell wurde bei Horch in Zwikkau/Sa. in 813 Exemplaren vom 15. 11. 1928 bis 30. 6. 1929 gebaut (Fahrgestell Nr. 23001 bis 23813)

Komfortabler Limousinen-Transport von Menschen und Geräten. „Motorspritzen-Verbände" hatten Gebiete mit großer Fläche zu betreuen und brauchten leistungsstarke und schnelle Fahrzeuge.
Die KOEBE-Aufbauänderungen der Horch-Limousine umfaßten auch die Transportmöglichkeit der Tragkraftspritze im Heck und seitliche Schlauchhaspeln. Die Saugschläuche wurden auf den Trittbrettern untergebracht.

Opel Typ 10/45, Motor 2,6 Liter, 45 PS
Tankinhalt 65 Liter, Verbrauch 13 l/100 km
Höchstgeschwindigkeit 85 km/h
Preis des Fahrzeugs (Jan. 1929) 4.500 bis 6.000 MK

Dieses Opel-Cabriolet (damalige Bezeichnung „offener Tourer") ermöglichte 4 Mann Besatzung und zusammen mit einem Anhänger sogar die Mitnahme von zwei Tragkraftspritzen mit allem zugehörigen Material zum Betrieb beider Pumpen.

Lieferung nach Südamerika
in weißer Lackierung

Koebe-„Klein-Automobil-Löschzug"

Modell Neustadt mit tragbarer Kleinmotorenspritze auf Opel-Chassis

Die Tragkraftspritzen,
damals wie heute unverzichtbar

Wenderohr, System Koebe DRP.a.

Eine Tragkraftspritze mit diesem Wenderohr eignet sich besonders für den Schutz von Hafen- und Wasserstraßenanlagen. Jedes Boot kann sofort als Feuerlöschboot eingerichtet werden, da keine besonderen Vorrichtungen nötig sind.

Das Wenderohr, System Koebe, läßt sich **an jeder Motorspritze** anbringen oder auf einen besonderen Sockel stellen.

Das Wenderohr ist nach allen Richtungen dreh- und neigbar. Keine Druckschläuche erforderlich.

Die Bedienung der Spritze und des Wenderohres erfolgt durch nur einen Mann.

Zur Erreichung von Höchstleistungen und größter Strahlwirkungen können mehrere Tragkraftspritzen in ein Wenderohr zusammengeschaltet werden.

GEGRÜNDET 1878

FEUERWEHRGERÄTE-FABRIK

HERMANN KOEBE

LUCKENWALDE BEI BERLIN

TELEGRAMM-ADRESSE: KOEBE LUCKENWALDE / FERNRUF: 2615 und 2616

Koebe-Spezial-Transportwagen

für tragbare Motorspritzen / Modell 1938

Zu dieser neuen Ausführung eines Einachsanhängers für tragbare Motorspritzen gab die Anregung Veranlassung, daß solche Wagen auch für Handzug geeignet bleiben und daher möglichst leicht ausgeführt werden müssen. Der Wagen besitzt in der Hauptsache ein aus Hartholz hergestelltes Traggerippe. Der hintere geschlossene Raum im Wagen dient zur Aufnahme der tragbaren Motorspritze Größe I und II, der vordere Raum dagegen für das mitzuführende Zubehör und Werkzeug. Beide Räume werden durch Türen verschlossen. Die rückwärtige Tür dient gleichzeitig als Podest, um die Spritze leicht aus dem Raum mittels Gleitschiene auf das bereitstehende Podest zu ziehen. Ein Mann kann die Spritze gefahrlos in Betriebsstellung bringen, wie die Abbildung 2 zeigt. Das Podest ist überdies vom Wagen leicht abnehmbar, sodaß der Wagen gesondert auf der Brandstelle Verwendung finden kann. Die Spritze kann leicht und bequem vom Podest abgehoben werden. Der vordere Raum des Wagens besitzt Doppeltür und sind die Strahlrohre und sonstigen Armaturen nebst Zubehör bestens eingeordnet. Für die Maschinisten ist noch ein besonderer verschließbarer Kasten vorgesehen. Zu beiden Seiten des Wagens befinden sich zwei ausschwenkbare hölzerne Schlauchhaspeln in genormten Maßen.

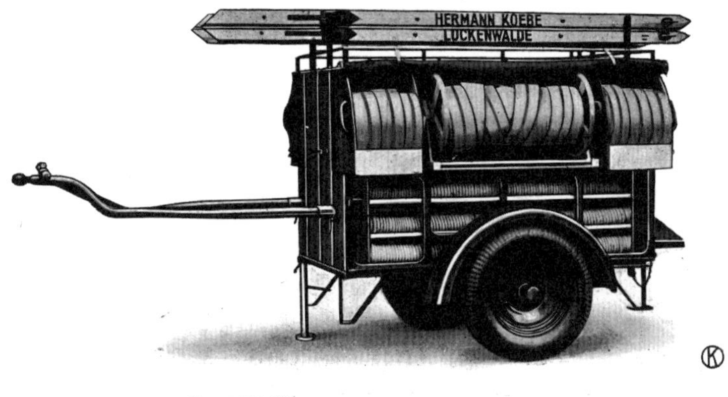

Abbildung 1

Abbildung 2

Spezial-Transportwagen Modell 1938 mit herausgezogener Kleinmotorspritze „Triumpf". Podest vom Wagen getrennt.

Koebe-Spezial-Transportwagen
für tragbare Motorspritzen / Modell 1938

Seitlich dieser Haspeln sind Räume zur Unterbringung gerollter Schläuche vorhanden. Das gesamte Schlauchmaterial wird mit Segeltuch überhangen, welches eine leichte Befestigungsart erhält. Die Saugeschläuche werden ebenfalls seitlich angeordnet. Die seitliche offene Lagerung der Saugeschläuche ist zu bevorzugen, da solche der Erhaltung des Materials nur dienlich sein kann.

Abbildung 3

Maße und Gewichte:

Gewicht des Wagens ohne Spritze	400,— kg
„ „ „ m. Spritze Größe I und Normenzubehör	690,— kg
„ „ „ mit Spritze Größe II und Normenzubehör	780,— kg
Gesamtlänge des Wagens einschl. Deichsel	3,75 m
„ „ „ ohne Deichsel	2,30 m
Gesamtbreite des Wagens	1,60 m
Gesamthöhe des Wagens	1,85 m

Der Wagen besitzt Automobilfedern und eine Achse von Stahl mit Stahlnaben und Rollenlagern. Die Stahldeichsel ist gabelförmig und vom Wagen leicht zu trennen, da sie in eigenst angeordnete Röhrenführungen eingesteckt und verriegelt wird. Aus Abbildung 3 ist ersichtlich, daß die Deichsel gegenüber Abbildung 1 umgesteckt wurde, sodaß der Deichselanschlußkopf für den Anschluß an ein Auto in eine tiefere Lage gekommen ist (s. Abb. 4).

Die besondere Art der Befestigung der Deichsel gewährleistet ein ruhiges Fahren auf schlechtesten Wegen, da die sonst bei ähnlichen Anhängern auftretenden Schwingungen in der Längsachse durch die Deichselbefestigung in der Schwerlinie des Wagens fast aufgehoben werden. Diese Anordnung ist gesetzlich geschützt. Das gleiche gilt für die Anordnung der seitlichen Schlauchkästen links und rechts neben den herausschwenkbaren Schlauchhaspeln.

Abbildung 4
Automobiler Löschzug mit Personenwagen und angehängten Spezial-Transportwagen „Modell 1938“

Branddirektor Hermann Koebe II.
eine kleine Biographie

Branddirektor Ing. Hermann Koebe II.

10.

Hermann Koebe II. wurde am 31. Juli 1883 in Luckenwalde geboren und trat schon vor dem 1. Weltkrieg – nach dem Ingenieurstudium in Neustrelitz – in die Dienste des Unternehmens.

Als Mann der Praxis war er 44 Jahre lang mit Leib und Seele Feuerwehrmann. Schon mit 17 Jahren wurde er 1901 Mitglied der Freiwilligen Feuerwehr Luckenwalde.

So prägten frühzeitig die Praxis und der väterliche Betrieb seine Wertvorstellungen.

1905 wurde ihm vom kaiserlichen Patentamt das Patent für die Abprotzspritzen erteilt. Es handelte sich um ein Einachsfahrgestell, welches gabelartig um das Pumpwerk herumgriff, so daß das Auf- und Abprotzen leicht vonstatten gehen konnte. Die Abprotz-Vorrichtung wurde später für Kleinmotorspritzen übernommen.

Es war ihm ein besonderes Anliegen, den nachwachsenden Feuerwehrmännern seinen Erfahrungsschatz weiterzugeben. Er wußte genau, daß sein Erfolg als Fabrikant eng mit dem Bezug zur Praxis verbunden war. So suchte er immer das Gespräch mit den Praktikern, und in diesem Zusammenhang muß man auch seine Lehrtätigkeit an der Brandenburgischen Provinzial-Feuerwehrschule sehen – mit großem Sachverstand und pädagogischen Fähigkeiten.

Ein weiterer Grund für seinen Erfolg war, daß er stets Vorbild sein konnte, weil er Vorbild sein wollte. Er forderte von seinen Schülern und Mitarbeitern viel. Er war ein Mann mit großer Zielstrebigkeit und Energie, er war Motor in seiner Fabrik und außerhalb des Unternehmens. So arbeitete Branddirektor Koebe richtungsweisend auch bei vielen Normungsarbeiten ständig mit. Er war immer da, wenn sein Rat gefragt war.

Zu seinem 50jährigen Geburtstag schrieb am 30. Juli 1933 die Zeitung „Märkisches Tageblatt" u.a.: „Wir kennen ihn als Arbeitgeber und als Feuerwehr-Kameraden. Im Betriebe energisch und verantwortungsbewußt, verlangt er das, was ihm selbst eigen ist, nämlich Schaffensfreude und Schaffenswille, einen geraden Charakter. Im Dienste der Wehr neben seinen oft bewährten Führungseigenschaften ein unübertrefflicher Gesellschafter, ein Kamerad im wahrsten Sinne des Wortes."

Die Chronik berichtet, daß sich Branddirektor Koebe bei schwierigen Brandbekämpfungen immer durch schnellen Entschluß und persönlichen Mut ausgezeichnete.

Im Verhältnis zu seinen Mitarbeitern zeigte er einen ausgeprägten Gerechtigkeitssinn, hatte für die Sorgen eines jeden ein verständiges Ohr und verstand, die Begriffe Vorgesetzter und Kamerad in guten Einklang zu bringen. Nach getaner Arbeit, war er im geselligen Kreis einer der Frohesten und Fröhlichsten.

Hermann Koebe war Führungspersönlichkeit und Leitbild zugleich. Er konnte anspornen und begeistern. Die Mitarbeiter identifizierten sich mit ihm, mit der Firma, mit den Produkten. Das Ergebnis war eine ausgezeichnete und international anerkannte Qualität der Erzeugnisse, produziert von einer fleißigen Handwerkerschaft der Mark Brandenburg, der „Streusandbüchse" Preußens, nur wenige Kilometer südlich Berlins – zwischen Fläming und Spreewald.

Im Katalog 1902 heißt es:
Luckenwalde ist von Berlin (Anhalter Bahnhof)
in 45 Minuten zu erreichen
Die Fabrik sowie Ausstellungsräume
sind 5 Minuten vom Bahnhof entfernt

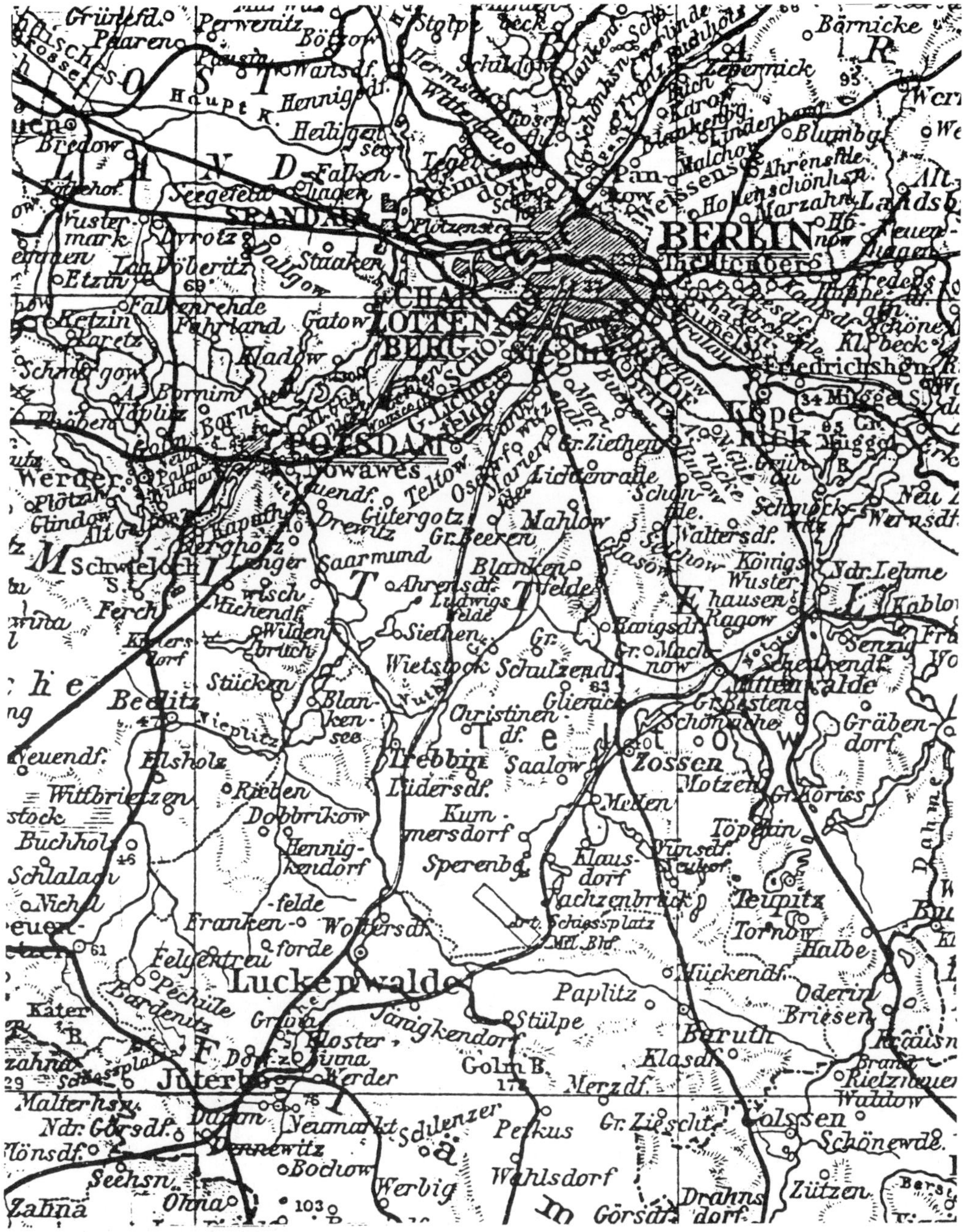

Brandenburgische Provinzial-Feuerwehrschule
Schloß Bahrensdorf bei Beeskow (Mark)
Diese erste deutsche Feuerwehrschule wurde am 9. Juli 1927 eröffnet und 1936/37 erheblich erweitert.
Sie bekam dann den Namen „Landesfeuerwehrschule Kurmark" mit jährlich bis zu 7000 Lehrgangsteilnehmern.

KOEBE-FAHRZEUGE AUS DER PRODUKTION AB 1930

11.

KOEBE-Mannschafts- und Gerätewagen 1930
auf Mercedes Benz-Fahrgestell L 45, 2,5 t,
6 Zylinder-Vergasermotor M 16, 55 PS bei 2.000 U/min.,
B 80 x H 130 mm, 3.920 cm^3, Achsstand 4000 mm,
Reifen 32 x 6 vorn, 32 x 6 x 2 hinten, 4 Gang-Getriebe,
Vmax 50 km/h, Fahrgestelltragfähigkeit 3.250 kg,
Fahrgestellgewicht 1950 kg.

Stadt Deutsch Eylau

Lieferung Bomba Arturo Prat
Santiago/Chile

Der weltweite Export aus Luckenwalde stärkte die Bedeutung des Fabrikates KOEBE.
Hier auf Mercedes-Benz-Fahrgestell L 1, 1,5 to,
mit 4 Zylinder-Motor M 14, 45 PS bei 1900 U/min, B 95 x H 130, 3680 cm³,
KOEBE-Pumpe 1000 l/min bei 80 m Förderhöhe.

Wartungsfreundliche, übersichtlich angeordnete und damit leicht zugängliche Motor- und Getriebebereiche waren, für die Feuerwehren auch damals schon wichtig und Zeichen weiterentwickelter Technik.

Koebe-Automobilspritzen, Mannschafts- und Gerätewagen

Modell „Zwenkau" auf Opel-Fahrgestell mit angehängter Lafetten-Motorspritze, Gesamtleistung 2.500 l/min. Die vor dem Kühler eingebaute Pumpe ragt nur bemerkenswert gering nach vorn heraus.

Bedienungsstand der KOEBE-Lafettenspritze mit Patent-Ansaugvorrichtung

Koebe-Kraftfahrspritze Modell »Rendsburg« mit vor dem Kühler eingebauter Koebe-Feuerlöschpumpe. Mechanische Zweiradleiter mit Ganzstahlleiterpark aufgeprotzt, 18—25 m Steighöhe

Koebe-Kraftfahrspritze Modell «Stettin» Koebe-Feuerlöschpumpe 1500 Liter bei 80 m Förderhöhe. Offene Quersitzbänke für 9 Mann

KOEBE-Kraftspritze mit aufgeprotzter mechanischer Zweiradleiter, Baujahr 1934
Fahrgestell Daimler-Benz AG, Gaggenau, Typ LO 2750, Fahrgestelltragfähigkeit 3.600 kg, zulässiges Gesamtgewicht 5.540 kg, Motor 4-Zylinder-Viertakt, Hubraum 4.908 cm, 65 PS.

Diese KOEBE-Kraftfahrspritze auf Mercedes-Fahrgestell war eine ideale Kombination zwischen fahrzeugunabhängigem Leiterbetrieb und standortunabhängiger Wasserversorgung.
Während der abgeprotzte Leiterpark situationsgerecht in Stellung gebracht werden konnte, sicherte die Vorbaupumpe des Trägerfahrzeuges zwischen Wasserstelle oder Hydrant und Brandstelle mobil die Wasserversorgung.

Die abprotzbare Leiter hatte eine Steighöhe von 22 m, die Vorbaupumpe leistete 1.500 l/min. Gesamtabmessungen des Fahrzeuges:

Länge	9.270 mm
Breite	2.340 mm
Höhe	2.900 mm

KOEBE

Das erste Löschfahrzeug mit geschlossenem Aufbau wurde 1930 nach Berlin geliefert.
In der Jubiläumsschrift „125 Jahre Berliner Feuerwehr" berichtet dazu Günter Strumpf: „Wenn man sich vor Augen hält, daß die Feuerwehrmänner bei Hitze und Kälte in durchnäßter Kleidung auf offenen Fahrzeugen zur Wache zurückfahren mußten, so nimmt es nicht Wunder, daß der Krankenstand hoch war. . .

Nach dem kalten Februar 1929 ließ Gempp nach dem Vorbild der beiden Rettungswagen ein Löschfahrzeug mit geschlossenem Aufbau bei KOEBE-Luckenwalde fertigen. Dieses Fahrzeug nahm im Juni 1930 auf der Wache Zehlendorf den Dienst auf. Bereits 1931 folgten weitere auf den Wachen Grunewald, Mariendorf, Schmargendorf und Wannsee."

Erstaunlich schon der damalige Standard dieser Aufbauten. Die Kabine bot Platz für 9 Mann. Die Fenster der 4 Türen waren versenkbar und die quergeteilte Windschutzscheibe nach oben und unten umklappbar, um das Einschieben einer Krankentrage zu ermöglichen. Die Trage mit dem Verletzten wurde dann mit Federn an der Kabinendecke abgehängt. Hand-Schaumlöscher und Schaumgenerator befanden sich vorn seitlich am Fahrzeug. Die Mannschaftsraum-Sitze konnten hochgeklappt werden. Viele Geräte hatten darunter Platz (Sauerstoff-Flaschen, Starkstromkasten, Werkzeugkasten, Samariterkasten).

Ein 350 Liter-Wassertank hinter dem Mannschaftsraum diente dem Schnellangriff.
Die weit nach hinten herausragenden Protzarme für die Aufnahme der Schlauchhaspel waren für die Pumpenbedienung nicht sehr vorteilhaft. Koebe bot deshalb nach oben umlegbare Protzarme an, die gesetzlich geschützt waren. Damit war die Bewegungsfreiheit für die Bedienungsmannschaft im Heckbereich des Fahrzeugs wesentlich verbessert.

Die Karosserie wurde handwerklich in Serien zu jeweils 10 Stck. hergestellt. Gebaut wurde nach Zeichnungen – überwiegend im Maßstab 1 : 1. Jeder Stellmacher mußte nach Zeichnungen arbeiten können. Er mußte seine Holzstärken abmessen und die jeweiligen Modelle, die er für seine Arbeit brauchte, von der Zeichnung anfertigen. Mit den Modellen der Karosserieteile (Holme, Säulen usw.) wurden Aufrisse auf Buchenholz angefertigt und mit der Bandsäge ausgeschnitten. Die Teile wurden abgerichtet, gehobelt, gefräst, gebohrt und gestemmt – bis sie zum Zusammenbau fertig waren. Damals schon gab es eine erhebliche Spezialisierung der Arbeitsabläufe. Der Sitzbauer machte die Sitze, der Türenbauer die Türen, der Dachdecker das Dach usw.

Nach Fertigstellung der Karosserie wurde diese auf das automobile Fahrgestell aufgesetzt. Danach wurde der Aufbau beblecht, gespachtelt und lakkiert. Den letzten Schliff vollbrachten die Stellmacher – sie bauten die Windschutzscheiben ein und Kurbelscheiben mit Türfüllungen, an denen dann die Schlösser angebracht wurden. So war der Aufbau durch und durch handwerklich gefertigt.

Oberstes Prinzip aber war immer die Qualität, die Sorgfalt der Arbeit und damit die Sicherung der Marktstellung der KOEBE-Produkte.

Mercedes-Benz-Fahrgestell Typ LS 45, 6 Zylinder-Vergaser-Motor M16, mit 55 PS bei 2000 U/min, Hubraum 3920 cm³, Achsstand 4000 mm, Spur 1520 mm vorn, 1580 mm hinten, Bereifung 32 x 6 vorn, 32 x 6 x 2 hinten, 4-Gang-Getriebe und Nebenantrieb, Gelenkwelle in Schubrohr, 4 Rad Innenbandbremse mit Servowirkung, Max-Geschw.: 50 km/h, Verbrauch 25 l und 1 l Öl/100 km, Rahmentragfähigkeit 3250 kg.

Modell „Mügeln"

In Ausführung ähnlich dem Modell „Friedeberg", aber ohne Leitergerüst. Die Anbringung eines Allwetterverdecks kann vorgesehen werden.

Modell „Neubrandenburg"

Ausführung mit vollständig limousinenartigem Aufbau, sodaß Fahrer und Mannschaften vollständig geschützt sitzen. Das Gerät hat außer dem Leitergerüst zur Aufnahme von Schiebe- und Hakenleitern im hinteren Teil einen geschlossenen Kasten zur Aufnahme einer Kleinmotorspritze.

Löschzug bestehend aus Automobilspritze mit Einachsanhänger

Koebe-Kraftfahrspritze Modell «Neustrelitz»

Koebe-Feuerlöschpumpe 1500 Liter bei 80 m Förderhöhe vor dem Kühler eingebaut. Limousinenartiger Aufbau für 11 Mann

Koebe-Mannschaftswagen Modell «Blankenfelde» mit Längssitzen für 25 Mann

Koebe-Rüstwagen Limousinenartiger Aufbau, reichhaltige Magazine.
Sehr geräumig, zur Aufnahme von Werkzeug, Gas-, Feuer- und Luftschutzgeräten

Die Einheitskraftfahrspritze und die Fahrzeuge ab 1933

12.

nach DIN FEN 510. **Koebe-Feuerlöschpumpe** 1500 Liter bei 80 m Förderhöhe. Limousinenartiger Aufbau für 9 Mann

Koebe-Feuerlöschpumpe mit automatischer Ansaugevorrichtung D.R.P. eingebaut im Fahrgestell-Rahmenende. Antrieb vom Fahrmotor. Leistung 1500–3000 Liter

Lieferung von 6 kompletten „Löschzügen" an die „Reichswerke AG", Watenstedt-Salzgitter, aufgenommen auf dem Marktplatz Luckenwalde. Die Fahrzeuge wurde am 7./8. Juli 1938 übergeben.

Eine komplette Lieferung –
Fertig zur Abnahme im Werk II

Kleines Einheitslöschfahrzeug KzS 8 des deutschen Luftschutzes in den Jahren 1936–1939, leichter Aufbau für eine Löschgruppe, Tragkraftspritze TS 8/8 und Anhänger TSA.

Löschkraftwagen auf 1 To. Opel-Fahrgestell
mit Anhänger Modell „Treuenbrietzen" 1937
Motor 6 cyl. 36 PS. Inhalt 2 Ltr. — Radstand: 2851 mm. — Fahrgestell-Tragfähigkeit 1600 kg
5 fach bereift

Aufbau:

Offener Führerraum mit freistehender Windschutzscheibe aus Sekurit, 2 Sitzplätze, die durch Segeltuchklappen nach außen abgeschlossen werden. Boden mit Aluminium-Riffelblechbelag, Sitzbank mit 100 mm hohen Fußschutzstreifen aus Aluminiumblech. Die Sitzplatte erhält einen Segeltuch-Regenschutz.

Der von hinten zugängliche Mannschaftssitzraum hat 2 Längssitze für je 3 Personen, die mit dem Rücken zur Fahrzeugwand sitzen. Die Sitze sind als Kästen ausgebildet und von oben durch Aufklappen zugänglich.

2 tragbare Schlauchhaspeln nach DIN FEN 351, je 1 links und rechts sind im Anschluß an den Führersitz am unteren Teil des Fahrzeugs angeordnet.

Diese beiden Räume sind durch je eine zweiflügelige Tür zugänglich. Im Anschluß an die Hinterrad-Kotflügel ist gleichfalls auf jeder Seite ein durch Klappen verschließbarer Raum vorgesehen zur Unterbringung von Rettungsgeräten, Werkzeugkästen und Schleppseil.

Im Anschluß an die Sitzbänke sind weitere Gerätekästen links und rechts des Einstiegs vorhanden. Diese sollen zur Aufnahme gerollter Schläuche dienen und sind durch einflügelige Türen verschlossen.

Für 2 Enden Steckleitern DIN FEN 170 sind Haltevorrichtungen links und rechts seitlich am Fahrzeug vorgesehen.

Am hinteren Rahmenende ist eine kräftige Anhängevorrichtung angebracht.

Das ganze Fahrzeug ist von außen mit Blech bekleidet.

Ausrüstung:

Komplette elektrische Licht- und Anlasseranlage, 2 Scheinwerfer mit Billuxbeleuchtung, Stoplicht und Steckdose für Anhänger.

2 Fahrtrichtungsanzeiger, 1 Paar Scheibenwischer.

Preis des Fahrzeugs ohne Leitern und ohne Anhänger einschl. Lackierung **RM. 5.100.—**

Mehrpreise:

1 doppeltöniges Martinhorn mit automatischem Tonablauf . . . . **RM. 200.—**

1 Bosch-Scheinwerfer 250 mm Durchm. mit auswechselbarer roter Einsatzscheibe und kurzem Ansatzkabel . . . . **RM. 160.—**

Preise für **Einachs-Anhänger** laut Sonderprospekt.

Schlauchhaspeln und gerollte Schläuche beim Einachsanhänger „Treuenbrietzen“ werden durch abrollbare Segeltuchbehänge gegen Witterungsunbilden geschützt.

KOEBE Kraftzugspritze KzS 8, Baujahr um 1937
Die Kraftzugspritze bestand aus einem Zugfahrzeug, dem Löschkraftwagen (LsKw), einem einachsigen Anhänger (Tgsa) und wurde nach einem besonderen Ausrüstungsverzeichnis beladen.

Kraftspritzengruppe

(früherer Begriff: Halblöschzug)

Das Gerät wurde in Zusammenarbeit mit dem Amt für Freiwillige Feuerwehren (Provinzial-Feuerwehrführer Schnell) entwickelt.

Szene aus dem KOEBE-Werksfilm 1939
Viele Fahrzeuge entstanden Ende der 30er Jahre auf Opel Fahrgestellen

Ab ca. 1936 verwendete Koebe verstärkt Opel-Blitz-Fahrgestelle, die im Einsatz besonders wendig und damit leicht zu fahren waren. Das war während der Kriegszeit wichtig, wenn im Einsatzfall nur ungeübte Fahrer zu Verfügung standen Die große Stückzahl der produzierten Fahrgestelle dieses Typs gewährleistete eine gute Ersatzteilversorgung.

Automobilspritze

auf 3 to-Fahrgestell
mit vor dem Kühler eingebauter Löschpumpe
Leistungen je nach Stärke des Fahrmotors 1200 – 1800 Ltr./Min.
geliefert an die Freiwillige Feuerwehr Herford-Hiddenhausen/Westf.

Anordnung der Koebe-Feuerlöschpumpe vor dem Kühler, mit KOEBE-Rotationsentlüftung im Saugstutzen

Nr.	Benennung
1	Pumpenwelle.
2	Federkeil.
3	Endmutter.
4	Distanzhülse.
5	Schaufelrad.
6	Leitkranz.
7	Lagerbüchse.
8	Mittelstück.
9	Saugdeckel.
10	Druckstück.
11	Gummidichtung Saugdeckel.
12	Gummidichtung Mittelstück.
13	Stopfbüchse.
14	Überwurfmutter.
15	Lagerbock.
16	Kugellagergehäuse.
17	Kugellager.
18	Verschlußring zum Gehäuse.
19	Feststellmutter z Kugellager.
20	Kupplung zur Ansaugpumpe.
21	Andrehklaue
22	Gummidichtung
23	Saugstutzen.
24	Dom für Vakuummeter.
25	Schutzsieb.
26	Kapselpumpengehäuse.
27	Rundlaufkörper.
28	Lamelle
30	Druckfeder.
31	Verschlußdeckel
32	Traverse
33	Betatigungshahnz Ansaugpump.
34	Überwurfmutter z Hahn.
35	Fettpresse
36	Vakuummeter
37	Manometer
38	Druckstutzen
39	Entleerungshahn Kuhlwasser
40	Lufthahn
41	Entleerungshahn Pumpe
42	Kühlmantel.
43	Kupplungshälfte [Pumpe.]
44	Kupplungshälfte [Motor]
45	Motor.
46	Kühlwasserpumpe.
47	Kühlwasserleitung [Rücklauf]
48	Kühlwasserleitung [Zulauf.]
49	Kühler.
50	Windflügel.
51	Fettbüchse.
52	Fettbüchse.
53	Keil zur Kupplung.
54	Kupplungsbetätigung.

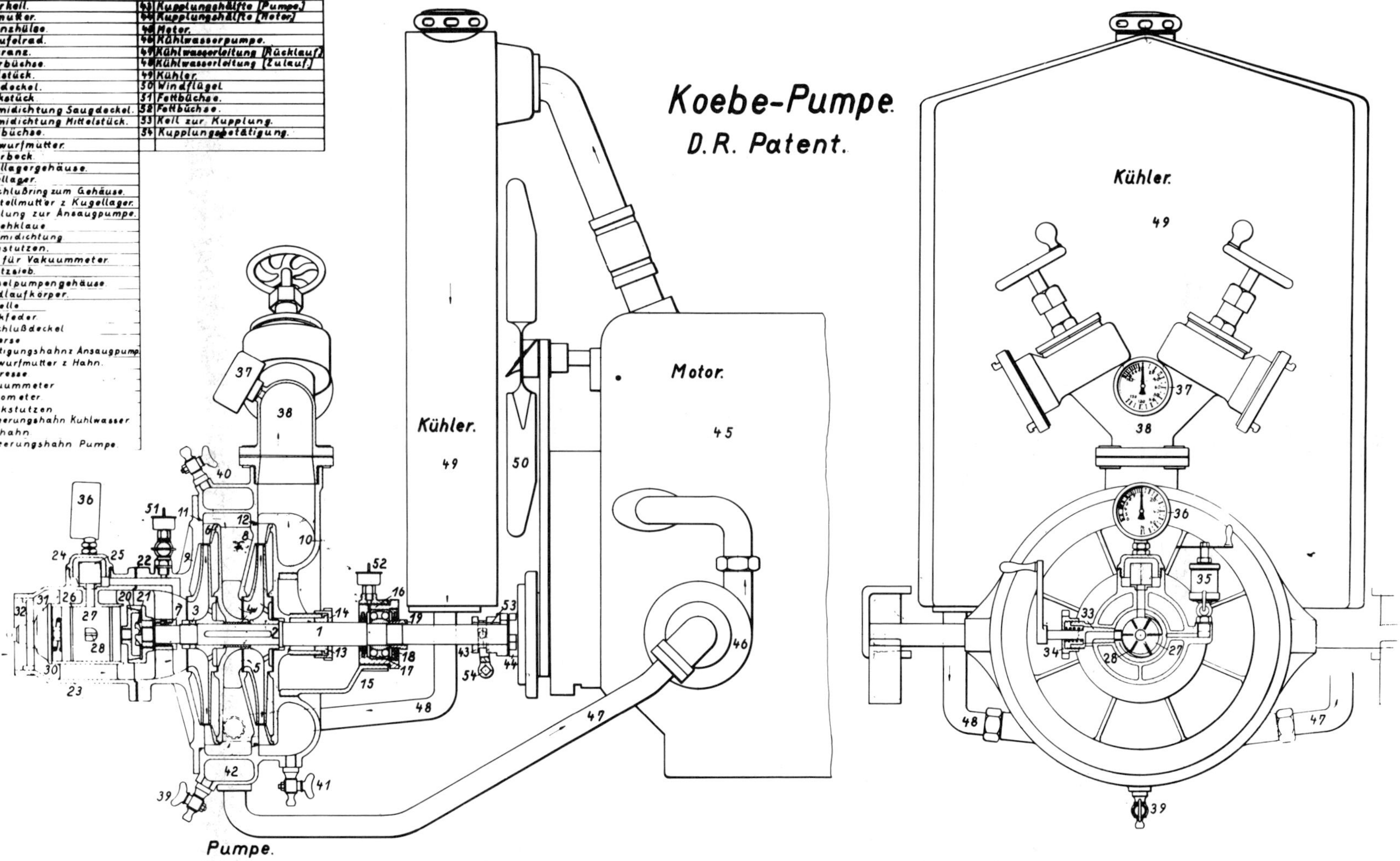

Vor dem Kühler eingebaute Koebe-Pumpe.

Luckenwalde, d. 3. 10. 30

Hermann Koebe, Luckenwalde, Feuerwehrgerätefabrik.

Zeichn

Feuerlöschpolizei
Kreis Blankenburg a/Harz.
Koebe

Feuerlöschpolizei
Seeburg Krs. Osthavelland
Koebe

OPEL-Blitz, ein vielseitiges Fahrgestell, das KOEBE in großen Stückzahlen für verschiedenste feuerwehrtechnische Aufbauten verwendete

Automobil-Tankspritze

„System Koebe" DRP.a.

Normalausführung auf 3-t-Fahrgestell. Tankinhalt für 2000 Liter. Wenderohre „System Koebe" für Wasser und Luftschaum unter Anwendung des Komet-Luftschaumverfahrens. Voller Spritzbetrieb auch während der Fahrt.

Automobil-Drehleitern LDL und SDL

für 17 und 22 m Steighöhe

Das damals populäre Opel-Blitz Fahrgestell aus dem Opel-Lastwagenwerk Brandenburg/Havel

KOEBE Sonderfahrzeug
mit horizontalen Geräteraum-Klapptüren und Warnmarkierungen,
für Einsätze auf Flugplätzen, auf 1 to Opel Fahrgestell.

Seit 1934 lieferte Opel den „Blitz-Eintonner" aus dem Werk Brandenburg/Havel. Insgesamt wurden bis 1938 21.000 Stück gebaut. Viele dieser Fahrgestelle gingen zu KOEBE nach Luckenwalde. Opel hatte damals mit diesem Typ einen Marktanteil von 40% in dieser Klasse. Der 2 Liter Sechszylinder Motor leistete 36 PS und erreichte ca. 80 km/h. Der Fahrgestellrahmen bestand aus Längsträgern, aus einem Stück gepreßt, mit halbelliptischer Blattfederung. Das Fahrgestell hatte eine Tragfähigkeit von 1.600 kg.
Ab Februar 1938 erschien der 1 1/2 to Blitz. Nach dem Wegfall des Zweitonners füllte er die Lücke zwischen Eintonner und Dreitonner. Das Fahrgestell war mit RM 3050 sehr preisgünstig. Es hatte einen 55 PS Sechszylin-

Offener KOEBE-Aufbau mit Vorbaupumpe
auf 3 to Opel Fahrgestell für die Flugzeugwerke Neuendorf.

der-Kurzhubmotor und ein bemerkenswert günstiges Verhältnis von Fahrgestellgewicht zu Fahrgestell-Tragfähigkeit (1.050 zu 2.050 kg). Das Fahrgestell konnte also ca. das Doppelte seines Eigengewichts tragen.

Seit Juni 1936 stand KOEBE die 3 to Version (3,5 Liter, 64 PS, Radstand 3.600 mm) zur Verfügung. Fahrgestellgewicht 1.760 kg, Tragfähigkeit 3.940 kg. Ab Mai 1937 hatten alle Dreitonner einen 3,6 Liter kopfgesteuerten Sechszylinder Kurzhubmotor mit 75 PS Bremsleistung (bei 90 mm Bohrung und 95 mm Hub). Es handelte sich um das damals meistverkaufte Fahrgestell für mittelschwere Lastwagen.

KOEBE Geräte- und Mannschaftswagen
auf 2 1/2 to Opel Blitz-Fahrgestell

Prospekt 1940/41

Leichtes Löschgruppenfahrzeug (LLG)

gem. Heft 1 der Anordnung über den Bau von Feuerwehrfahrzeugen des RFϟϟ und Ch. d. Dt. Pol. im RMdJ. vom 16. 2. 1940 auf 1½-to-Fahrgestell, mit Tragkraftspritze (TS) 800 Ltr. und Tragkraftspritzen-Anhänger (TSA)

Schweres Löschgruppenfahrzeug (SLG)

gem. Heft 2 der Anordnung über den Bau von Feuerwehrfahrzeugen des RFϟϟ und Ch. d. Dt. Pol. im RMdJ. vom 16. 2. 1940 auf 3-to-Fahrgestell mit hinten eingebauter Feuerlöschpumpe 1500 Ltr. Leistung

Das Mercedes-Benz Schnellastwagen-Fahrgestell Typ L 1500
– Basis für viele Feuerwehrfahrzeuge –

Die Löschgruppenfahrzeuge nach den Vorschriften ab 1940

Man unterschied leichtes und schweres Löschgruppenfahrzeug (LLG und SLG) nach den Vorschriften des Reichsführers SS und Chef der deutschen Polizei im Reichsministerium des Innern (RMdl) vom 16. 2. 1940.

KOEBE bot die Fahrzeuge wie folgt an:

1. Leichtes Löschgruppenfahrzeug LG (ab 1943 LF 8)	
Daimler-Benz-Fahrgestell Typ L 1500 F, 1,5 to, 60 PS Vergasermotor, Bereifung 6.00 – 20 Transport	RM 4.830,–
Aufbau	RM 5.250,–
feuerwehrtechnische Ausrüstung	RM 1.108,–
Tragkraftspritze (TS) und Tragkraftspritzen-Anhänger (TSA) in geschlossener Ausführung	RM 3.927
Gesamtpreis	RM 15.115,–

2. Schweres Löschgruppenfahrzeug SLG	
Daimler-Benz-Fahrgestell Typ LS 3000 F, 3 to, 80 PS Diesel-Motor, Wasserverdampfer und Regler, Bereifung 6-fach 190-20 Transport	RM 9.857,–
Aufbau, Feuerlöschpumpe und Wasserbehälter	RM 10.300,–
feuerwehrtechnische Ausrüstung	RM 3.215,–
Gesamtpreis	RM 23.408,–
alternativ wurde das Fahrzeug mit Klöckner-Humboldt-Deutz-Fahrgestell angeboten, 3 to, Typ FS 330 mit 80 PS Diesel-Motor	RM 22.731,–

Die Fahrzeuge wurden im Rahmen der durch den Generalbevollmächtigten für das Kraftfahrwesen freigegebenem Kontingente und nach Festsetzung der Dringlichkeit durch das OKdO F (2) im RMdl geliefert.

Im Angebot heißt es: „Infolge der durch den Krieg bedingten wirtschaftlichen Verhältnisse bleiben Typenänderungen und Preisberichtigung im Rahmen der vom Preiskommissar festgelegten Bestimmungen vorbehalten".
Es galten die Verkaufs- und Lieferungsbedingungen der Fachuntergruppe Feuerwehrgeräte der Wirtschaftsgruppe Maschinenbau. Sämtliche Preise waren einheitlich festgelegt und galten vorbehaltlich der Genehmigung durch den „Reichskommissar für Preisbildung".

Das leichte Löschgruppenfahrzeug LLG mußte mit Einachsanhänger (900 kg) in vollbelasteten Zustand auf guter ebener Straße im 4. Gang 65 km/h erreichen; die Steigfähigkeit mußte im 1. Gang etwa 17% betragen.

Das schwere Löschgruppenfahrzeug SLG mußte im vollbelasteten Zustand auf guter ebener Straße im 5. Gang 75 km/h erreichen; die Steigfähigkeit war im 1. Gang mit mindestens 30% vorgeschrieben.

Ab 1940 verwendete KOEBE in großen Stückzahlen das Mercedes-Benz-Fahrgestell. Ab 1943 als „LF 8" mit „TSA" bezeichnet.

Auslieferung von KOEBE-LF8 auf Mercedes-Benz-Fahrgestell – noch bis lange nach Kriegsende dienten die Fahrzeuge dieses Typs bei den Feuerwehren –

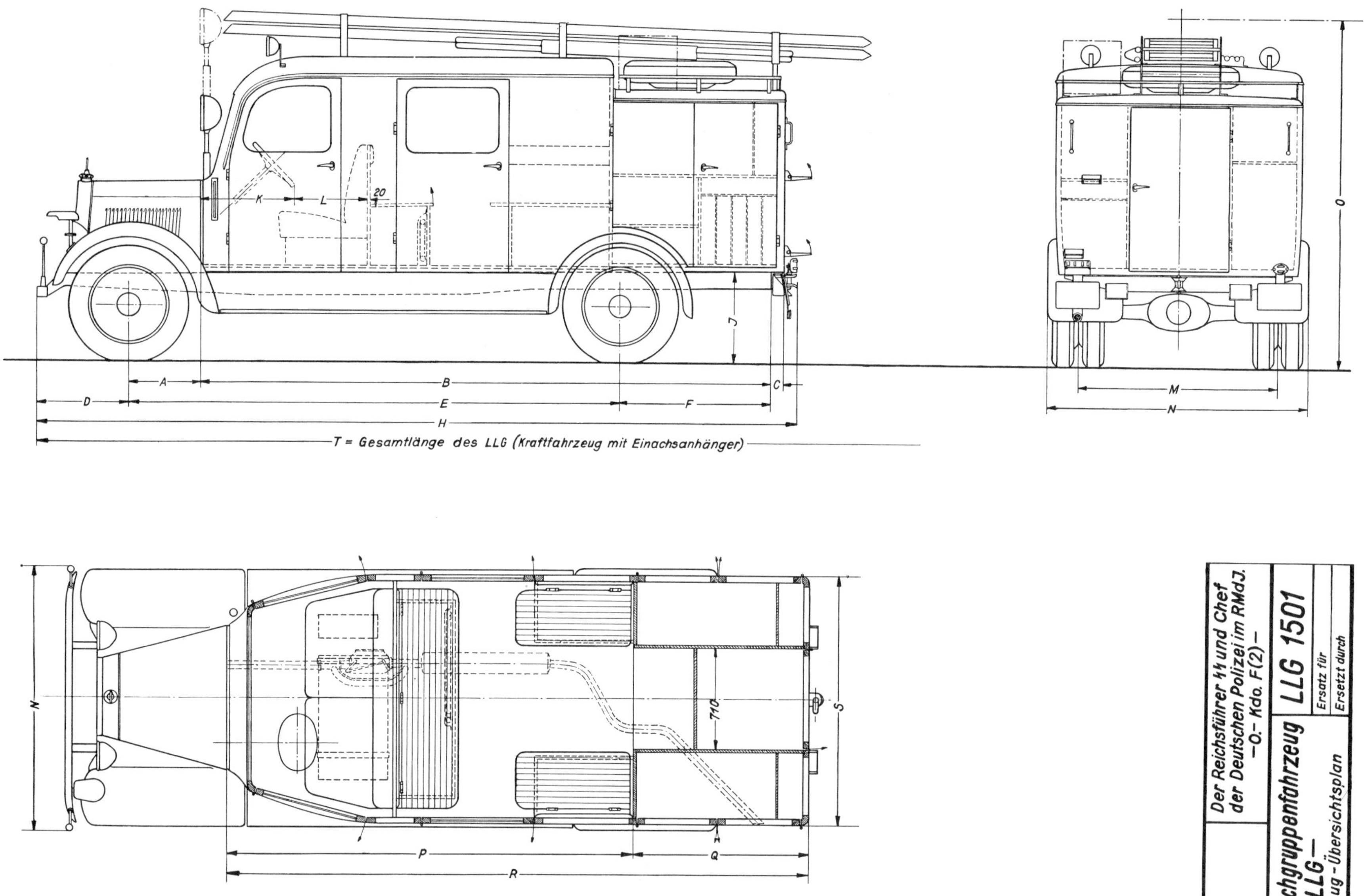

		A	B	C	D	E	F	G	H	J	K	L	M	N	O	P	Q	R	S	T	Bereifung
Daimler-Benz A.-G.	Type: L 1500 Fahrgestell-Zrhng. A70/1029	500	4050	80	635	3500	1050		≈5350	650	663	517	1410	1900	≈2400	2890	1240	4130	1800	≈8650	6,00-20 Transport

Gaggenau	Datum	Name
Gezeichnet	16.2.40	Traub
Geprüft	16.2.40	[illegible]
Norm gepr.	16.2.40	Sack

Der Reichsführer ϟϟ und Chef der Deutschen Polizei im RMdJ.
—O.- Kdo. F(2)—

Maßstab 1:20

Leichtes Löschgruppenfahrzeug —LLG—
Kraftfahrzeug - Übersichtsplan

LLG 1501

Ersatz für
Ersetzt durch

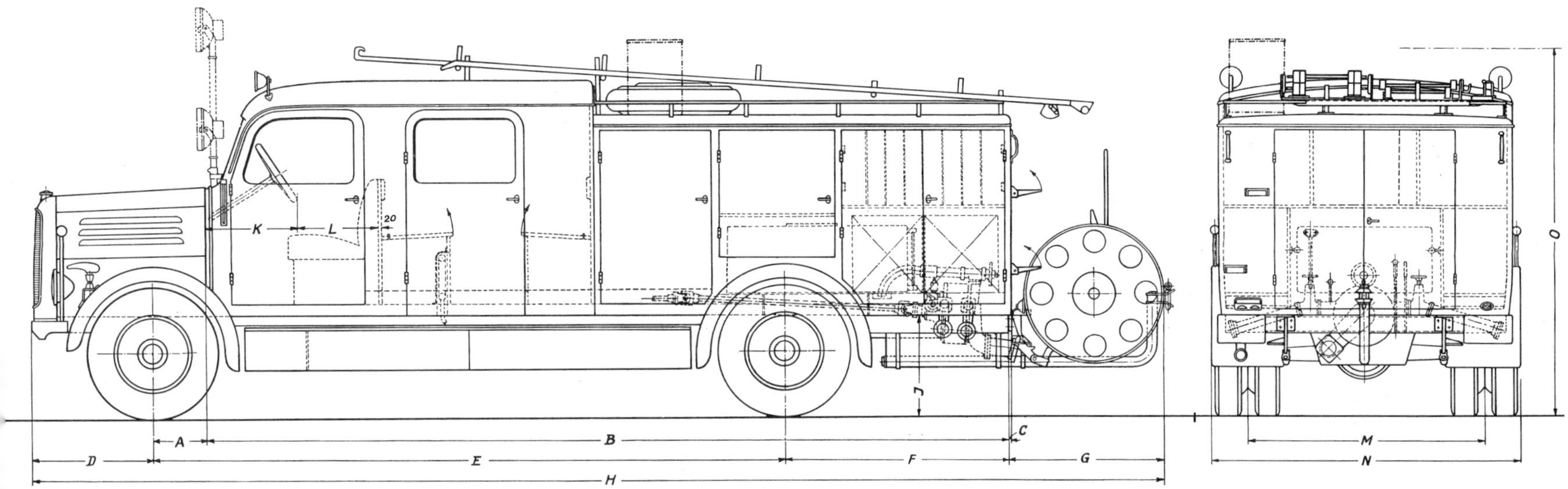

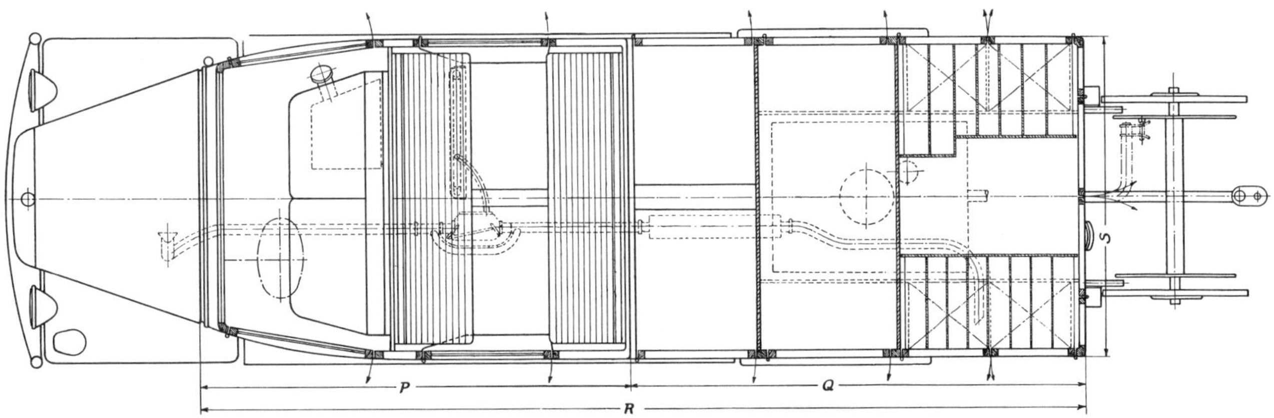

		A	B	C	D	E	F	G	H	J	K	L	M	N	O	P	Q	R	S	Bereifung
Daimler-Benz AG	Type: L 3000 S Fahrgestell-Z. 066 0000496	520	5230	85	805	4250	1500	1090	≈7645	773	685	510	1650	2100	≈2820	2615	2700	5315	1940	190-20
Klöckner-Humboldt-Deutz AG	Type: FS 330 (L 3000 S) Fahrgestell-Zeichn. K8370	350	5350	20	830	4200	1500	1025	≈7555	695	630	510	1560	2050	≈2750	2620	2750	5370	1940	190-20

Der Reichsführer ᛋᛋ und Chef der Deutschen Polizei im RMdJ.
-O.-Kdo. F (2)-

Ulm a.D.	Datum	Name
Gezeichnet	16.2.40	Klein
Geprüft	16.2.40	[signature]
Normgepr.	16.2.40	[signature]

Maßstab 1:20

Schweres Löschgruppenfahrzeug
– SLG –
Übersichtsplan

SLG 3001

Ersatz für

Ersetzt durch

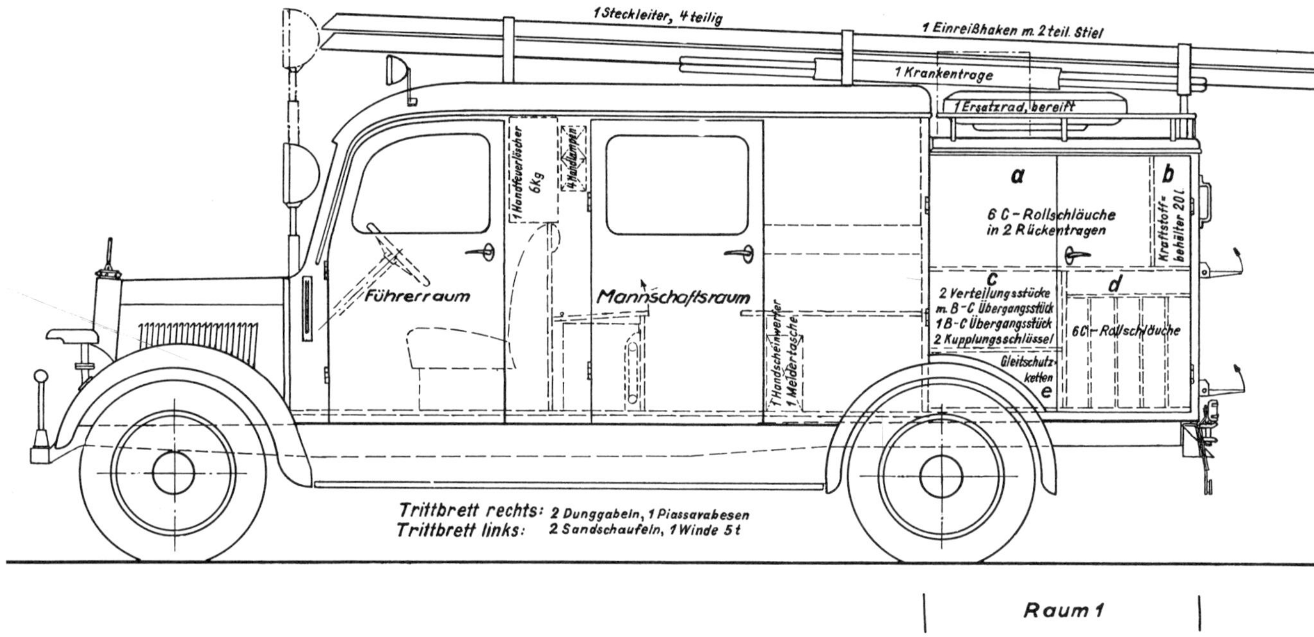
1 Steckleiter, 4 teilig
1 Einreißhaken m. 2 teil. Stiel
1 Krankentrage
1 Ersatzrad, bereift
1 Handfeuerlöscher 6 kg
Führerraum
Mannschaftsraum
1 Handscheinwerfer
1 Meldertasche
a
6 C-Rollschläuche in 2 Rückentragen
b
Kraftstoff-behälter 20 l
c
2 Verteilungsstücke m. B-C Übergangsstück
1 B-C Übergangsstück
2 Kupplungsschlüssel
d
6 C-Rollschläuche
Gleitschutz-ketten
e
Trittbrett rechts: 2 Dunggabeln, 1 Piassavabesen
Trittbrett links: 2 Sandschaufeln, 1 Winde 5 t
Raum 1

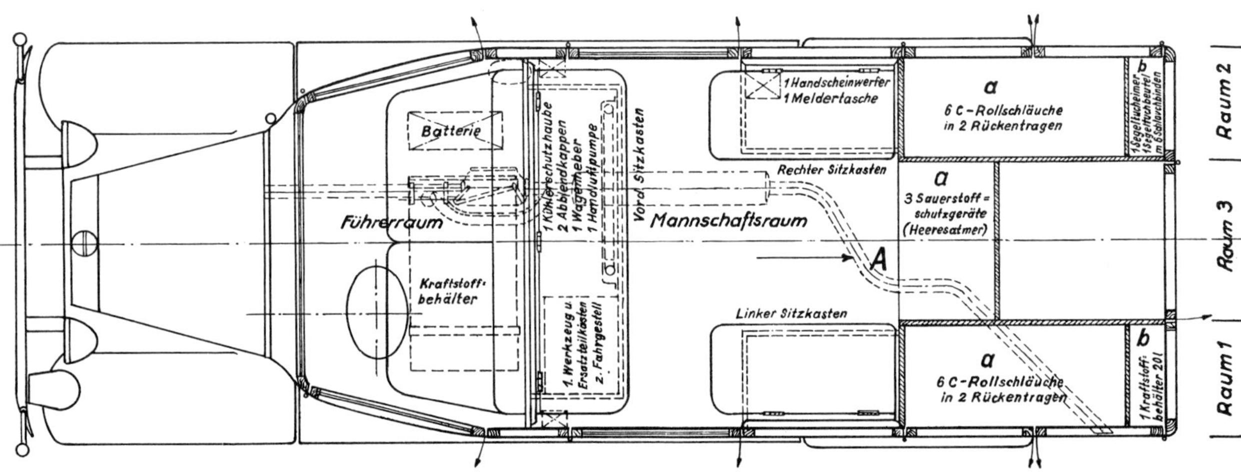
Batterie
Führerraum
Kraftstoffbehälter
1 Kühlerschutzhaube
2 Abblendkappen
1 Wagenheber
1 Handluftpumpe
Vord. Sitzkasten
1 Werkzeug u. Ersatzteilkasten
2. Fahrgestell
1 Handscheinwerfer
1 Meldertasche
Mannschaftsraum
Rechter Sitzkasten
Linker Sitzkasten
A
a
6 C-Rollschläuche in 2 Rückentragen
b
a
3 Sauerstoffschutzgeräte (Heeresatmer)
a
6 C-Rollschläuche in 2 Rückentragen
b
1 Kraftstoffbehälter 20 l
Raum 2
Raum 3
Raum 1

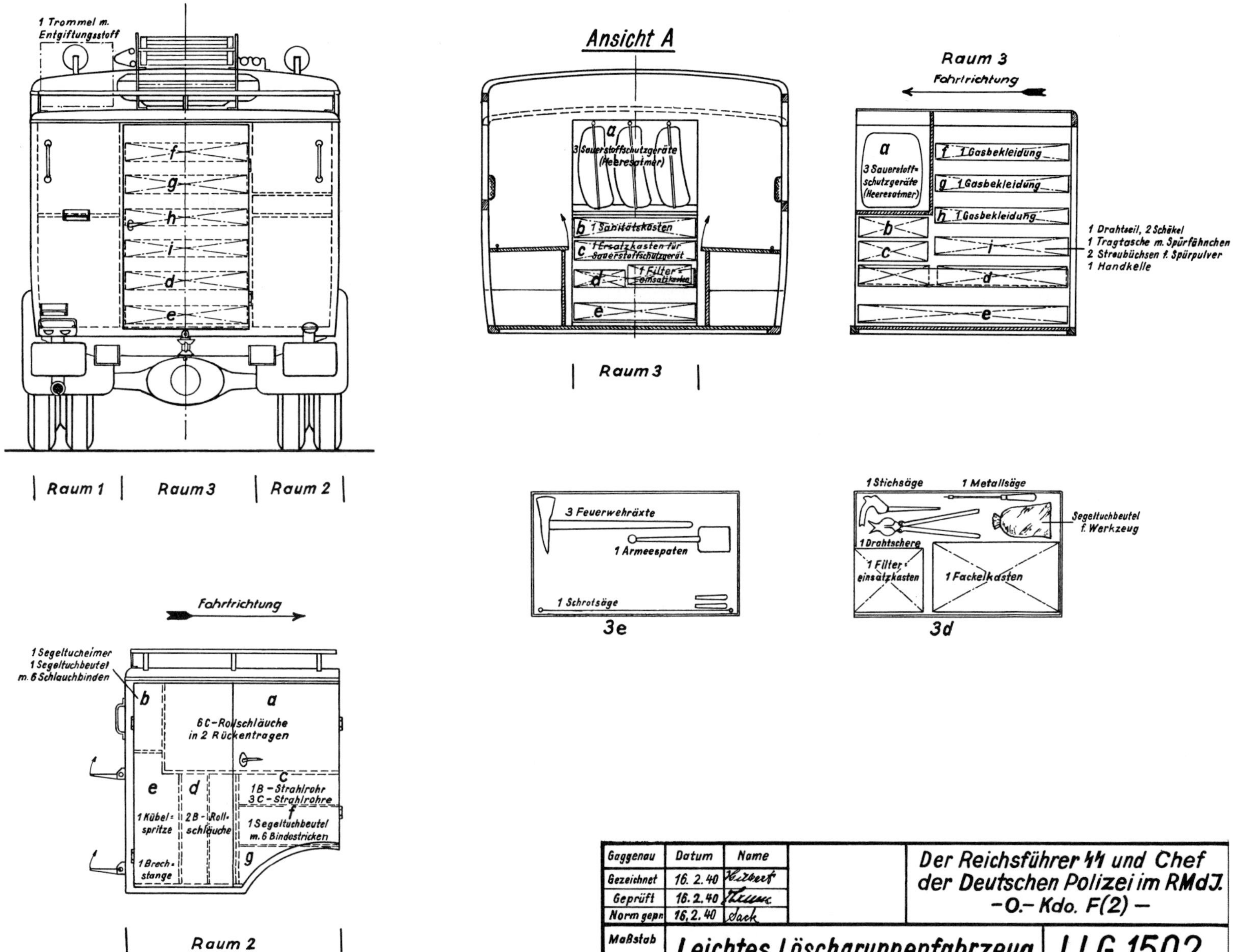

Gaggenau	Datum	Name		Der Reichsführer SS und Chef der Deutschen Polizei im RMdJ. -O.- Kdo. F(2) -
Gezeichnet	16. 2. 40	Hilbert		
Geprüft	16. 2. 40	[illegible]		
Norm gepr.	16. 2. 40	Sack		

Maßstab 1:20	Leichtes Löschgruppenfahrzeug —LLG— Kraftfahrzeug-Beladeplan	LLG 1502
		Ersatz für
		Ersetzt durch

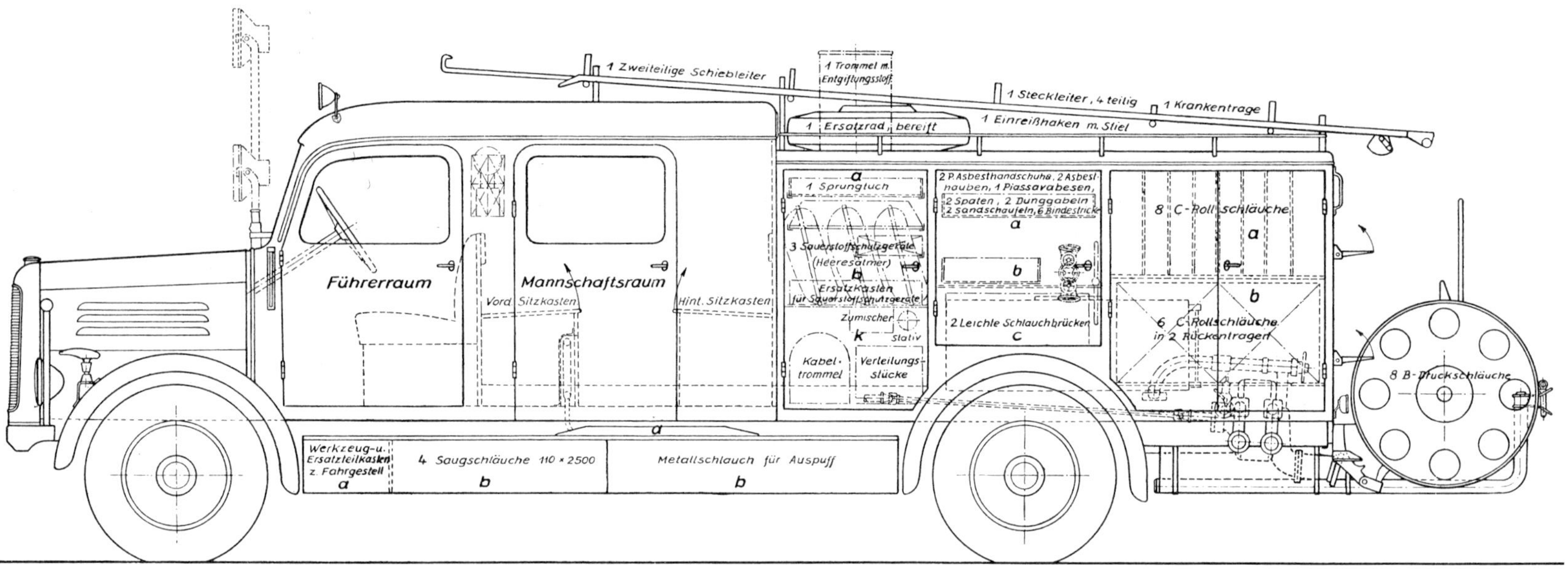
1 Zweiteilige Schiebleiter
1 Trommel m. Entgiftungsstoff
1 Steckleiter, 4 teilig
1 Krankentrage
1 Ersatzrad, bereift
1 Einreißhaken m. Stiel
a
1 Sprungtuch
3 Sauerstoffschutzgeräte (Heeresatmer)
b
Ersatzkasten für Sauerstoffschutzgeräte
Zumischer
k
Stativ
Kabeltrommel
Verteilungsstücke
2 P. Asbesthandschuhe, 2 Asbesthauben, 1 Piassavabesen,
2 Spaten, 2 Dunggabeln
2 Sandschaufeln, 6 Bindestricke
a
b
2 Leichte Schlauchbrücken
c
8 C-Rollschläuche
a
b
6 C-Rollschläuche in 2 Rückentragen
8 B-Druckschläuche
Führerraum
Mannschaftsraum
Vord. Sitzkasten
Hint. Sitzkasten
a
Werkzeug- u. Ersatzteilkasten z. Fahrgestell
a
4 Saugschläuche 110 × 2500
b
Metallschlauch für Auspuff
b

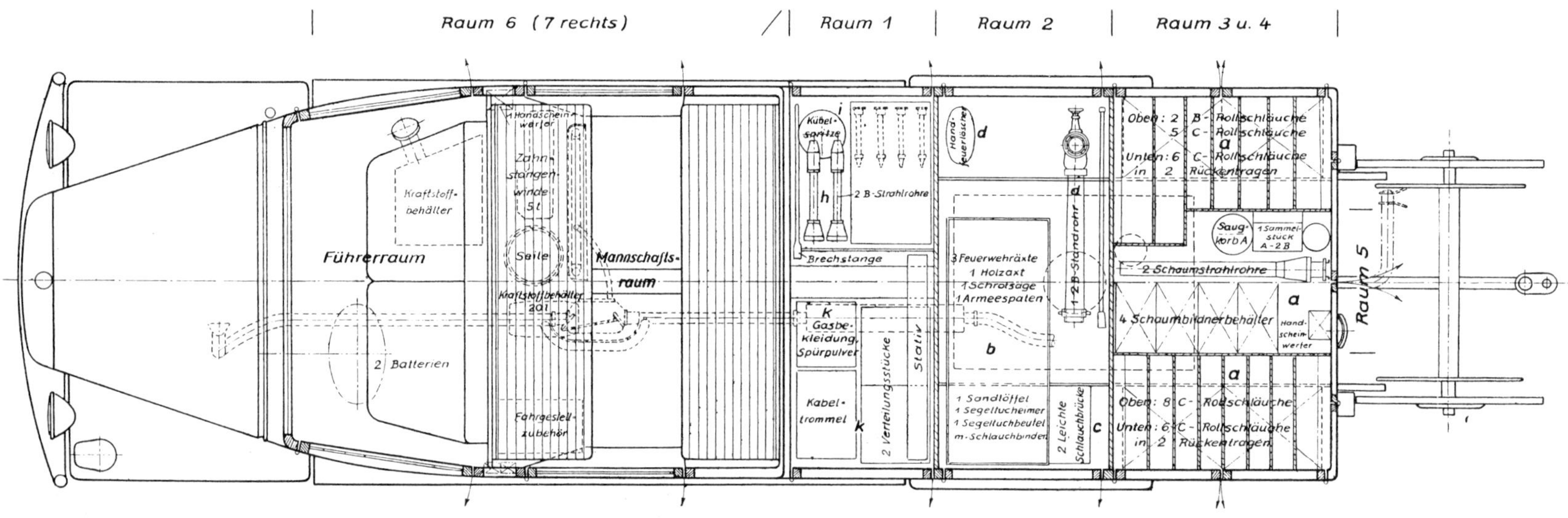
Raum 6 (7 rechts)
Raum 1
Raum 2
Raum 3 u. 4
Führerraum
Kraftstoffbehälter
2 Batterien
1 Handscheinwerfer
Zahnstangenwinde 5 t
Seile
Kraftstoffbehälter 20 l
Fahrgestellzubehör
Mannschaftsraum
i
Kübelspritze
h
2 B-Strahlrohre
Brechstange
k
Gasbekleidung, Spürpulver
Kabeltrommel
k
2 Verteilungsstücke
Stativ
Handfeuerlöscher
d
d
1-2 B-Standrohr
3 Feuerwehräxte
1 Holzaxt
1 Schrotsäge
1 Armeespaten
b
1 Sandlöffel
1 Segeltucheimer
1 Segeltuchbeutel m. Schlauchbinden
2 Leichte Schlauchbrücke
c
Oben: 2 B-Rollschläuche
5 C-Rollschläuche
a
Unten: 6 C-Rollschläuche in 2 Rückentragen
Saugkorb A
1 Sammelstück A-2 B
2 Schaumstrahlrohre
a
4 Schaumbildnerbehälter
Handscheinwerfer
a
Oben: 8 C-Rollschläuche
Unten: 6 C-Rollschläuche in 2 Rückentragen
Raum 5

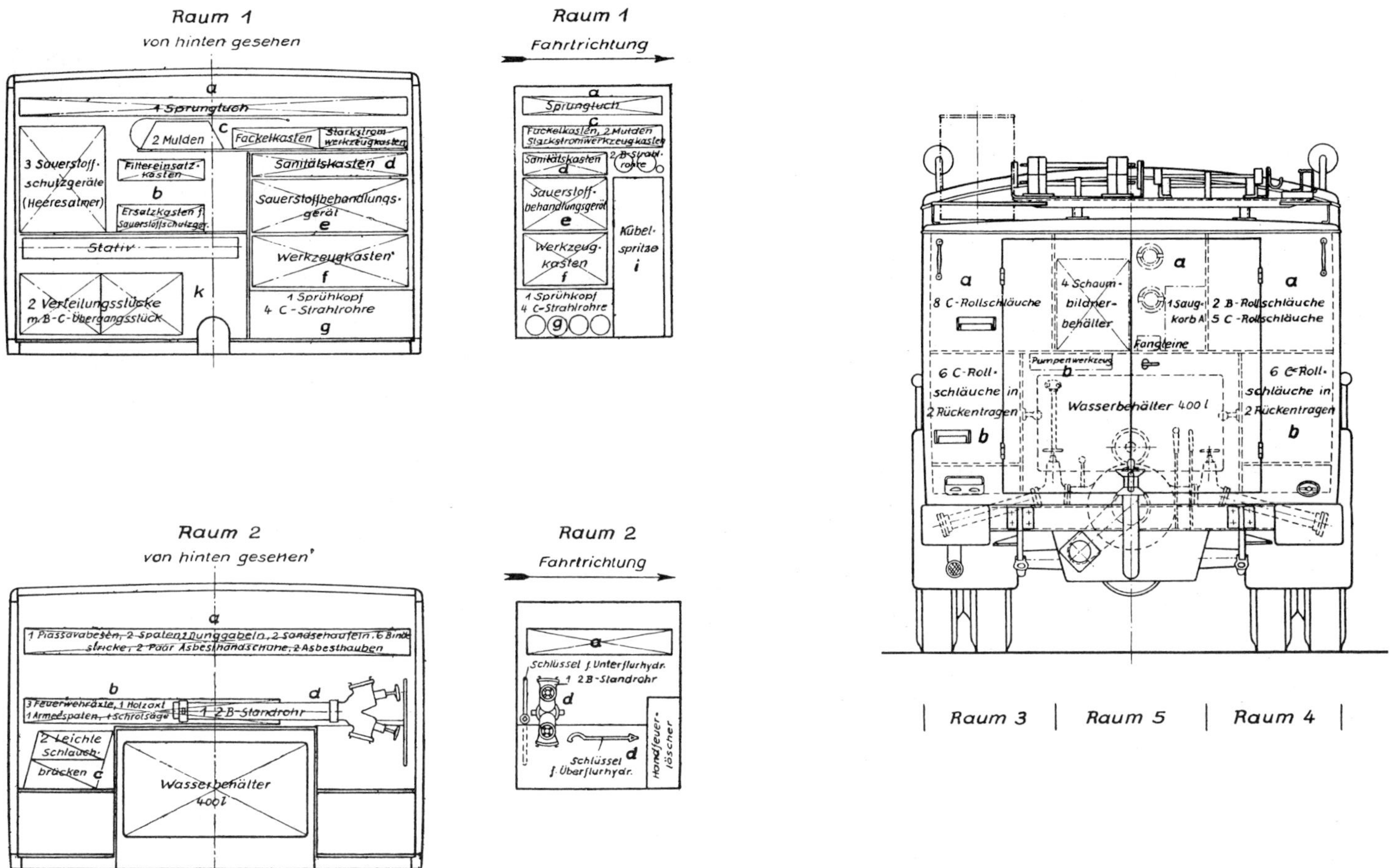

Ulm a. D.	Datum	Name		Der Reichsführer SS und Chef der Deutschen Polizei im RMdJ. - O.-Kdo. F (2) -
Gezeichnet	16.2.40	Klein		
Geprüft	16.2.40			
Normgepr.	16.2.40			

Maßstab 1:20	Schweres Löschgruppenfahrzeug - SLG - Beladeplan	SLG 3002
		Ersatz für
		Ersetzt durch

KOEBE-Tankspritze auf 3 to Opel-Fahrgestell

Der Fahrgestellrahmen wurde von Opel entsprechend dem vorgesehenen Aufbau ausgeführt. Der Kraftstoffbehälter befand sich teilweise auch seitlich am Rahmen vor der Hinterachse.

TANKSPRITZE

System Koebe

D. R. G. M. D. R. P. a.

Abb. 1:

Fahrzeug in Fahrstellung, 4 Mann Besatzung außer Fahrer und Führer. Rückwertige Türen geschlossen. Sitzanordnungen treppenförmig zum oberen Podest.

Abb. 2:

Schaumlöschbetrieb während der Fahrt mit Kometstrahlrohr Größe V.

Standrohr mit Wenderohr für Wasser und Luftschaum, nach der Seite und Höhe, vollkommen im Kreis drehbar.
Leichte Bedienung auch bei größeren Mundstücken.
Wasserentnahme mit der Motorspritze aus dem Tank, durch Umschalten eines Dreiwegehahns auch aus offenen Gewässern.
Sonderanschluss für Zuführung größerer Wassermengen zum Wenderohr.
Sonderanschlüsse für Druckschläuche, auch für Sprüh- und Sprengdüsen. Füllen des Behälters aus beliebigen Wasserentnahmestellen.

Ausführung in verschiedenen Größen mit Tankinhalt von 2000 - 4000 Ltr.

Abbildungen zeigen eine Tankspritze, unter Verwendung eines normalen 3 To Fahrgestells.

Inhalt des Tanks: 2000 Ltr.

Tragkraftspritze nach DIN FEN 560, abnehmbar mit und ohne Startanlage. Nennleistung 800 Ltr. pro Min. bei 80 m Förderhöhe.
Mit Vorbaupumpe versehen, Leistung ca. 1500 Ltr. bei 80 m Förderhöhe.

Abb. 3:
Tankspritze mit Anhänger. Zusatz-Wasserbehälter 2000 – 4000 Ltr. Wasserentnahme durch Saugverbindung vom vorderen Fahrzeug, auch während der Fahrt.

Abb. 4:
Tankspritze mit Spreng- und Sprühdüsen behelfsmäßig eingerichtet.

Abb. 5:
Wenderohre für Wasserstrahl und Kometrohr in allen Größen. Anschlüsse für Druckschläuche.

Die Beschreibung der Tankspritze, System Koebe D.R.P.A.

Entsprechend der Tragkraft des für die Tankspritze zu verwendenden Fahrgestells wird der Aufbau ausgeführt, insbesondere die Größe des Wasserbehälters bestimmt. Die nachfolgende Beschreibung gilt für eine Tankspritze, unter Verwendung eines 3 t Fahrgestells mit 4,2 m Radstand.

Wasserbehälter:
Der rechteckige Behälter hat 2000 l Inhalt, er ist aus Stahlblech elektrisch geschweißt und im Vollbade verzinkt, besitzt Schlingerwände, Mannlochdeckel, Einfüllstutzen, Ablaßhahn für direkte Wassernentnahme, Überlaufstutzen und Saugstutzen, Wasserstandsanzeiger. Der Wasserbehälter ruht in einem Winkel-Eisenrahmen, der mit dem Fahrzeugrahmen durch Dreipunktlagerung gegen Verschränkung verbunden ist.

Aufbau:
Das Führerhaus ist mit dem hinteren Aufbau verbunden, erhält Sitze und Rückenpolster, beiderseits Türen mit Kurbelfenster, Rückblickspiegel, doppelte Scheibenwischer, Winker. Anschließend an das Führerhaus sind Räume vorgesehen zur Unterbringung von Schlauchmaterial und sonstigen Geräten. Der Aufbau ist so gestaltet, daß über dem Wasserbehälter ein Podest mit Lattenrost vorgesehen ist, auf welchem sich die Bedienung für die Strahlrohre frei bewegen kann. Das Podest ist bis in Höhe der oberen Kante des Führerhauses durch Seitenwände mit aufgesetzter Rohrgalerie umgrenzt, die sich bis zum hinteren Aufstieg herunterzieht. Der hintere Aufstieg dient als Bedienungsstand für die tragbare Motorspritze. Der Bedienungsstand wird nach rückwärts durch drehbare Anschlußkappen für die Fahrt verschlossen. Zum oberen Bedienungsstand führen links und rechts der Motorspritze 2 Treppen, die zu Kästen ausgebaut sind und gleichzeitig als Sitzplätze für 4 Mann Bedienung dienen.

Motorspritze:
Für den Spritzbetrieb während des Fahrens mit dem Fahrzeug oder im Stillstand ist eine Motorspritze nach DIN FEN 560 am hinteren Ende des Fahrzeugs in der Mitte auf dem Fahrzeugrahmen vorgesehen. Die Spritze wird in normaler Ausführung verwendet, da der Anschluß zum Wassertank entsprechend mit A-Kupplung versehen ist. Um ein leichtes Arbeiten mit der Spritze zu ermöglichen, wird normalerweise eine Motorspritze mit Dynastartanlage vorgesehen. Die Spritze ist mit dem Fahrzeugrahmen leicht abnehmbar verbunden, so daß sie auch sofort abgenommen und als Tragkraftspritze Verwendung finden kann.

Löschbetrieb:
Das mit dem Fahrzeug mitgeführte Wasser kann unter Benutzung des Komet-Schaum-Strahlrohrs oder direkt verspritzt werden. Ein Rohr-System verbindet den einen Druckausgang der Motorspritze mit dem Wende-Strahlrohr, von denen eins oder mehrere auf dem Fahrzeug angeordnet werden können. Außer den Wenderohren sind noch weitere Anschlüsse für 52 mm Schläuche vorhanden, damit auch vom Fahrzeug aus Druckleitungen verlegt werden können. Der Wendehals in der Spezial-Ausführung ist auf konischem Sockel aufgesetzt. Der obere Rand dieses Sockels erhält einen Rohrumgang, an welchem sich die Bedienung auch während schneller Fahrt festhalten kann. Das Wenderohr ist auch geeignet, um mit einem großen Strahlrohr unter hohem Druck zu spritzen. Für das Anschließen großer Motorspritzen ist ein besonderes Verbindungsstück in der Rohrleitung zum Wenderohr vorhanden.

Füllen des Wasserbehälters:
Kann das Füllen des Wasserbehälters nicht aus der Wasserleitung erfolgen, so bedient man sich für das Füllen des Behälters der tragbaren Motorspritze. In der Saugleitung zum Wasserbehälter ist ein Umstellhahn eingebaut, damit nicht nur aus dem Wasserbehälter das Wasser entnommen, sondern auch aus jeder beliebigen Wasserstelle gesaugt werden kann. Am Ende des Fahrzeugs befindet sich der Sauganschluß für die Motorspritze. Dieser Sauganschluß wird auch verwendet, um eine Saugleitung herzustellen zu einem als Anhänger mitgeführten Wasserwagen. Die Motorspritze entnimmt das Wasser aus dem mitgeführten Anhänger, so wird der Spritzbetrieb wie vorgeschrieben durchgeführt.

Aus dem Werksfilm 1939

An „Falck's – Redningskorps" in Kopenhagen lieferte Koebe um 1939 Tanklöschfahrzeuge mit Schaum-Wasserwerfer auf Opel-Fahrgestellen.

Hier die dänische Abnahme-Kommission mit Branddirektor Koebe.

Falck's – Redningskorps wurde 1906 von dem Dänen Falck in Kopenhagen als Unfallhilfs- und Katastrophen-rettungsdienst gegründet und nahm zunehmend in ganz Dänemark auf privater Basis die Aufgaben der Feuerwehr wahr.

Das Feuerwehrwesen ab 1933 mit vielfachen neuen Aufgaben

Die Jahre 1933 bis 1945 waren durch konsequente Vereinheitlichung der Konstruktionen gekennzeichnet. Auf Weisung der Regierung mußten sich 1933 die deutschen Feuerwehrgerätehersteller zusammenschließen und es kam am 4. Oktober 1933 zur Gründung der „Arbeitsgemeinschaft der deutschen Feuerwehrgeräteindustrie". Die Firma KOEBE war nicht zuletzt auch durch die Nähe zu Berlin mit federführend bei allen Arbeiten dieser Gemeinschaft tätig. Dies betrifft vor allem die Entwicklung des Baumusters KS 25, das in enger Zusammenarbeit mit dem Reichsluftfahrtministerium (RLM) für Luftschutzzwecke entstand und in grossen Stückzahlen hergestellt wurde. Das Fahrzeug entsprach dem „Ausrüstungsverzeichnis und Beladeplan für Kraftspritzen KS 25 – Bauart 1936" vom 24. Dezember 1936 des Reichsministeriums der Luftfahrt und Oberbefehlshabers der Luftwaffe (Luftwaffendienstvorschrift LDv. 51/2.)

Ab 1940 galten die „Anordnungen über den Bau von Feuerwehrfahrzeugen" des Reichs- und Preußischen Ministeriums des Innern. Damit war eine 100%ige Vereinheitlichung der Fahrzeuge erreicht. Noch lange nach Kriegsende waren diese Fahrzeuge im aktiven Einsatz, so auch das abgebildete KOEBE-Fahrzeug auf Mercedes-Fahrgestell bei der Berufsfeuerwehr Göttingen.

Das Denken der Konstrukteure orientierte sich während des Krieges zunehmend an den Erfordernissen der Hilfeleistung für die durch den Krieg betroffene Zivilbevölkerung.

Die in den letzten Jahren des Krieges immer stärker gewordenen Luftangriffe auf deutsche Städte führten zu Bränden in bis dahin nicht erlebtem Umfang. Vor allem die Hitzeentwicklung und die Ausdehnung der betroffenen, mit Trümmer bedeckten Flächen machte es den Feuerwehren immer schwieriger in solche Gebiete vorzudringen, Löscheinsätze zu fahren und Menschen zu retten.

Die überaus große Hitzeentwicklung führte zu heftigen Winden in den Städten, sogenannten „Feuerstürmen". Um diesen Gewalten einigermaßen Herr werden zu können, kam 1944 die Idee auf, zum Vordringen in diese Feuersturmgebiete Vollgleiskettenfahrzeuge zu verwenden:

- als Erkundungsfahrzeuge
- als Löschfahrzeuge
- als Rettungsfahrzeuge
- als Schleppfahrzeuge

Für den Umbau zu solchen Zwecken wurden italienische und russische Beutepanzer zur Verfügung gestellt. Die italienischen Panzer (Typ FIAT Ansoldo L33/35 – sogenannte Caretten) waren ursprünglich als Flammenwerferpanzer eingerichtet. Die russischen Fahrzeuge vom Typ T 20 hatten abnehmbare Aufbauteile hinter den gepanzerten Sitzen für Fahrer und Führer.

Je ein Exemplar beider Fahrzeugtypen wurde am 8. Juni 1944 anläßlich einer Expertenbesprechung bei der Firma KOEBE in Luckenwalde vorgestellt und mit Fachleuten verschiedenster Dienststellen auf die vorgesehenen Verwendungsmöglichkeiten hin begutachtet. Viele Fragen standen im Raum:

- Schutz der Fahrzeuge gegen Wärmestrahlung im Einsatz
- Schaffung von Flächen und Raum für Wasserbehälter, Krankentragen, Atemschutz etc.
- Sauerstoffzufuhr für den Motor beim Fahren in sauerstoffarmen Gebieten oder in zu heißer Luft
- Anbau von Zusatzgreifern an den Gleisketten zur Verbesserung der Fahreigenschaften über Trümmer

Ebenfalls am 8. Juni 1944 wurde ein mittlerer Panzergrenadier-Schützenwagen (Halbkettenfahrzeug) vom Typ 251/16 vorgeführt. Das Fahrzeug hatte Wasserbehälter von ca. 700 l Inhalt, aus denen das Wasser durch Zwischenschaltung einer Tragkraftspritze TS 8/8 über 2 Wenderohre abgespritzt werden konnte, um eine Wassergasse herzustellen zum Herausführen von Menschen aus Hitzegebieten nach Luftangriffen.
Aber alle Ansätze zur Entwicklung von Militärfahrzeugen in Richtung „Hilfeleistungsfahrzeug" scheiterten zum Schluß des Krieges an den verschiedensten kriegsbedingten Schwierigkeiten, nicht zuletzt an unüberwindlichen Materialproblemen.

Kraftfahrspritze KS 25

Fahrgestell: Daimler-Benz Lo 3750 D Nr. 306 426 438, Radstand: 4600 mm, Spur: 1805 mm vorn, 1845 mm hinten, 4-Gang-Getriebe Kb 45 mit Zusatzgetriebe 0,8 oder 1 : 1,25 und Nebenantrieb, Fahrgestell-Tragfähigkeit 5,3 t, Aufbau: Hermann Koebe, Baujahr 1937/38
Motor: 6-Zyl. Diesel, Typ OM 67/3, Bohrung 165 mm, Hub 140 mm, Hubraum 7,27 Liter, Leistung 100 PS = 75 kW, Drehzahl 2000 U/min, Verbrauch 25 l/100 km

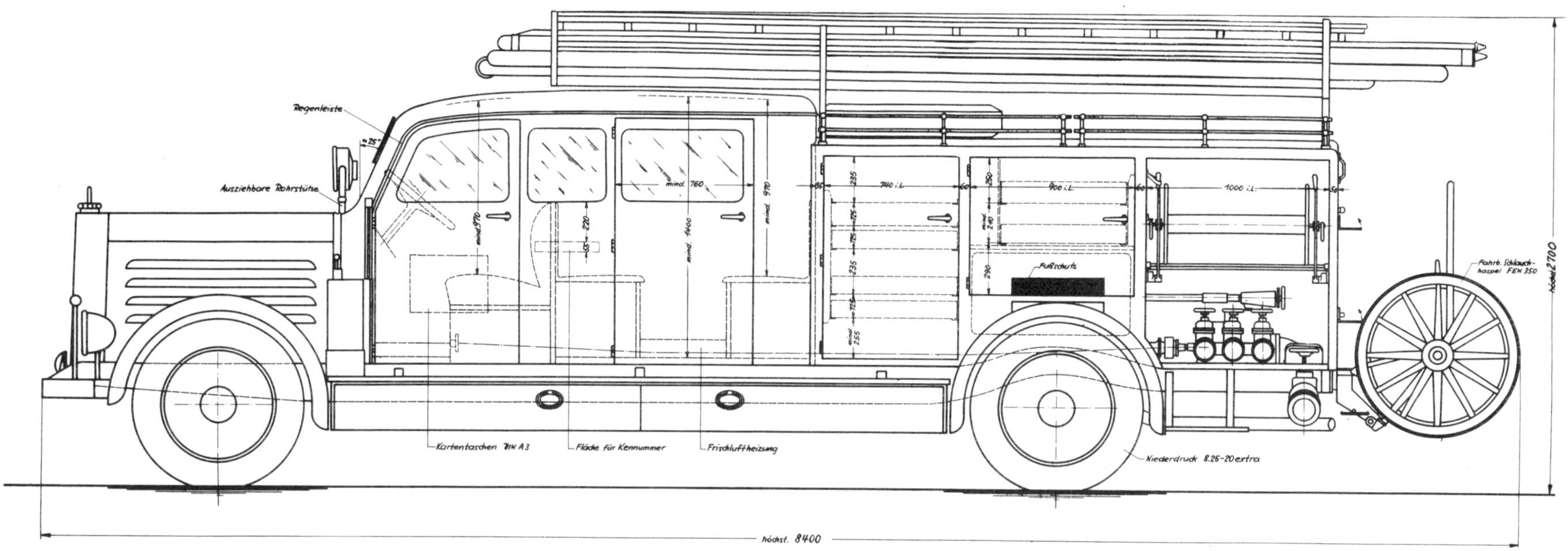
Regenleiste
Ausziehbare Rohrstütze
mind. 760
mind. 970
mind. 1400
Fußschutz
Fahrb. Schlauchhaspel FEH 350
höchst. 2700
Kartentaschen DIN A3
Fläche für Kennummer
Frischluftheizung
Niederdruck 8.25-20 extra
höchst. 8400

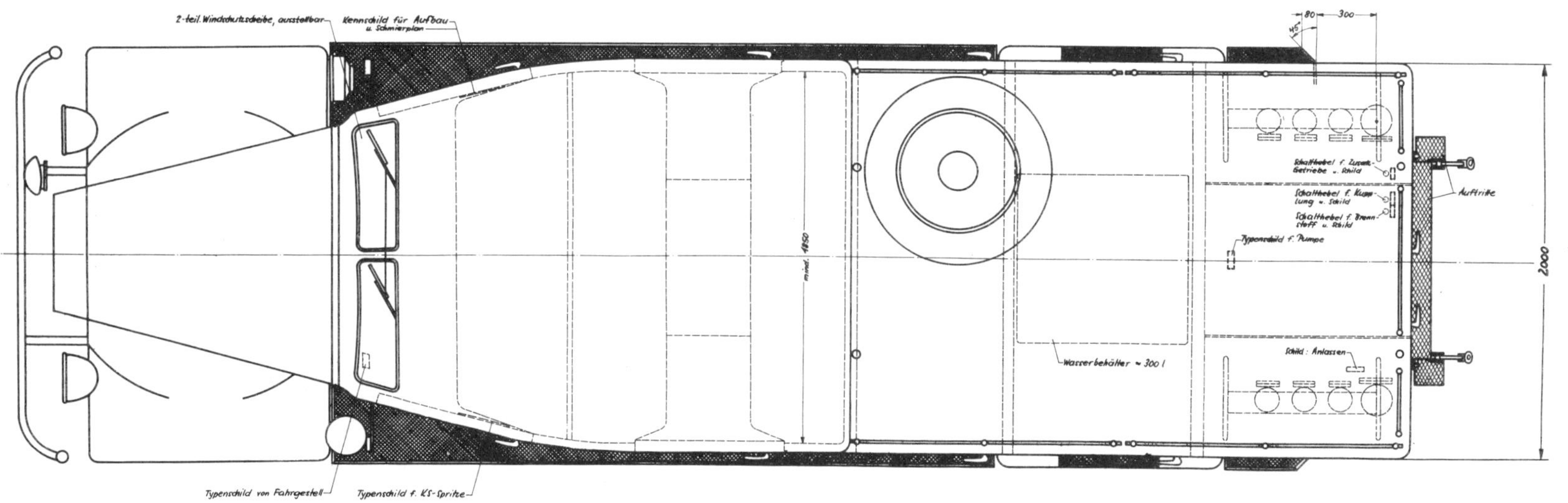
2-teil. Windschutzscheibe, ausstellbar
Kennschild für Aufbau u. Schmierplan
mind. 1850
Auftritte
Typenschild f. Pumpe
2000
Schild: Anlassen
Wasserbehälter ≈ 300 l
Typenschild von Fahrgestell
Typenschild f. KS-Spritze

Rückansicht

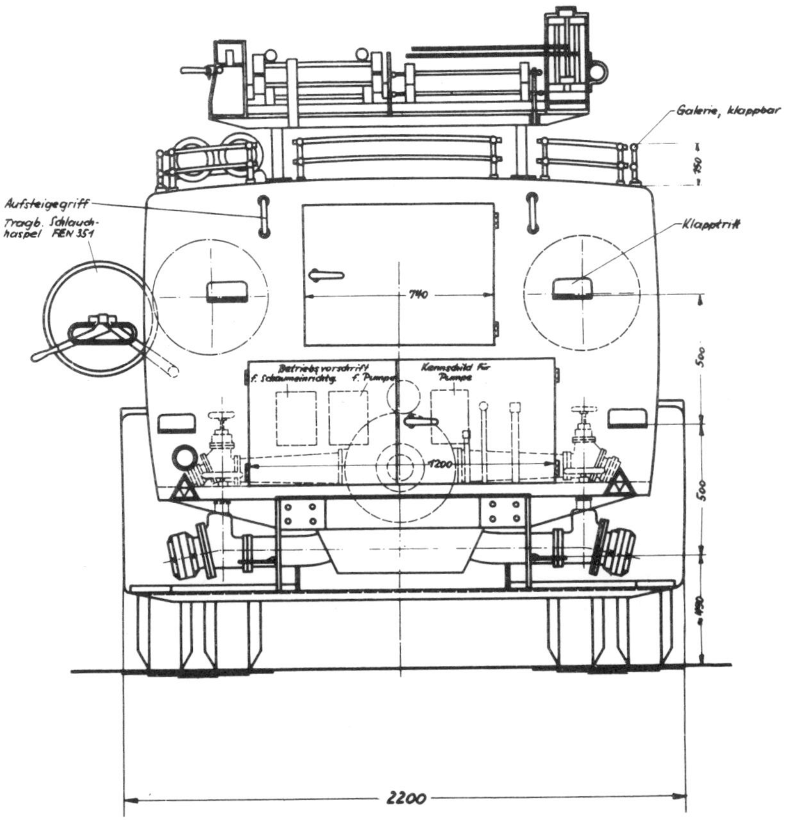

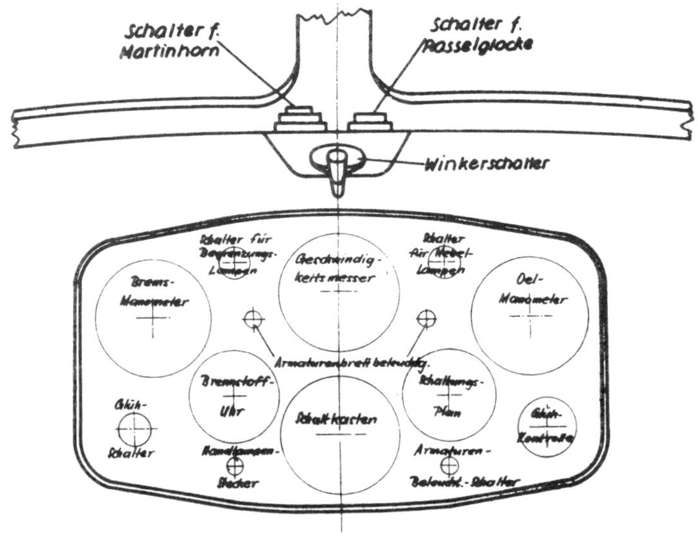

Armaturenbrett

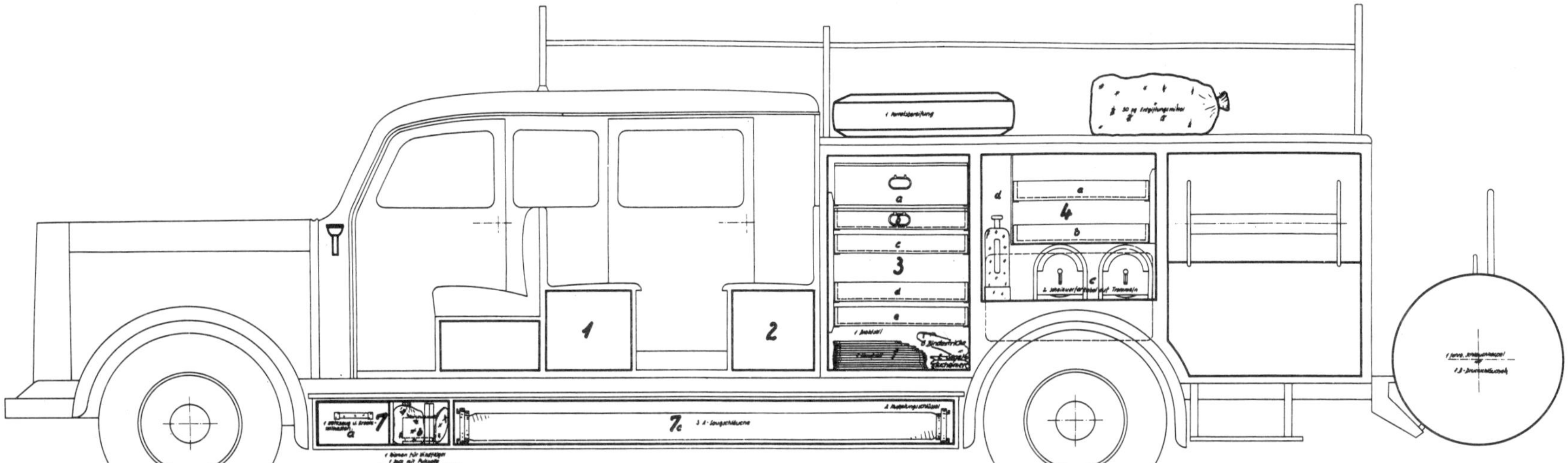

Fahrtrichtung, linke Seite

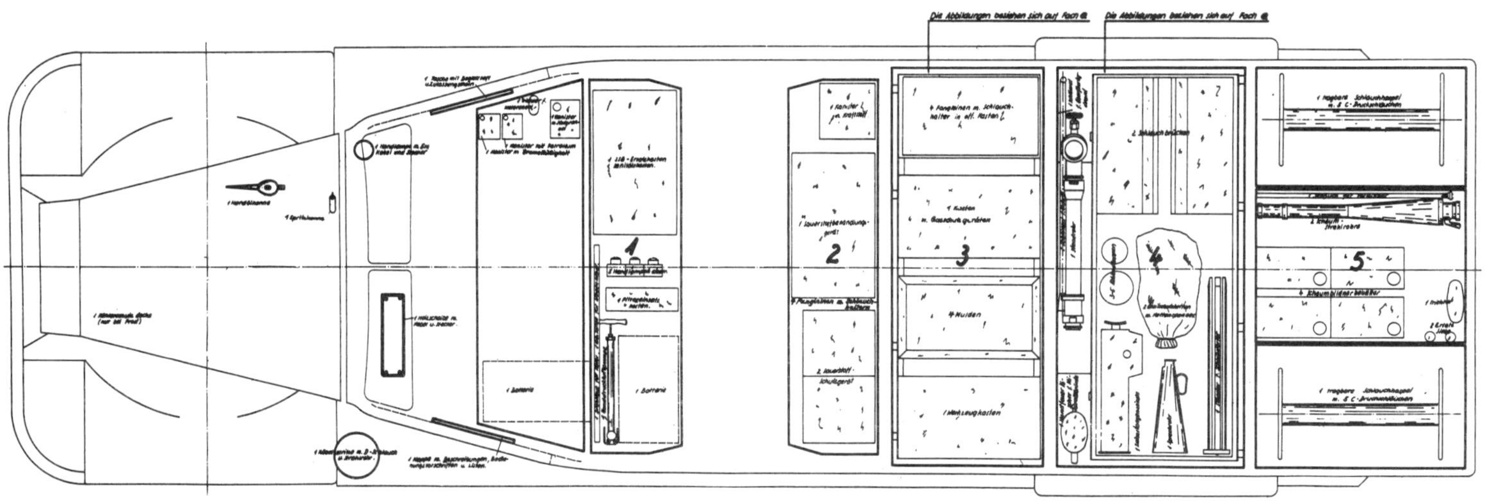

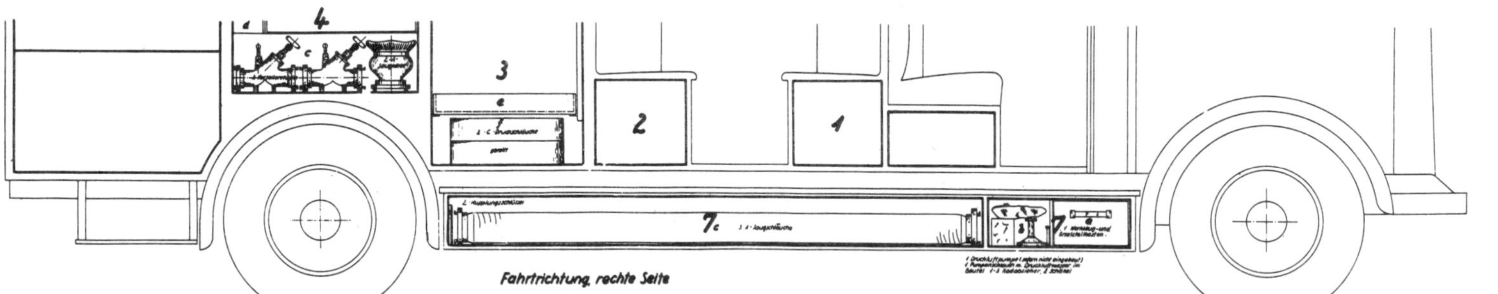

Fahrtrichtung, rechte Seite

Raum 3

in Fahrtrichtung gesehen

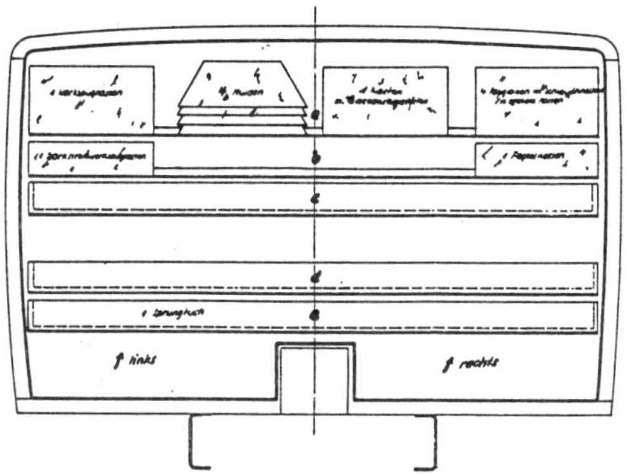

Fach c

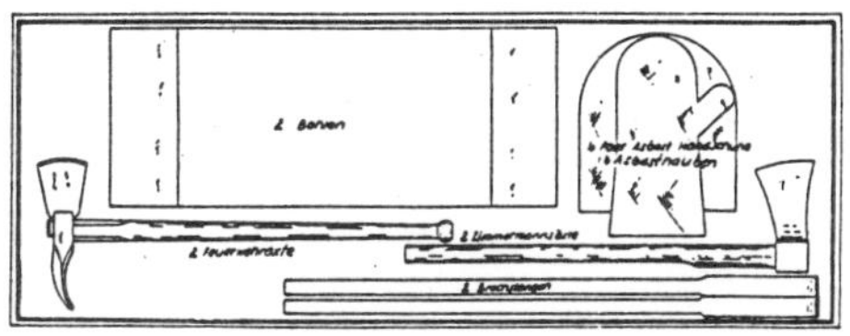

Fach d

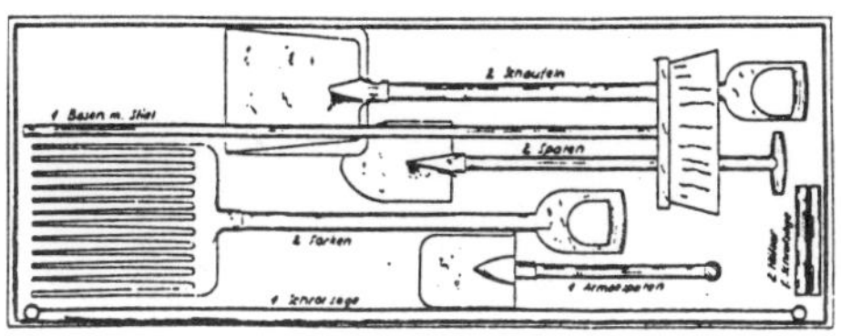

Raum 4

in Fahrtrichtung gesehen

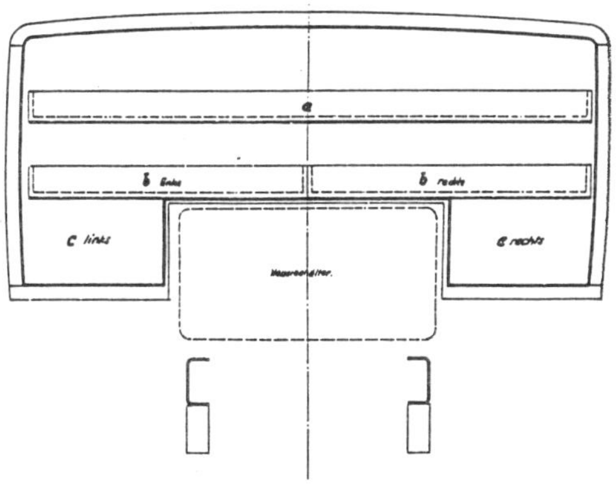

Fach b links

Fach b rechts

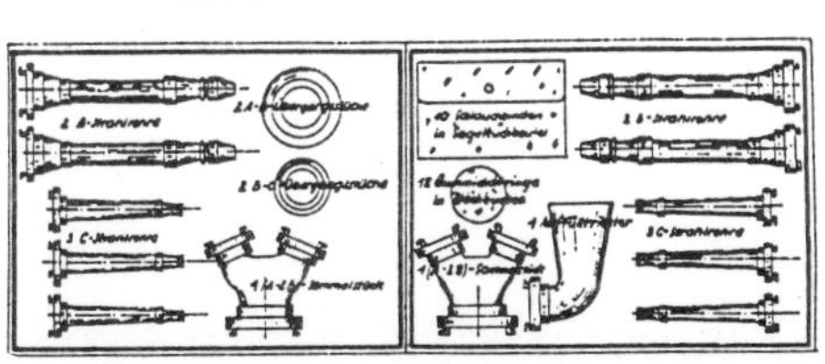

Rückansicht

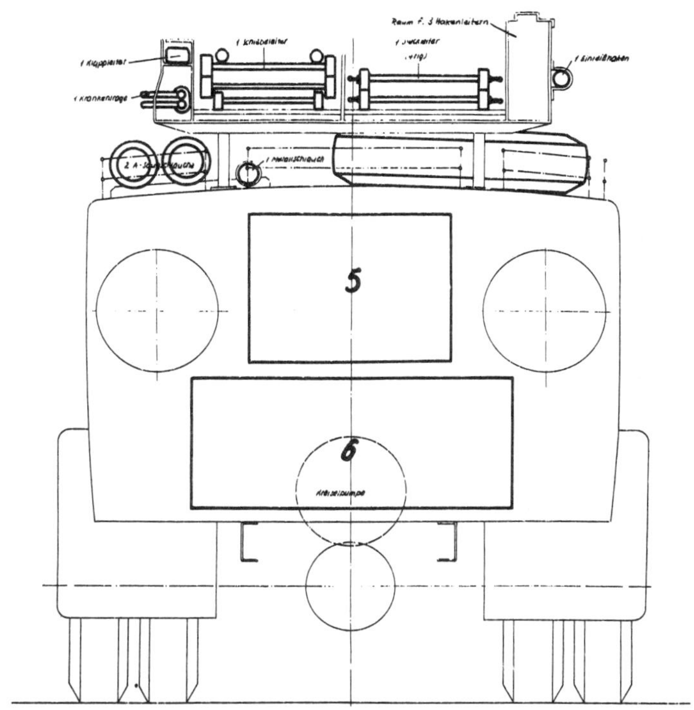

Kraftfahrspritze 2500 l/min Übersicht Noch nicht endgültig Feuerwehrwesen	DIN FEN 520 Anlage 3

Einheitskraftfahrspritze K.S. 25

nach DIN FEN 520. Feuerlöschpumpe 2500 Liter bei 80 m Förderhöhe.
Limousinenartiger Aufbau für 11 Mann

Seitenansicht der Kraftfahrspritze nach DIN FEN 520

Sämtliche Ausrüstungsstücke sind leicht zugänglich angeordnet

Ing. Hermann Koebe III. (im Vordergrund)
beobachtet die Leistungsprüfung der
Einheits-Kraftfahrspritze KOEBE-KS 25

Pumpen und Fahrzeuge waren die Hauptprodukte der Luckenwalder Werke.
Aus der Vielfalt des Produktionsprogramms der ersten 50 Jahre des Unternehmens wurde die gestraffte Spezialisierung in den 30er und 40er Jahren.

KOEBE-Kraftfahrspritze KS-25
in Sonderausführung mit 2500 Ltr. Minutenleistung
einschl. Tragkraftspritze und Kohlensäure-Löschanlage.

KOEBE-KS 25 auf Büssing-Fahrgestell

1945 . . .

13.

Joachim E. Boenicke schreibt in seinen Luckenwalder Erinnerungen:

„Am rotgefärbten Horizont mußten Kämpfe und Brände sein. Der Russe war also nicht mehr weit. Aber noch war die Straßensperre offen, die wir bewachen sollten. Noch kam hin und wieder ein Auto aus Richtung Berlin, das weiter nach Süden wollte.
Das also war nun das Ende.

Ohne Uniform, ohne Armbinde, so standen wir herum und warteten der Dinge, die da kommen sollten, wir Volkssturmmänner, letztes Aufgebot der Heimat im „totalen Krieg". Etwa sechzig Mann von unserer hundert Mann starken Kompanie hatten sich eingefunden. Einige Stunden hatte man uns am Jugendheim in der Lindenallee warten lassen, dann ging es im Dunkeln zum Feuerwehrdepot zum Waffenempfang. Sechs alte italienische Karabiner mit je zehn Schuß Munition und drei Panzerfäuste wurden uns sechzig Mann übergeben. Am Ortsausgang an der Nuthe-Brücke nach Woltersdorf hatten wir Schützengräben ausgehoben und Bäume für eine Straßensperre gefällt. Ob von den sechzig Mann noch alle an der Nuthe-Brücke ankamen, weiß ich nicht.

Morgens um 5 Uhr – es dämmerte schon – ging ich zu unserem Kompanieführer Hermann Koebe, den ich als guten Freund meiner Eltern „Onkel Hermann" nannte und machte ihn auf unsere unhaltbare Partisanensituation aufmerksam. Er antwortete nur: „Mach, daß Du nach Hause kommst!"

Am 8. Mai war Waffenstillstand. Der Krieg war zu Ende.

Da sich Hermann Koebe geweigert hatte, die kurz vor Kriegsende befohlene Zerstörung der Betriebsanlagen anzuordnen, konnte die Produktion mit Restmaterialien wieder anlaufen, wenn auch unter schwierigsten Verhältnissen.

Nach der Internierung von Branddirektor Hermann Koebe und seinem Sohn, Ing. Hermann Koebe, übernahm dessen Frau, Irmgard Koebe, die Geschäftsleitung der Firma.

Am 15. Juli 1948 verfügte die Landesregierung Brandenburg die entschädigungslose Verstaatlichung des Unternehmens, das bis zu 500 Mitarbeiter beschäftigte.

Es gab bisher keine Möglichkeit, diese Konfiskation rechtsstaatlich überprüfen zu lassen.

Branddirektor Hermann Koebe II. mußte im Dezember 1945 – erst 62jährig – im sowjetischen Internierungslager Ketschendorf bei Fürstenwalde unschuldig sein Leben lassen.

Ing. Hermann Koebe III. kam nach langjähriger Lagerhaft aus Sibirien zurück, ohne jemals angeklagt oder für irgendetwas verurteilt worden zu sein.

Er begann 1956 in Düsseldorf mit der Produktion von Tragkraftspritzen, -Fahrzeugen, -Anhängern und Brandschutzeinrichtungen für Gebäude sowie mit dem Vertrieb von Feuerwehrgeräten und -ausrüstungen aller Art.

Ing. Hermann Koebe III.
Irmgard Koebe

Das Lebenswerk des Feuerwehrtechnik-Pioniers Hermann Koebe aus dem Gründerjahr 1878 und seiner Söhne war nach Kriegsende für die Inhaberfamilie zerstört worden, nicht aber die Tradition.

Heute ist die Koebe-Feuerwehrgeräte GmbH, Düsseldorf, als Feuerwehrausrüster bundesweit tätig.

HERMANN KOEBE • LUCKENWALDE B. BERLIN •

KOEBE

Koebe in Museen und Ausstellungen

14.

In so manchen Feuerwehr-und Automobil-Museen und Ausstellungen stehen KOEBE-Motorspritzen und Feuerwehrfahrzeuge mit KOEBE-Aufbauten und KOEBE-Heck- und -Vorbaupumpen. Es können nur Beispiele gezeigt werden.

Besondere Pflege genießt dieses Fahrzeug mit KOEBE-Aufbau im Museum der MERCEDES-BENZ AG, das im Jahre 1914 von der Feuerwehr Apeldoorn/ Niederlande gekauft wurde.
Bedingt durch den Ausbruch des 1. Weltkrieges erfolgte die Auslieferung dieses Fahrzeuges erst im Jahre 1920. Anfang der 60er Jahre gelang es der damaligen DAIMLER-BENZ AG, den immer noch fahrbereiten Typ AFZ 15 für das Werksmuseum zu erwerben.

Dieser Fahrgestelltyp, im DAIMLER-Werk Berlin-Marienfelde entwickelt, wurde in größeren Stückzahlen gebaut (Muli 288).

Er war für seine Zuverlässigkeit bekannt und trotz des stolzen Preises von 19.100 Mark sehr gefragt.

Herausragendes Ereignis war die Vorführung dieses Fahrzeuges mit eigener Kraft im Stuttgarter Neckarstadion zur Fußballweltmeisterschaft 1974.

Technische Daten:
4 Zylinder

Bohrung	120 mm
Hub	160 mm
Ges. Hubraum	7.230cm³
Leistung bei 1.200 U/min.	45 PS (33 KW)
Höchstgeschwindigkeit	45 km/h
Länge	7,50 m
Breite	2,00 m
Höhe	2,20/2,47/2,72 m
Gewicht	ca. 5 t

KOEBE TSA und TS 8/8
im Deutschen Feuerwehr-Museum Fulda

Das Deutsche Feuerwehr-Museum in Fulda übernahm 1972 diesen KOEBE-Tragkraftspritzen-Anhänger TSA mit KOEBE-Tragkraftspritze TS 8/8 (Baujahr 1938, Fabr.-Nr. 10025) als Leihgabe von der Freiwilligen Feuerwehr Fuldatal-Ihringshausen.

1986 erfolgte eine vollständige Restaurierung durch die Berufsfeuerwehr Nürnberg, einschließlich des gesamten saug- und druckseitigen Zubehörs.

Pumpe und Anhänger waren bis 1962 im Einsatz. Die endgültige Außerdienststellung erfolgte 1967.

1943 war das Gerät bei dem großen Luftangriff auf Kassel 11 Tage ununterbrochen im Einsatz.

Motor: Fabrikat DKW/Auto Union
Nr. 419835
Hubraum 585 ccm
14,5 PS bei 3000 U/min.

KOEBE-Automobilspritze LF 12/09
im Deutschen Feuerwehr-Museum Fulda

Nach 37 Jahren wurde diese 1920 bei KOEBE hergestellte Automobilspritze LF 12/09 1957 von der Freiwilligen Feuerwehr Fallingbostel in das Werksmuseum der Daimler-Benz AG, Stuttgart, überstellt. In diesem Zeitraum hatte das Fahrzeug 1700 Einsätze gefahren.

Im November 1971 ging es in das Eigentum des Deutschen Feuerwehr-Museums über, wo es mit prägendes Element der Gestaltung dieser Ausstellung ist.

Rückansicht mit KOEBE-Heckpumpe

Fahrgestell:
Daimler-Benz
Baujahr 1920
Fahrgestell-Nr. 12481
4 Zylinder, 30 PS
Hubraum 4.396 ccm
Leergewicht 3000 kg
zul. Gesamtgewicht 4000 kg
Höchstgeschwindigkeit 70 km/h

Maße über alles:
Länge: 5.300 mm, Breite 1.800 mm, Höhe 2.200 mm
Neupreis 12.000 RM
Ursprüngliche Beleuchtung Karbidlampen
1925 Umrüstung auf elektrische Lichtanlage mit Bosch-Anlasser
KOEBE-Kreiselpumpe 1000 l/min bei 80 m Förderhöhe
mit 1 A–Sauganschluß
2 B–Druckanschlüsse mit Niederschraubventilen

Die Feuerwehr-Museen Europas

Blick in das Deutsche Feuerwehrmuseum Fulda

15. In ganz Europa wird mit historisch interessanten Museen das Feuerwehrwesen in seiner Entwicklung gezeigt. Die meisten Ausstellungsstücke sind in teilweise jahrelanger Arbeit restauriert worden. Viele befinden sich in tadellosem Originalzustand.

Es wird empfohlen, sich wegen gelegentlicher Änderungen vor einem Museumsbesuch nach den Öffnungszeiten zu erkundigen.

Deutschland

In allen Bundesländern gibt es sehenswerte Sammlungen historischer Fahrzeuge, Geräte und Ausrüstungen.

Das zentrale und führende Museum ist das Deutsche Feuerwehrmuseum in Fulda, in der Mitte Deutschlands. Hauptträger sind der Deutsche Feuerwehrverband, die Stadt Fulda und das Land Hessen. Nach dem Neubau 1988 konnte die Ausstellungsfläche wesentlich erweitert werden. Auf nunmehr 2000 m^2 Ausstellungsfläche kann die umfangreiche Sammlung eindrucksvoll präsentiert werden. Dazu gehören Raritäten, wie die älteste erhaltene deutsche Handdruckspritze von 1624, wunderschön verzierte Barockspritzen des 18. Jahrhunderts, die älteste deutsche Drehleiter von 1808, der letzte erhaltene vollständige Dampfspritzenzug von 1906, die erste elektromobile Drehleiter der Welt von 1903, Oldtimer-Feuerwehrfahrzeuge aus den 20er Jahren, Einheitsfeuerwehrfahrzeuge aus der Zeit nach 1933 und vieles mehr. Alles rund um das Feuerlösch- und Rettungswesen gehört zu den Themen dieses Museums.

Baden-Württemberg

Feuerwehr-Museum Schloß Waldmannshofen
6993 Creglingen
Tel. (0 79 31) 4 59 59
oder (0 79 33) 6 31 (Anmeldung)

Feuerwehrmuseum Ravensburg
Charlottenstraße 40
7980 Ravensburg
Tel. (07 51) 2 44 45

Feuerwehrmuseum Salem
Schloß Salem
7777 Salem 1
Tel. (0 75 53) 8 12 81 u. 8 14 37

Feuerwehrmuseum Schwäbisch Hall
Neue Straße 26 und Baindtgasse 1
7170 Schwäbisch Hall
Tel. (07 91) 67 81

Stuttgarter Feuerwehr-Museum
Katharinenstraße 12
7000 Stuttgart 1
Tel. (07 11) 50 66-3 42

Feuerwehr-Museum Winnenden
Marktstraße 11
7057 Winnenden
Tel. (0 71 95) 80 61-64
und 1 32 52 (Anmeldung)

Bayern

Münchener Feuerwehrmuseum
Blumenstraße 34
8000 München 2
Tel. (0 89) 2 38 06-1

Sammlung historischer Geräte Berufsfeuerwehr Nürnberg
Regenstraße 4
8500 Nürnberg 60
Tel. (09 11) 64 18-1

Oberhausmuseum Stadt Passau
Feste Oberhaus
8390 Passau
Tel. (08 51) 3 96-3 52

Berlin

Historische Lehrschau dei Berufsfeuerwehr Berlin (Feuerwache Tegel)
Berliner Straße 16
1000 Berlin 27
Tel. (0 30) 4 33 40 93 (Anmeldung)

Brandenburg

Städtisches Museum Brandschutzkabinett
Gubener Straße 103
Eisenhüttenstadt
Tel. 27 72

Hamburg

Feuerwehr-Diorama-Ausstellung
Sudermannstraße 53
2000 Hamburg
Tel. (0 40) 7 64 32 89

Feuerwehrmuseum Norderstedt
– Hof Lüdemann –
Friedrichsgaber Weg 290
2000 Hamburg-Norderstedt
Tel. (0 40) 5 25 67 42 und 5 25 26 26

Hessen

Feuerwehrmuseum Altmorschen
Paul-Frankfurth-Straße 37
3509 Altmorschen
Tel. (0 56 64) 15 92

Breuberg-Museum
Burg Breuberg/Odenwald
6127 Breuberg
Tel. (0 61 65) 5 300

Feuerwehr-Museum Dietzenbach
Rathenaustraße 16
6057 Dietzenbach
Tel. (0 60 74) 2 71 83

Deutsches Feuerwehr-Museum e.V.
St. Laurentius-Straße 3
6400 Fulda
Tel. (06 61) 7 50 17

Feuerwehr-Museum der Berufsfeuerwehr Wiesbaden
Kurt-Schumacher-Ring 16
6200 Wiesbaden
Tel. (0 61 21) 6 57 43

Niedersachsen

Braunschweigisches Landesmuseum für Geschichte und Volkstum
An der Aegidienkirche
3300 Braunschweig
Tel. (05 31) 4 64 89

Historisches Feuerwehr-Museum Lüchow-Dannenberg
in Neu-Tramm
Hauptstraße 2
3138 Dannenberg/Elbe
Tel. (0 58 61) 71 40

Kreisfeuerwehrmuseum
Bornhardtstraße 13
3380 Goslar 1
Tel. (0 53 21) 7 62 00

Feuerwehrmuseum der Berufsfeuerwehr Hannover
Feuerwehrstraße 1
3000 Hannover 1
Tel. (05 11) 12 34 -1

Feuerwehrmuseum im Landkreis Harburg e.V.
Hauptstraße 20
2091 Marxen
Tel. (0 41 81) 3 78 07
und 55 99 (Anmeldung)

Feuerwehrmuseum Salzbergen
Bahnhofstraße 33
4442 Salzbergen
Tel. (0 58 76) 12 90

Feuerwehrmuseum Zeven e.V.
Meyerhöfen 7
2730 Zeven
Tel. (0 42 81) 40 07 (Anmeldung)

Nordrhein-Westfalen

Attendorner Feuerwehr-Museum e.V.
St.-Ursula-Straße 5
5952 Attendorn
Tel. (0 27 22) 42 25

Feuerwehr-Museum Lövenich
An der Vogelstange 15
5140 Erkelenz-Lövenich
Tel. (0 24 35) 5 31

Feuerwehr-Museum Heiligenhaus
Tilsiter Straße 10
5628 Heiligenhaus
Tel. (0 20 56) 2 42 74

Feuerwehrmuseum Kirchlengern
4983 Kirchlengern-Quernheim
Tel. (0 52 23) 7 37 92 (Anmeldung)

Feuerwehrmuseum Lüdenscheid
Freiwillige Feuerwehr Lüdenscheid
Brukterer Weg 17
5880 Lüdenscheid
Tel. (0 23 51) 2 17 14

Feuerwehr-Museum Preußisch Oldendorf -Schröttinghausen
Dahlinghausen Str. 5
4994 Preußisch Oldendorf
Schröttinghausen
Tel. (0 57 42)20 11-20 13

Saarland

Ausstellung Freiwillige Feuerwehr Saarlouis
6630 Saarlouis
Tel. (0 68 31) 4 43

Sachsen

Informationskabinett der Freiwilligen Feuerwehr Grethen
Postfach 196
Grethen bei Grimma
Tel. 34 48

Museum für Geschichte der Stadt Dresden "Geschichte der Feuerwehr"
Ernst-Thälmann-Straße 2
Dresden
Tel. 49 61 97

Schleswig-Holstein

Museum der Grafschaft Rantzau
Am Markt 7
2202 Barmstedt
Tel. (0 41 23) 42 96

Provinzial Brandschutzmuseum
Sophienblatt 33
2300 Kiel
Tel. (04 31) 6 03-23 26 (Anmeldung
Standort:
Beim Freilichtmuseum Molfsee
Eutiner Kutscherhaus
2300 Kiel-Rammsee
Tel. (04 31) 65 03 02

Dänemark

Brandvaerns-Historik Museum
Dalgas Avenue 56
DK-8000 Aarhus C

Sønderjydsk Brandvaernsmuseum
Nørregade 16
DK-6070 Christiansfeld
Tel. (04) 56 12 24

Frederiksberg Brandvaesens Museum
Howitzvej 26
DK-2000 København F
Tel. FA 31 01

Falck Museum
Klostervej 28
DK-5000 Odense C
Tel. (09) 13 46 99

Dansk Brandvaernhistorisk Museum
Havnevej 4
DK-4720 Prästö

Frankreich

Musée des Sapeurs-Pompiers
2, Place Orloff
Centre de Secours
F-77000 Fontainebleau
Tel. 4 22 27 91

Les Mutuelles du Mans
7, Rue de Chanzy
F-72000 Le Mans

Musée des Sapeurs-Pompiers
350, Balmont Ouest
3ème Avenue La Duchère
F-69009 Lyon
Tel. (7) 8 35 38 08

Musée du Sapeurs-Pompiers
2, Rue Alfred de Glehn
F-68200 Mulhouse

Musée des Sapeurs-Pompiers
1, Place Jules Renard
F-75017 Paris
Tel. 7 54 90 76

Großbritannien

Yorkshire Fire Museum
Bradford Road
GB, Batley, W-Yorks. WF17 5 JU
Tel. 09 24/47 26 26

Fire Services National Museum Trust
9 Morland Way
Manton Heights,
GB, Bedford MK41 7NP
Tel. 02 34/5 54 53

Mobile Fire-Museum P. K. Shepherd
35 French Rd.
Catterick Garrison,
GB, N. Yorks.

Braidwood and Rushbrook Museum
McDonald Road Fire Station
McDonald Road,
GB, Edinburgh EH3 9DE
Tel. 0 31 /5 66-22 22

Museum of Transport
25 Albert Drive
GB, Glasgow GAI 2PE
Tel. 0 41/4 23-80 00

London Fire Brigade Museum
Winchester House
94 A Southwark Bridge Road
GB, London S.E.I.
Tel. 01/5 82-38 11 App. 77 37

Science Museum
Exhibition Road
GB, London SW7 2DD
Tel. 01/5 89-34 56

Kent Fire Brigade Museum
Straw Mill Hill, Tovil,
GB, Maidstone, Kent, MEI5 6XB
Tel. 06 22/5 43 11

Greater Manchester Fire Museum
Maclure Road
GB, Rochdale, Manchester
Tel. 34 12 21

Italien

Museo Storico
Corpo Nazionale Dei
Vigili Del Fuoco
Via Appia Nuova
I, Rom

Luxembourg

Museum der Berufsfeuerwehr
50 Route d'Arlon
Luxembourg-Ville
L-Luxembourg
Tel. 2 22-44

Niederlande

Brandweermuseum Borculo
Hofstraat 5
NL-7271 BB Borcula
Tel. 0 54 57/21 25

Nationaal Brandweermuseum
Gallasplein 5
NL-3221 AB Hellevoetsluis
Tel. 0 18 83/1 44 79

Brandweermuseum Wouwse Plantage
Langgoed
NL-4725 SR Wouwse Plantage
Tel. 0 16 57/2 09

Norwegen

Bergen Brannvesens Museum
Arna Brannstasjon,
Indre Arna
N-5000 Bergen
Tel. 0 16 57/2 09

Österreich

Burgenländisches Feuerwehrmuseum
Leithabergstraße 41
A-7000 Eisenstadt
Tel. 05/23 19 20

Museum der Freiwilligen Feuerwehr Laxenburg
Herbert-Rauch-Gasse 2
A-2361 Laxenburg
Tel. 0 22 36/7 13 90

Historisches Feuerwehrzeughaus St. Florian
A-4490 Stift St. Florian
Tel. 0 72 24/5 03

Feuerwehrmuseum Tulln
Nußallee 14
A-3430 Tulln
Tel. 0 22 72/28 86

Museum der Berufsfeuerwehr
Am Hof 9
A-1010 Wien
Tel. 63 66 71

Polen

Muzeum Pozarnictwa
Ul. Powstancow 27
PL-41-400 Myslowice
Tel. 2 25/3 88

Rumänien

Muzeul Pompierilor
Bucuresti
RO-7000 Bucuresti

Schweden

Borås Brandförsvars Museum
Olofsholmsgatan 12-14
S-502 39 Borås
Tel. 0 33/11 74 55

Schweiz

Schweizerisches Feuerwehrmuseum
Kornhausgasse 18
CH-4003 Basel
Tel. 0 61/23 22 00

Feuerwehrmuseum Schönenberg-Kradolf
Hauptstraße 4
CH-9214 Kradolf
Tel. 0 72/42 32 22
0 72/42 16 07

Feuerwehr-Museum Kreuzlingen
Konstanzer Straße 39
CH-Kreuzlingen
Tel. 0 72/72 24 71

Feuerwehr Museum Winterthur
Lindstraße 4
CH-8411 Winterthur
Tel. 0 52/25 92 82

Feuerwehrmuseum der Stadt Zürich
Weststraße 4
CH-8003 Zürich
Tel. 4 62/76 30

Sowjetunion

Dauerausstellung Brandschutz
SU-107000 Moskau

Tuletorje Muuseum
Vana-Viru 14
SU-200001 Tallinn
Tel. 44 42 51

Latvijas PSR Ugundzesibas Muzejs
Hanzas 5
SU-226045 Riga
Tel. 33 33 06, 33 17 74

Spanien

Museo de Bomberos Can Joanet
Paseo Nacional 66-67
Barcelona
SPANIEN

Tschechoslowakei

Muzeum Slovenskej
Republiky Road
ul. Slov. Rep. Rad C 86
CSFR-08001 Presov
Tel. 3 47 08

Muzeum pozární Ochrany
ul. Belojanise
CSFR-39165 Bechyne
Tel. 9 60 84

Metodické Centrum a stálá
vystava pozárni ochrany
Husova No. 300
CSFR-58222 Pribyslav
Tel. 99 23 40

Ungarn

Tüzoltó Múzeum
Martinovics tér 12
H-1105 Budapest
Tel. 5 72/1 90

Tüzoltó Múzeum
Ady u. 21
H-8711 Vörs

Nachwort

Nach dem Erscheinen der 1. Auflage Ende 1987 bekam ich eine Fülle von Zuschriften von Feuerwehrhistorikern aus ganz Europa. Es gab viele Fragen nach technischen Unterlagen, Ersatzteilen, Hintergrundinformationen etc. Vor allem erreichten mich mir bisher noch unbekannte Materialhinweise, die es mir ermöglichten, die 2. Auflage wesentlich aufzuwerten.

Besonderen Anteil am Gelingen der 2. Auflage hatten mitteldeutsche Feuerwehrhistoriker, die bis zum 09. November 1989 ihr Hobby nur mit eingeschränkten Möglichkeiten und hohen persönlichen Aufwendungen betreiben konnten. Ihnen aber ist es überwiegend zu verdanken, daß wertvolles Material erhalten geblieben ist. Vielleicht gibt es auch jetzt noch verborgene Unterlagen.

Mit großer Freude habe ich bemerkt, daß der Name Koebe mit gutem Klang noch eine weite Verbreitung hat. Überall in Museen, Ausstellungen und Sammlungen genießen Koebe-Exponate besonders hohe Wertschätzung und Pflege. Bei der Berufsfeuerwehr Göttingen bildete sich eine Koebe-Interessengemeinschaft, die es sich zur Aufgabe gemacht hat, die noch vorhandenen Koebe-Fahrzeuge und -Geräte zu registrieren und die Eigentümer zum Informationsaustausch zusammenzuführen.

Im Frühjahr 1990 besuchte ich auf Einladung der Werksleitung mit meinem Vater, Hermann Koebe III., das Feuerlöschgerätewerk Luckenwalde. 35 Jahre war es her, daß wir das letzte Mal dort sein konnten.

Wird man noch Sinn für die traditionsreiche Vergangenheit haben? Dieses fragten wir uns bei der Anreise. Um so überraschter waren wir, zu erleben, mit welcher Pflege die Erinnerung an das Geleistete aufrecht erhalten wird.

Die völlig unverständliche Verweigerung der Rückgabe des von deutschen Kommunisten unter Mißbrauch sowjetischer Besatzungshoheit gestohlenen Betriebes durch die verantwortlichen Politiker in Ost und West verhindert zur Zeit, daß die Inhaberfamilie KOEBE ihr rechtmäßiges Eigentum wieder verantwortungsvoll in die Hand nehmen kann, um das Werk Luckenwalde mit Know-how, notwendigen Investitionen und wettbewerbsfähigen Produkten eigenständig in eine gute Zukunft zu führen.

Dr. Hermann Koebe
im September 1990